普通高等教育"十二五"规划教材

纳米材料及其制备技术

刘漫红　隋　凝　孙瑞雪　肖海连
于寿山　姜迎静　李桂村　　　编著

U0342145

北　京

冶金工业出版社

2018

内 容 提 要

本书共分 10 章，介绍了有关纳米材料的基本知识（基本结构单元、基本效应）及发展，并结合一些具体实例介绍了纳米材料的物理和化学性能，以及制备纳米材料常用的方法，包括物理法、化学气相法、沉淀法、溶剂热法、溶胶－凝胶法、化学还原法、模板法等。

本书可用作高等学校材料学、应用化学、化工、纺织、制药、环境、电子等专业的本科生及研究生教材，也可供有关专业师生、科技人员、技术工人、工程技术人员及企业家参考、阅读。

图书在版编目 (CIP) 数据

纳米材料及其制备技术/刘漫红等编著 . —北京：冶金工业出版社，2014.8（2018.8 重印）
普通高等教育"十二五"规划教材
ISBN 978-7-5024-6491-2

Ⅰ.①纳…　Ⅱ.①刘…　Ⅲ.①纳米材料—制备—高等学校—教材　Ⅳ.①TB383

中国版本图书馆 CIP 数据核字（2014）第 169246 号

出 版 人　谭学余
地　　　址　北京市东城区嵩祝院北巷 39 号　邮编　100009　电话　(010)64027926
网　　　址　www.cnmip.com.cn　电子信箱　yjcbs@cnmip.com.cn
责任编辑　李培禄　李　臻　美术编辑　吕欣童　版式设计　孙跃红
责任校对　石　静　责任印制　牛晓波
ISBN 978-7-5024-6491-2
冶金工业出版社出版发行；各地新华书店经销；三河市双峰印刷装订有限公司印刷
2014 年 8 月第 1 版，2018 年 8 月第 3 次印刷
787mm×1092mm　1/16；13.25 印张；323 千字；202 页
30.00 元
冶金工业出版社　投稿电话　(010)64027932　投稿信箱　tougao@cnmip.com.cn
冶金工业出版社营销中心　电话　(010)64044283　传真　(010)64027893
冶金书店　地址　北京市东四西大街 46 号(100010)　电话　(010)65289081(兼传真)
冶金工业出版社天猫旗舰店　yjgycbs.tmall.com
（本书如有印装质量问题，本社营销中心负责退换）

前　言

尺度在 1～100nm 范围内的纳米材料是纳米科技的基石，因其独特的纳米效应，近年来已成为世界科技竞争的热点领域之一。纳米材料是一门涉及知识面广的交叉学科，新概念、新理论、新技术及新方法层出不穷。纳米科技面临着原始创新的机遇与挑战，尤其是纳米科技正在将微制造推向纳制造与纳加工的前沿，各种材料产品正从微尺度向纳尺度悄然转变，新材料、新产品呼之欲出，这将给信息产业、能源、环境检测、生命科学、军事、材料的生产与加工带来一场革命性的变革。因此，了解纳米科技的发展动态，加强对纳米材料的基本概念和基础知识的学习，掌握纳米材料的特性、制备原理及研究方法就显得十分重要。

纳米材料包括无机材料、有机材料、金属材料及生物材料等，其研究范围非常宽广，内涵非常丰富。本书是编者在多年为本科生及研究生讲授"纳米材料"课程的基础上，结合国内外近年来公开发表的文献，进行不断的修改、补充及完善后编写而成的，但由于受到篇幅的限制，本书不可能涵盖上述所有研究内容，因此，只对纳米材料的基本概念、相关基本效应、特殊的物理化学性能及制备方法等进行简要的阐述。本书共 10 章，第 1 章主要介绍了纳米科技的基本概念、研究进展及最新成果；第 2 章涉及纳米材料和纳米效应的相关概念；第 3 章是关于纳米材料的热学、电学、光学、磁学、力学和化学性能等；第 4 章重点介绍了纳米材料的物理制备方法；第 5 章介绍了纳米材料的气相化学制备方法；第 6 章是沉淀法制备纳米材料；第 7 章介绍了溶剂热法制备纳米材料；第 8 章介绍了溶胶－凝胶法制备纳米材料；第 9 章是化学还原法制备金属纳米材料；第 10 章介绍了模板法在纳米材料制备中的应用。

编者衷心感谢青岛科技大学给予的经费资助。在编写过程中，作者阅读了相关文献资料，从中获得了许多前瞻性的珍贵信息，特此向书中所引用文献的作者表示深深的谢意。冶金工业出版社对本书的出版提供了大力的支持，在此一并表示衷心的感谢。同时对关心和支持过本书编写的有关人士表示最诚挚的谢意。

鉴于作者水平有限，编写时间仓促，加之纳米材料领域发展很快，许多新知识和新成果反映得不是十分全面，本书中疏漏和不足之处在所难免，敬请同行和读者批评指正。

编　者
2014 年 5 月于青岛科技大学

目　　录

1 绪 论

人类对客观世界的认识从直接用肉眼能看到的事物开始，然后不断深入扩展，逐渐发展为两个层次：一是微观领域，二是宏观领域。在微观领域和宏观领域之间，存在着一块近年来才引起人们极大兴趣的介观领域。这个领域包括了从团簇尺寸、纳米、亚微米到微米的范围。介观领域中三维尺寸都很细小，出现了许多奇异、崭新的物理性能，以量子相干输运现象为主的介观物理应运而生，成为当今凝聚态物理学的热点。

从广义上来说，凡是出现量子相干现象的体系均可以称为介观体系，包括团簇、纳米体系和亚微米体系。但是，目前通常把对亚微米级（0.1～1μm）体系有关现象的研究，特别是电输运现象的研究称为介观领域。因此，纳米体系和团簇就从这种"狭义"的介观范围独立出来，于是就有了纳米体系。

纳米科学所研究的领域是人类过去从未涉及的非微观、非宏观的中间领域，从而开辟了人类认识世界的新层次，也使人们改造自然的能力直接还原到分子、原子，这标志着人类的科学技术进入了一个新时代——纳米科技时代。以纳米科技为中心的新科技革命必将成为 21 世纪的主导。

1.1 纳米科技的内涵

1.1.1 纳米科技研究的尺度

纳，是科学术语中的十亿分之一，纳米（nanometer），即十亿分之一米，$1nm = 10^{-9}m$。纳米同千米、米、厘米一样，是长度计量单位。

1nm 是 10Å。原子的尺寸一般是几埃。DNA 分子的螺旋直径约为 2.5nm。大量病毒都是纳米尺度的，例如天花病毒的直径约 400nm，艾滋病毒约 100nm，SARS 病毒约 60～120nm。生物分子，如红细胞，其直径在几千纳米。

纳米科技是研究尺寸在 1～100nm 尺度范围内的材料的科学技术，但这个纳米尺度范围并没有严格的科学界定，应根据不同研究领域和纳米尺度范围内的物理、化学等特性确定。一些纳米科技涉及的并非纳米尺度，而是微米尺度上的结构，比纳米尺度大了 1000 倍或更多。许多情况下，纳米科技是对纳米结构的基础研究，此类结构至少有一维的长度是一到几百纳米。

在这个尺度范围内的物质，与宏观材料相比，其特性截然不同。比如，贵金属金（Au），人们用它来制作首饰，是因为它的性质稳定，不易被氧化。而 Au 一旦达到了纳米量级，即制成纳米尺度的 Au 时，它的性质与宏观尺度上金黄色的 Au 是完全不同的，如十几纳米的金颗粒就是酒红色的，而且它还可以作为催化剂参加反应。因此，纳米尺度范围内的各种物质的特异性质引起了人们浓厚的兴趣。

1.1.2 纳米科技的内涵

纳米科学技术是 20 世纪 80 年代末期刚刚诞生，并正在崛起的新科技。纳米科学是研究纳米尺度范畴内原子、分子和其他类型物质运动和变化的科学，而在同样尺度范围内对原子、分子等进行操纵和加工的技术则为纳米技术。纳米技术是基于物质结构的最基本单元——原子，进行一个原子接一个原子的设计和制造新材料，其目的是通过原子级的操纵来实现超级性能和效益。

纳米科学与纳米技术简称纳米科技（nano-ST），基本含义是在纳米尺寸（10^{-9} ~ 10^{-7} m）范围内认识和改造自然，通过直接操作和安排原子、分子创制新的物质，即是指在纳米尺度（1 ~ 100nm）上研究物质的特性和相互关系，以及利用这些特性的科学和技术。

纳米科技的深刻内涵不仅是尺度的纳米化，而是纳米科技使人类迈入一个崭新的世界，在此世界中物质的运动受量子原理的主宰。纳米科技所研究的材料和体系，由于处于纳米尺度范围，它们的结构和性能显示出（具有）新奇的物理化学性质以及生物性能，具有特殊的现象和加工性能。

纳米尺度的变化会影响物质的电子与原子间的相互作用。在纳米尺度上操控物质的排列可以控制材料的基本性质（如磁通、电荷容量、催化活性等）而不用改变其化学成分。单个磁畴尺寸的纳米颗粒可以显著改善磁器件的性能。

与传统的粗晶块体材料相比，相同组分的纳米材料的硬度和强度均有很大提高，其塑性变形的力学行为和微观机制目前仍是研究的热点。另外，当纳米晶粒小到一定程度后，晶粒中将不再出现如位错等晶体缺陷，这使得纳米材料非常适合制备超强复合材料。图 1 - 1 是 Pd 纳米晶粒的高分辨透射电子显微镜的照片。从图中所示的微观区域，可以看到尺寸在几纳米的多个 Pd 晶粒。晶粒尺寸的减少，晶粒间晶界界面的增多，导致了纳米结构金属的强度大大增加。

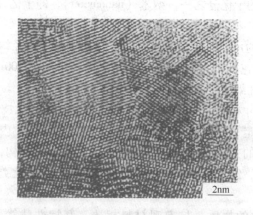

图 1 - 1 Pd 纳米晶粒的高分辨透射电子显微镜的照片

量子点为纳米尺度的半导体材料。当半导体受光照射后，电子被激发到高能量状态。当电子回落到基态时，会发射出该材料的特征颜色的光。当半导体中的电子受激发后，它们习惯上与留下的带正电的空穴保持一定的距离，形成电子－空穴对（激子，exciton）。

电子-空穴之间的平衡距离称为激子半径。用于荧光量子点的含镉硫族化合物半导体，激子半径在 5~10nm。当晶体的整体尺寸小于激子半径时，量子尺寸限制效应会占主导，所发射的光的颜色也会向短波长方向移动。这是因为激发量子点所需能量大于体材料，当电子回落到基态时，所释放出的光子具有更高的能量。

生物体系的特征是在纳米尺度上组织物质。纳米科技可以在细胞内放入人造组件，通过模仿自然界的自组装来制造新结构材料与构件。这种新结构材料与构件更具生物相容性。

在纳米尺度范围内，纳米结构的相互作用速度比微米尺度更快，可以实现超快、能量效率更高的系统；此外，纳米结构具有极高的比表面积，非常适合制备催化剂、反应系统、吸附剂、药物传递、能源存储等材料。

物质的尺寸降到纳米量级，会导致许多物质的性质发生变化，如碳纳米管、量子线和量子点、薄膜、DNA 结构和激光发射体等，出现许多崭新的现象，包括小尺寸效应、巨大的界面效应，以及量子力学效应等。只要我们能够发现并充分利用其基本原理，控制材料的特征尺寸，就可以大大改善材料的性能，增强器件的功能。纳米科技的目的就在于，通过在原子、分子和超分子水平上更好地控制结构和器件，从而开发物理、化学和生物学特性得到改善的新颖的结构和器件，并有效地制造和使用这些器件。

纳米科技是一个融科学前沿和高技术于一体的完整体系，将大大拓展和深化人们对客观世界的认识，使人们能够在原子、分子水平上制造材料及器件，导致信息、材料、能源、环境、医疗与卫生、生物与农业等领域的技术革命。纳米科技将对人类的生产和生活方式产生重大影响，促进传统产业的改造和升级，并可能带动下一次工业革命，成为经济新增长点之一。

1.2　纳米科技的发展

1.2.1　纳米科技诞生的历史背景

早在一千多年以前，我们的祖先就有了制造和使用纳米材料的历史。如我国古代利用燃烧蜡烛的烟雾制成了炭黑作为墨的原料以及用于着色的染料，这就是最早的纳米材料；中国古代铜镜表面的防锈层，经证实为纳米氧化锡颗粒构成的一层薄膜。但当时人们并不知道这是人的肉眼根本看不到的纳米尺度的小颗粒。

约 1861 年，随着胶体化学（colloid chemistry）的建立，科学家们就开始了对直径为 1~100nm 的粒子系统即所谓胶体（colloid）的研究。但是当时的化学家们并没有意识到这样一个尺寸范围是人们认识世界的一个新的层次，而只是从化学的角度作为宏观体系的中间环节进行研究。

直到 1959 年，理查德·费曼（Richard P. Feynman）提出一个令人深思的问题："在物质的底部还有很多的空间，如何将信息储存到一个微小的尺度？令人惊讶的是自然界早就解决了这个问题，在基因的某一点上，仅 30 个原子就隐藏了不可思议的遗传信息，当人类有朝一日能够按照自己的主观意愿排列原子和分子时，那将创造什么样的奇迹"。

今天，纳米材料的问世以及它所具有的奇特物性正在对人们的生活和社会的发展产生重要的影响，费曼的预言已成为世纪之交科学家最感兴趣的研究热点。

1.2.2 自然界中的纳米材料——纳米科技发展的重要启示

自然界早已有纳米材料的存在，它们组成特殊的微米或纳米结构，使生物体具有特殊的功能。向自然学习，从生物获得启示，实现微观与宏观的统一，从而促进纳米科技的发展。

1.2.2.1 天然磁性纳米材料

以前人们认为蜜蜂是利用北极星或通过摇摆舞向同伴传递信息来辨别方向的。后来，科学家发现，蜜蜂的腹部存在磁性纳米粒子，这种磁性粒子具有指南针功能，蜜蜂利用这种"罗盘"来确定其周围环境在自己头脑里的图像而判明方向，为蜜蜂的活动导航。当蜜蜂靠近自己的蜂房时，它们就把周围环境的图像储存起来，当它们外出采蜜归来时，就启动这种记忆，实质上就是把自己储存的图像与所看到的图像进行对比和移动，直到这两个图像完全一致时，它们就明白自己又回到家了。

研究生物体内的纳米颗粒对了解生物的进化和运动的行为是很有意义的。磁性超微粒子的发现，为了解螃蟹的进化历史提供了十分有意义的科学依据。据生物科学家研究指出，人们非常熟悉的螃蟹原先并不像现在这样"横行"运动，而是像其他生物一样前后运动。这是因为亿万年前的螃蟹，第一对触角里有几颗用于定向的磁性纳米微粒，就像是几只小指南针。螃蟹的祖先靠这种"指南针"堂堂正正地前进后退，行走自如。后来，由于地球的磁场发生了多次剧烈的倒转，螃蟹体内的小磁粒失去了原来的定向作用，于是螃蟹失去了前后行动的能力，变成了横行。

真正利用磁性纳米微粒导航，进行几万公里长途跋涉的是大海龟。美国科学家对东海岸佛罗里达的海龟进行了长期研究，发现了一个十分有趣的现象：海龟通常在佛罗里达的海边上产卵，幼小的海龟为了寻找食物，通常要到大西洋的另一侧靠近英国的小岛附近的海域生活，从佛罗里达到这个岛屿的海面再回到佛罗里达来回的路线不一样，相当于绕大西洋一圈，需要 5~6 年的时间，这样准确无误地航行靠什么导航（为什么海龟迁移的路线总是顺时针的）？美国科学家发现海龟的头部有磁性的纳米微粒，它们就是凭借这种纳米微粒准确无误地完成几万里的迁徙。

这些生动的事例告诉我们，研究纳米微粒对研究自然界的生物也是十分重要的，同时生物体内的纳米微粒，为我们设计纳米尺度的新型导航器提供了有益的依据，这也是纳米科学研究的重要内容。

1.2.2.2 在墙壁上行走的动物——壁虎

壁虎能在光滑的墙壁上行走自如，甚至能贴在天花板上。这表明壁虎的脚底与物体表面之间必定存在很强的特殊黏附力，但这种力量究竟从何而来？2000 年，美国加利福尼亚大学伯克利分校的科学家 Full 小组发现，壁虎的爬行力取决于物理尺寸而不是表面化学特性，也就是取决于壁虎刚毛的尺寸、形状和密度，而不在于它是什么材料做成的。这种特殊的黏附力是由壁虎脚底大量的细毛与物体表面分子之间产生的范德华力累积而成的。范德华力是中性分子彼此距离非常近时，产生的一种微弱的电磁引力。由于这种引力过于微弱，通常没有人加以注意。将这种分子意义上的作用力与壁虎联系起来似乎有些不可理解。

　　研究人员对一种生活在东南亚的大壁虎进行了研究，通过电子显微镜观察发现，它的每只脚底部长着大约 50 万根极细的刚毛，每根刚毛约有 $100\mu m$ 长（相当于人的两根头发的宽度），刚毛末端又有约 400~1000 根更细小的分支。这种精细结构使得刚毛与物体表面分子间的距离非常近，从而产生范德华力。虽然每根刚毛产生的力量微不足道，但累积起来就很可观（图 1-2）。根据计算，如果每根刚毛都充分发挥作用，一只大壁虎的 4 只脚产生的总压强约为 10atm（$1atm = 101325Pa$），可以吊起 125kg 的物体。根据计算，一根刚毛能够支撑相当于一只蚂蚁的重量，100 万根刚毛虽然不到一枚硬币的面积，却可以支撑 196N 的重量。如果壁虎同时使用全部刚毛，就能够支撑 1225N 的力。实际上，壁虎只用一个脚趾，就能够支撑整个身体。

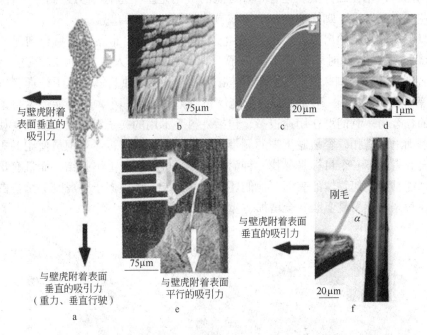

图 1-2　壁虎脚趾的刚毛形貌图

a—壁虎受力；b—壁虎爪面上的刚毛阵列；c—刚毛；d—刚毛端部的纳米尺寸绒毛；

e—微机电传感器；f—用于测量范德华力的丝状测量器

　　此外，壁虎的脚具有抗灰尘能力即自清洁性，表现为，尽管壁虎利用它们具有高黏附力的脚爬来爬去，却始终能够保持脚底的干净。研究者认为，壁虎脚的这种自清洁性，发生在排列整齐的刚毛上。接触力学模型表明，由于黏附力，爬行基底所吸引的灰尘粒子与单个或多个刚毛小分支上所吸引的灰尘粒子存在着不均衡性，从而导致表面的自清洁性。

　　与壁虎相似，A. B. Kesel 等揭示蜘蛛之所以能倒着爬过几乎任何类型的表面，是由于它利用了范德华力（其他学者的研究成果证实还包括其他形式的力）。他们还计算出这些力可以使蜘蛛携带相当于自身重量 170 倍的物体。这种力不受环境影响，因而，它们可以在潮湿的或光滑的表面行走。利用 SEM 观察一种名为 E. Arcuata 蜘蛛的足部，可以发现这种蜘蛛的足部有一簇毛状物，其中每一根毛上又覆盖着几十万根宽度只有几百纳米的小毛。蜘蛛就用这些小毛粘在物体表面上。研究者使用原子力显微镜（AFM）还测出每一根小毛可以产生 40nN 以上的力。对于质量一般只有 15mg 的蜘蛛来说，这个力是极强的。研究人员指出，这种黏附力是小毛中相距只有几纳米的各分子之间的范德华力造成的。蜘蛛 8 只足上的这些分子间力合起来可形成非常强的力。另外，甲虫 Hemisphaerota cynea 与基底之间的高黏附力也与其微观结构有关。SEM 观察结果表明，这种甲虫腹部跗分节上刚毛垫聚集成簇状，并且簇状结构呈条状排列。

绝大多数脚上有黏附力的动物和昆虫往往要靠水的毛细作用获得黏附力，而壁虎、蜘蛛、苍蝇以及一些甲虫等却有能力在不使用水的情况下飞檐走壁。研究人员认为，模仿它们的微观结构，有可能研制出黏合力超强的新型胶纸，它具有易于被揭下、不对物体表面造成损伤、可反复使用等优点。可以想象，由此可以制成一种邮寄标志，即使弄湿了或粘上了油污仍然可以粘在邮件上。还有一种可能的应用是基于范德华力来制作一种太空服，就像在天花板上的壁虎、蜘蛛那样，使宇航员能粘在太空船的壁上。

受到以上研究结果的启发，Geim 等制备了一种干燥的、非黏性的黏合剂——"壁虎带"。依靠两个物体接触时表面产生的分子引力，它可以使人在光滑的天花板上疾步如飞，成为名副其实的"蜘蛛侠"。这种材料是利用电子束刻蚀及氧等离子处理制备而成的聚酰亚胺阵列绒毛（图 1-3），而且只要能够把绒毛做得足够小，就可能产生与壁虎刚毛一样强大的黏合力。它的潜在用途很多，包括外科手术用的夹子和缝线，登山者使用的安全装置，单面尼龙搭扣，容易脱下来的绷带，甚至还有足球和板球守门员使用的黏性超强的手套。研究者的下一个目标是寻找一种耐用物质，可以使绒毛不打结，而且有足够的柔韧性，保证能粘到任何物体的表面。他们还预测，如果选择类似于壁虎刚毛角蛋白一样的疏水材料代替亲水性聚酰亚胺，会增加"壁虎带"的耐久力。

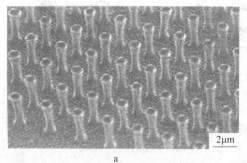 

2μm

a   b

图 1-3 仿壁虎刚毛结构的聚酰亚胺阵列绒毛的 SEM 图及其应用

a—仿壁虎刚毛结构的聚酰亚胺绒毛的 SEM 图；b——只手上覆盖有聚酰亚胺绒毛的"蜘蛛侠"

1.2.2.3 在水面行走的昆虫——水黾

水黾是一种常见的生活在池塘、河流和湿地的小型水生昆虫，身长大约 1cm，它有 6 条细长的腿，足上有纤毛，可在水面划行。水黾被喻为"池塘中的溜冰者"，因为它不仅能在水面上行走，而且还会像溜冰运动员一样在水面上优雅地滑行，却不会划破水面沾湿腿脚。水黾为何能够毫不费力地站在水面上，并能快速地移动和跳跃？

2004 年，江雷研究小组从根本上揭示了水黾在水上稳定站立并可以快速行走这一神奇的自然奥秘。他们认为，水黾这种优异的水上特性，是利用其腿部特殊的微米与纳米相结合的结构效应来实现的，见图1－4a。在高倍显微镜下观察发现，水黾腿部有数千根按同一方向排列的多层微米尺寸的刚毛，见图1－4b。人的头发的直径大约在80～100μm之间，而水黾的刚毛的直径不足3μm。这些刚毛表面形成螺旋状的纳米沟槽结构，见图1－4c、d，吸附在沟槽中的气泡形成气垫，从而让水黾能够在水面上自由地穿梭飞行，却不会将腿弄湿，宏观上表现出水黾腿的超疏水特性，见图1－4e。水黾的多毛腿一次能够在水面上划出4mm长的波纹，见图1－4f。

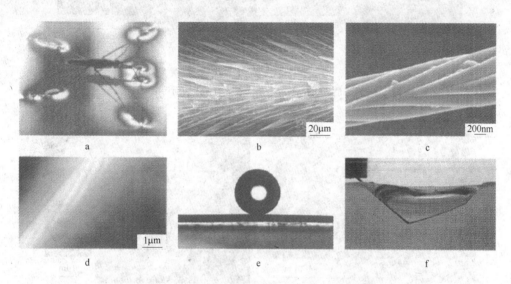

图1－4　水黾腿的超疏水性及其纳米沟槽结构

a—水面上站立的水黾；b，c—水黾腿部的微米刚毛与纳米沟槽结构的 SEM 图；d—水黾腿部纳米沟槽结构的 AFM 图；e—水滴在水黾腿上的形貌图；f—水黾的腿刺穿水面前能产生的最大水涡

　　研究者还发现，水黾的腿能排开300倍于其身体体积的水量，这就是这种昆虫有非凡浮力的原因，正是这种浮力让水黾的一条腿能在水面上支撑起15倍于身体的重量，同时这种超强的负载能力使得水黾在水面上行动自如，即使在狂风暴雨和急速流动的水流中也不会沉没。研究者认为，这一新发现可用于新型防水纺织品的生产，但更重要的意义在于，这一发现也许有助于设计出新型水上交通工具。

1.2.2.4　植物叶表面的自清洁性

　　植物叶表面的自清洁效果引起了人们很大的兴趣，这种自清洁性质以荷叶为典型代表，因此被称之为"荷叶效应"（lotus effect）。德国生物学家 Barthlott 和 Neihuis 通过对近300种植物叶表面进行研究，认为这种自清洁的特征是由粗糙表面上微米结构的乳突以及表面疏水蜡状物质存在共同引起的，见图1－5a。这些自清洁表面表现为：（1）表面具有超疏水性，与水的接触角（contact angle，CA）大于150°；（2）很强的抗污染能力，即表面污染物如灰尘等可以被滚落的水滴带走而不留下任何痕迹，如图1－5b所示。在中国，荷叶自古就有"出淤泥而不染"的美誉。

　　2002年，江雷研究小组发现，在荷叶表面微米结构的乳突上还存在纳米结构。这种微米与纳米相复合的阶层结构，是产生超疏水表面的根本原因。而且，水在这种超疏水表面上具有较大的接触角及较小的滚动角。图1－6a是一种荷叶表面大面积的环境扫描电子

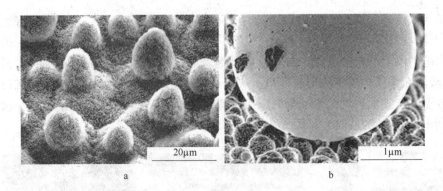

图 1-5　荷叶效应

a—自清洁荷叶表面；b—水滴滚落时带走表面污染物

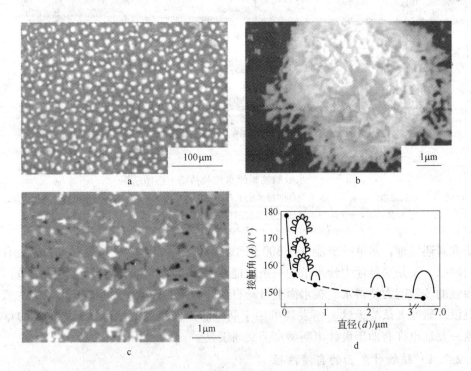

图 1-6　荷叶表面的 ESEM 照片

a—微米级乳突结构；b—纳米级分支结构；c—乳突之间的纳米结构；
d—荷叶表面的接触角与乳突直径之间的模拟曲线

显微镜（ESEM）照片。从图中可以看到，荷叶表面由许多乳突构成，乳突的平均直径为 5~9μm。水在该表面上的接触角和滚动角分别为 161.0°±2.7°和 2°。图 1-6b 表示将单个乳突高倍放大的 ESEM 照片，每个乳突是由平均直径为 124.3nm±2nm 的纳米结构分支组成的。另外，在荷叶乳突之间的表面同样可以发现纳米结构，如图 1-6c 所示，它可以有效地阻止荷叶的下一层被润湿。

　　如前所述，具有自清洁性的荷叶表面的微观几何结构实际上是一种微米-纳米的分级复合结构。然而，单纯的纳米结构也能导致超疏水现象。为了研究微米-纳米分级复合结构在其中所起的作用，分别制备了具有类荷叶结构及单纯具有纳米结构的阵列碳纳米管（ACNT）薄膜。首先，利用激光刻蚀的方法调整催化剂在表面的分布，制备了类荷叶的表面结构。如图 1 - 7a 所示，表面由大约 $3\mu m$ 的碳纳米管团簇构成，更精细的纳米结构由图 1 - 7b 可以观测到。这种类荷叶的 ACNT 薄膜表面表现出很大的接触角（166°）和小到只有 3°的滚动角，具有自清洁性。与之相比，还制备了单纯具有纳米结构的 ACNT 薄膜，如图 1 - 7c、d 所示，结果表明，这种膜表面的接触角大约是 158°，滚动角超过 30°。

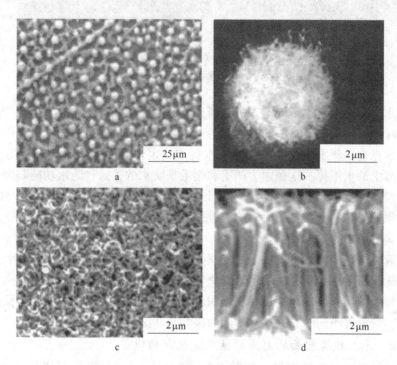

图 1 - 7　阵列碳纳米管（ACNT）薄膜的 SEM 照片及结构示意图
a—具有微米 - 纳米复合结构的 ACNT 薄膜；b—单个乳突的放大图；
c，d—具有纳米结构的 ACNT 薄膜的俯视图及侧面图

1.2.2.5　表面微米结构的排列方式对滚动各向异性的影响

各向异性是图案结构表面的重要特征之一。对于植物来说，水滴可以在荷叶表面的各个方向任意滚动。然而，研究人员发现，在水稻叶表面存在着滚动的各向异性。图 1 - 8a 为水稻叶的表面形貌图（其中内部插图为单个乳突的高倍放大图）。由图可知，水稻叶表面具有类似于荷叶表面的微米与纳米相结合的阶层结构。但是，在水稻叶表面，乳突沿平行于叶边缘的方向有序排列（箭头方向），而沿着垂直方向呈无序任意排列（垂直于箭头方向）。与之相对应，水滴在这两个方向的滚动角值也不相同，其中沿平行方向为 3° ~ 5°，垂直方向为 9° ~ 15°。

研究表明，水滴在水稻叶表面的滚动各向异性，是由表面微米结构乳突的排列影响了水滴的运动造成的。这一研究结果为制备浸润性可控的固体表面提供了重要的信息，研究人员模拟水稻叶表面的微结构，制备了类水稻叶状的 ACNT 薄膜。薄膜表面的形貌如图 1 - 8b 所示（其中插图为单个碳纳米管簇的放大图），这种碳纳米管膜在两个方向上排列

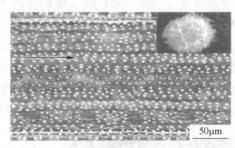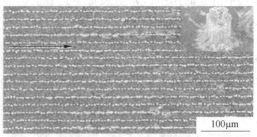

50μm　　　　　　　　　　　　　　　　100μm

a　　　　　　　　　　　　　　　　　　b

● 图 1-8　水稻叶表面和类水稻叶表面碳纳米管薄膜的形貌图

a—水稻叶表面的 ESEM 图；b—类水稻叶表面碳纳米管薄膜的 ESEM 图

不同，使得水滴的滚动角也不同，其沿着箭头方向更易于滚动。

除水稻叶外，一些水鸟、鹅和鸭的羽毛也存在水滴滚动的各向异性。我们常见鹅与鸭在水中嬉戏、觅食，却不见它们的羽毛被水打湿，也不需要像落水狗一样用力地抖动身体，才能将身上的水甩掉。这是因为鹅毛和鸭毛是防水的，这种防水功能归因于鹅和鸭的羽毛上排列整齐的微米及亚微米尺寸的条形结构，其使羽毛具有良好的疏水性和透气性，得以在水中保持身体的干燥。同时，这种排列有序的微观结构可以使水滴易于顺着条带向外侧滚离，具有定向排水的功能。

江雷研究小组在蝴蝶（morpho aega）翅膀表面也发现了滚动的各向异性。通过 SEM 观察发现，蝴蝶翅膀由微米尺寸的鳞片交叠覆盖，每一个鳞片上又分布有排列整齐的纳米条带结构，每条带由倾斜的周期性片层堆积而成。这种结构导致蝴蝶翅膀表面具有各向异性的浸润性，即沿着不同的方向存在不同的接触角和滚动角。

1.2.2.6　昆虫翅膀表面的自清洁性及减反射功能

一些有翅昆虫，包括蜻蜓目（如蜻蜓）、膜翅目（如蜜蜂）、毛翅目（如蛾）、鳞翅目（如蝶）、同翅目（如蝉）、鞘翅目（如甲虫）、双翅目（如蚊、蝇）等的翅膀表面也具有自清洁性，在它们的翅膀上分布有形状不同的微观结构。

江雷研究小组重点研究了蝉（tettigia orni）翅膀表面的微观结构及浸润性。结果表明，蝉翅膀上均匀地分布着纳米柱状结构，这一特殊的结构可以导致其具有超疏水性（图 1-9）。通过模拟蝉翅膀表面的微观结构，研究者利用模板法制备了聚碳酸酯（PC）纳米柱膜。对膜表面的浸润性进行研究发现，平滑 PC 膜具有亲水性（接触角为 85.7°）；而 PC 纳米柱膜具有很强的疏水性（接触角为 145.6°）。当 PC 纳米柱的直径增大时，膜表面的接触角会随之减小。Lee 等利用类似的方法制备了类似于蝉翅膀表面纳米结构阵列的超疏水性聚苯乙烯（PS）表面，并讨论了具有不同尺寸的 PS 表面的动态浸润行为。

蝉翅膀表面特殊的纳米突起结构，使其不仅具有自清洁性，而且还具有减反射的功能，能够减少外界的侵略。这种双重特性也是其在自然界中长期选择和进化的结果。其他昆虫翅膀也具有类似的特征。

除此之外，一些昆虫的复眼结构也使其具有减反射的性质。研究发现，飞蛾的复眼是由六角形排列有序的纳米结构阵列构成的，这个阵列被认为是角膜表面的同质透明层，每一个纳米结构突起是一个减反射单元。飞蛾眼睛的纳米突起结构所产生的低反光性，使其

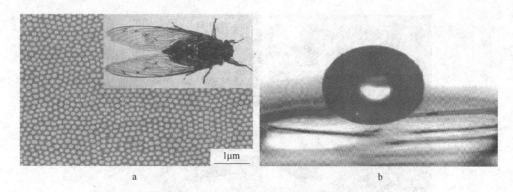

图 1-9 蝉翅膀表面的微观结构及浸润性

a—自清洁蝉翅膀表面的 SEM 图；b—水滴在蝉翅膀表面的形貌图

看起来异常黑，即使在夜间飞行也不易为敌人察觉，称为蛾眼效应（moth eye effect）。研究发现，蝴蝶的角膜也具有类似于蛾眼的纳米结构。并且，不同种类的蝴蝶复眼纳米结构的尺寸不同，导致表面的减反射程度也不同，纳米结构的高度越高，其表面的反射率越低。

江雷研究小组与吉林大学杨柏教授研究组合作发现，蚊子的眼睛具有优异的超疏水及防雾性能，可以使其在潮湿的环境中保持清晰的视觉。这种双重特性是由微米乳突结构及其上六角形紧密排列的纳米结构产生的。模拟蚊子复眼的这种结构，研究者利用软刻蚀的方法得到了人造复眼，并探讨了微米和纳米结构对性能的影响，为设计和开发新型的光学器件提供了重要的科学技术基础。

如上所述，生物体表面的一种微观结构可以赋予其多重功能，如蝉翅膀表面的纳米柱状结构以及昆虫复眼的六角形紧密排列的纳米结构使它们兼具自清洁与减反射功能；蝴蝶翅膀的层状周期结构使其具有自清洁与结构色双重特性。这些研究结果为设计和开发更多的仿生功能材料提供了重要的理论与实践依据。

1.2.2.7 完美的生物矿化材料

生物矿化材料是生命系统参与合成的天然的生物陶瓷和生物高分子复合材料，如人及动物的牙齿和骨骼、软体动物的贝壳等。与普通天然及合成材料相比，生物矿化材料具有特殊的高级结构和组装方式，有很多近乎完美的性质，如极高的强度，非常好的断裂韧性和耐磨性等。

生物体内的矿物种类很多，其中最为广泛的是碳酸钙。虽然碳酸钙本身强度很弱而且易碎，但运用多种长度尺寸设计后，其强度能够得到极大提高。以软体动物的贝壳珍珠层为例，其组成 95% 以上为碳酸钙，断裂韧性却比单相碳酸钙高 3000 倍。这种高硬度和优异韧性，归因于细胞分泌的有机基质与无机晶体间复杂的相互作用而形成的高级自组装结构。

软体动物贝壳的坚硬内层中，95% 是易碎的陶瓷碳酸钙，另外 5% 是一种柔韧性很好的生物高聚物。这两种材料以"砖泥"结构形式结合在一起，数百万个尺寸在几千纳米的碳酸钙陶瓷盘中就像钱币一样相互堆叠在一起。而每一层陶瓷盘之间，有一层很薄的生物高聚物将它们黏合在一起。而且每一个陶瓷盘小片都有自己复杂的纳米结构，见图 1-10a。

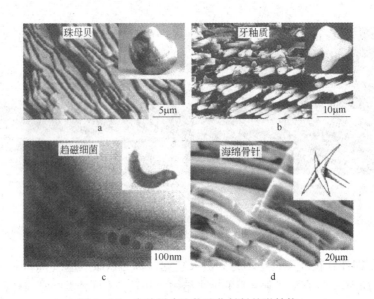

图 1 - 10　自然界中生物矿化材料的微结构

a—珠母贝的贝壳珍珠层的文石与有机质的层状堆积结构；b—老鼠门牙牙釉质中磷酸钙晶体延长轴的
平行排列；c—趋磁细菌中氧化铁粒子的有序排列；d—海绵骨针中二氧化硅的片层结构

　　磷酸钙对生物硬组织的稳定性、硬度等起着重要作用。例如，在老鼠门牙的牙釉质中，可以观察到非常有序的磷酸钙棒状晶体沿长轴平行排列形成晶体束，见图 1 - 10b，晶体束再平行排列形成釉柱，最后釉柱平行排列成牙釉质。釉柱长轴延伸方向与牙表面基本垂直。在釉柱与釉柱间以及晶体与晶体间充满着有机基质。这种高度有序的组装使占重量 95% 的矿物得以紧密堆积，从而显示出优良的力学性质。

　　一些生物体中的含铁矿物（如磁铁矿）具有特殊的功能。如许多候鸟、鱼类和海龟等动物能够利用地磁场定向导航和游移；趋磁细菌中有序排列的单磁畴大小的氧化铁可作为流动识别方向之用，如图 1 - 10c 所示；金枪鱼、鲤鱼头部的氧化铁有导航生物磁罗盘的作用。

　　一些藻类、鱼鳞、动物的骨骼、海绵骨针中还存在着含硅矿物。图 1 - 10d 为海绵骨针中层状的二氧化硅结构，展示了良好的光学性能和力学性能。

　　人们在了解和掌握生物矿化材料的设计方法以及材料最短长度尺寸的功能后，就可以学会构建高强度的仿生合成复合材料。将生物矿化的机理引入无机材料合成，以有机组装体为模板，去控制无机物的形成，制备具有独特显微结构特点的材料，使材料具有优异的物理和化学性能，这种生物矿化灵感的无机材料合成方法就是所谓的仿生材料合成或者仿生形貌生成方法。

1.2.2.8　先进的光学系统

　　北极熊的体色从外表看是白色的，实际上它的皮肤是黑绿色的。北极熊的毛在电子显微镜下观察是一根根空心无色的细管，并且这些细管的直径从毛的尖部到根部逐渐变大，如图 1 - 11a 中 2 ~ 5 所示。北极熊的毛看上去之所以是白色的，是因为细管内表面较粗糙，容易引起光的漫反射。人们利用自然光给北极熊拍照时，它的影像十分清晰，而借助红外线拍照时，除面部外在照片上都看不到它们的外形，如图 1 - 11b 所示。可见北极熊的皮毛有极好的吸收红外线的能力，因此有绝好的保温、绝热的性能。这正是北极熊长期与严寒斗争所形成的特有构造与体色。由此，科学家们设想，可以仿照北极熊的毛管，制成保温、节能的人造中空纤维，定能大大提高太阳能的利用率，为人类造福的潜力将无法估量。

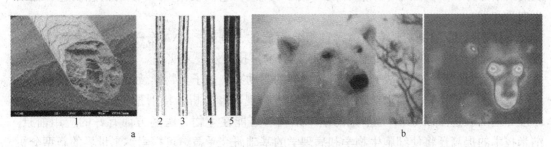

图1-11　北极熊毛的微观结构及北极熊在不同光线下的成像

a—北极熊毛的微观结构；b—北极熊在自然光和红外夜视下的成像

1—北极熊毛的横断面照片表明其具有多孔结构；2~5—毛的尖部到根部的纵向照片表明其具有中空结构

很多鸟类的羽毛和北极熊的毛都具有极为精细的多通道和多空腔的管状结构。这种复杂精巧的结构，能够在保持足够的机械强度的前提下，极大地减轻羽毛的重量同时又能保温。正是凭借这种结构，鸟类才能借助轻盈的羽毛在天空自由地翱翔，北极熊能够在严寒的极地环境中生生不息。

由于这种多通道管状结构具有优异性能，很多科学家对其结构产生浓厚的兴趣。但是，如何制备具有这种多通道的微纳米管却成为一个棘手的问题。因为传统的制备微纳米管的方法主要分为两种，即模板法和自组装法。这两种方法都只适用于制备单壁（或少数同轴的多壁）微纳米管，对制备具有仿生多通道结构的微纳米管却无能为力。最近，研究人员在这方面取得突破，在国际上首次提出了一种新颖的多流体复合电纺技术，并成功地制备出了具有仿生多通道结构的 TiO_2 微米管，管的通道数可以方便地调节。研究者已经制得了具有2、3、4、5通道的微米管，见图1-12。通过这种技术制得的多通道微米管，具有极为广泛的应用前景，例如，可以作为超轻薄超保暖织物，高效过滤网膜，高效催化剂及微纳流体的管道等。

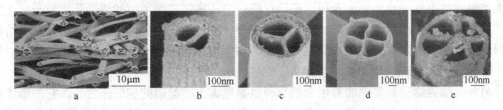

图1-12　利用多流体电纺技术制备的多通道 TiO_2 微米管的 SEM 照片

a—所得的三通道 TiO_2 微米管的大面积照片；b~e—所制得的2、3、4、5通道的 TiO_2 微米管的放大照片

1.2.3　纳米科技发展的驱动力

1.2.3.1　人类对自身起源的探索以及对自身健康的需求

在自然界里，纳米材料早已存在。动、植物实质上就是由纳米结构单元自组装而成

的，是"纳米机器"的组合体。生命的分子结构单元，包括蛋白质、核酸、碳水化合物等的特性都是由其在纳米尺度上的大小、折叠和构型所决定的。许多化学和生物反应的过程就是发生在纳米尺度上的，如 DNA 的复制，蛋白质的合成，营养成分的吸收过程以及疾病的治疗等。事实上每个细胞都是"纳米机器"，它们根据 DNA 上的信息制造并输出蛋白质和酶。

人体本身也是由纳米结构单元自组装而成的，例如，DNA 分子，其螺旋宽度约为2.5nm。研究病毒如何侵入细胞，就要依靠纳米科技的发展来实现。人类对自身起源的探索以及对自身健康的需求成为纳米科技发展的驱动力。分子生物学就是在这样的基础上发展起来的。分子生物学要求对单个分子行为进行观测和分析，特别是要阐明 DNA 的工作原理和基因表达。以 DNA 为基础的纳米结构有可能在生物、医药方面有好的应用前景。纳米技术的提高还将使细胞生物学和病理学的基础研究受益。可探索纳米世界的新型分析工具的发展，使将细胞的化学和机械特性（包括细胞分裂和转移等过程）定性，从而测量单个分子的特性成为可能。

例如，硒化镉（CdSe）纳米粒子的尺寸与所发射光的颜色存在线性关系。不同大小的粒子，发射不同颜色的光。$2 \sim 6nm$ 的 CdSe 量子点材料，可以发射出整个可见光谱。2nm 的粒子发射蓝紫色的光，3.5nm 的粒子发射黄绿色的光，6nm 的粒子发射红色的光。利用 CdSe 量子点材料的特性，可以进行基因表达，对 DNA 的序列进行检测。其原理为，DNA 上不同的碱基会吸附不同大小的纳米粒子，从而显示不同的颜色。也就是说，大小不同的纳米粒子会与不同的碱基相互作用，从而表现出不同的颜色。利用这个原理，就可以进行基因表达。比如四种不同大小的纳米粒子与已知的碱基相互作用，显现出不同的颜色，那么哪一种碱基吸附哪种大小的纳米粒子就很清楚了。再将四种大小不同的纳米粒子对未知的 DNA 进行表达，就可以知道碱基的排列顺序，从而很容易就实现了基因表达。同样，这种技术也可以用于细胞的标识。对于小鼠的纤维原细胞，5nm 的粒子与其肌蛋白相连发出红色的光，而 3.5nm 的粒子与细胞核相连发出黄绿色的光。

此外，癌症的早期诊断也是医学界亟待解决的难题之一，纳米技术的应用将帮助解决这一难题。美国科学家利贝蒂研究利用纳米微粒进行细胞分离技术，很可能在肿瘤早期的血液中检查出瘤细胞，实现癌症的早期诊断。同样，在治疗癌症方面，纳米技术的应用将为人类最终攻克这一顽症带来希望。把治疗癌症的药物制成纳米级的磁性药物粒子，在这些药物粒子进入体内后，利用外加磁场加以引导，就可把它们定位于病灶，达到靶向给药的目的。这时，利用交变磁场加热磁性药物粒子，使其温度上升到 $45 \sim 47℃$，从而"烧死"癌细胞，而周围健康组织不受损害。

另外，病毒这种最简单的有生命的物种也是危害人类健康的病原体之一。它的形体很小，一般只有十几至几百纳米，只有用电子显微镜才能看到。一般情况下，异物是无法进入细胞的。但病毒的蛋白质外壳能骗过细胞，让细胞以为病毒是有资格进入其内部的。一旦进入细胞内部，病毒就脱掉外壳，利用细胞内的资源进行自我复制，制造更多的病毒。这个过程一直进行到细胞资源被耗尽为止，这时新生的病毒就移动到细胞外面去侵略其他细胞。地球上有 4000 多种病毒，其中大约有 100 多种会引起人类疾病。如艾滋病病毒，它不断攻击人体的免疫系统，人体就丧失了对其他各种疾病的抵抗力。

目前，人类对抗病毒最好的手段是利用能启动人体免疫系统的疫苗。但是，研制疫苗往往是很困难的，要花费很长时间，而病毒的变异却很快。正当人类对病毒束手无策的时候，纳米技术给人类带来了一线希望。科学家在研究中发现，艾滋病病毒有一种"嗜好"，它喜欢 C_{60} 粒子，容易与之结合。C_{60} 是一种由 60 个碳原子组成的分子。根据艾滋病病毒的这一特点，加拿大多伦多一家公司设计研制了一种针对艾滋病的新药，制成了以 C_{60} 为核心的靶向药物。这种药物已在动物实验上获得成功。另外，美国密歇根大学的科学家发明了能够捕获病毒的"纳米陷阱"，在实验中表明，这种"纳米陷阱"能够捕获流感病毒，并且使之失去致病能力。纳米技术或许是人类最终制服病毒的唯一希望。

纳米科技是科学发展的必然结果，人类对自身起源的探索以及对自身健康的需求是纳米科技发展的重要驱动力。同时，认识和改造微观的纳米世界，需要新型的分析工具作为技术基础，如扫描探针显微（SPM）技术，成为纳米科技诞生和发展的重要推动力。

1.2.3.2 认识与改造微观世界的有力武器——扫描探针显微镜（SPM）

许多学科的发展都有赖于仪器设备、测试手段的发展，这是科学发展的必要条件。比如生物医学，在显微镜发明之前，人们无法观测到细菌，人们不清楚自己为什么会生病，生物医学发展得很慢。列文虎克通过自制的光学显微镜，首次发现并描述了在池塘的水中、雨水中以及人们的唾液中的原生物和细菌，大大促进了生物医学的发展。此外，德国著名医生郭霍（Robert Koch）在研究止痛药的过程中，发现可能存在一类很特殊的微生物，它们是引发传染病和肺结核及霍乱的罪魁祸首。利用光学显微镜和动物实验很快就确认了这种细菌的存在，细菌可能导致传染病的结论也因此确立。郭霍由于其在肺结核杆菌及霍乱杆菌方面的发现和研究获得 1905 年诺贝尔医学奖。如果说 17 世纪后半期列文虎克用自制的简式显微镜成功地观察到细菌微生物的存在，使人类对生命世界的认识跃进了一大步，人类所面对的微生物界的第二个重大挑战却使得最好的光学显微镜也无能为力了。18 世纪末到 19 世纪上半叶的这半个世纪，是对各类传染病进行广泛研究的年代。病毒是否存在并像想象的那样导致疾病的传染，成为医药学家及生物学家们最急于解开的一个谜团。由于阿贝理论论证了光学显微镜的分辨率不能无限提高，因此对拥有一种比光学显微镜具有更高分辨率的显微工具的渴望也就格外强烈。在这种背景下，发明了电子显微镜。到目前为止，透射电子显微镜的分辨率达亚埃级。凭借电子显微镜，不仅可以观测到纳米尺度上的结构，还能够观察到原子。

纳米科技的诞生和发展与其他科学一样有赖于科学仪器的发明。实际上从费曼的预言到可以观测操纵原子、分子的扫描探针显微镜（SPM），大约经过了 20 多年。这些扫描探针显微镜包括：扫描隧道显微镜（STM）、原子力显微镜（AFM）、磁力显微镜（MFM）、扫描近场光学显微镜（SNOM）、扫描电容显微镜（SCM）、电场力显微镜（EFM）、扫描离子传导显微镜（SICM）等，为纳米结构测量和操作提供了所需的"眼睛"和"手"。

扫描隧道显微镜（scanning tunneling microscopy，STM）是 IBM 的科学家 G. Binnig、H. Rohrer 及其同事于 1982 年研制成功的。STM 的分辨率可以达到平行方向 0.04nm、垂直方向 0.01nm。扫描隧道显微镜的研制成功使人类第一次能够直接观测到物质表面上的单个原子及其排列状况，并且可以用于操纵原子和分子，为纳米技术的研究工作者添加了一件"利刃"。这一发明被国际科学界公认为 20 世纪 80 年代十大科技成就之一，G. Binnig 和 H. Rohrer 也因此而获得了 1986 年诺贝尔物理奖。

扫描隧道显微镜是利用隧道效应工作的。用金属针尖为一电极，被测样品为另一电极。当金属针尖靠近样品的距离小到 1nm 左右但还没有接触到样品时，电子就能通过其间而形成电流，就好像这段距离中有一条隧道，电子可以轻易通过，形成隧道电流。科学家把这种现象叫做隧道效应。如果样品表面有原子尺度的起伏，便会导致这种隧道电流的显著变化。通过测量这种电流的变化就可以知道样品表面上原子的起伏。

利用 STM，人们已经实现了对单个原子、分子的操纵。1990 年，IBM 的 Eigler 小组在 4K 的液氦温度和超高真空下，在针尖与样品之间加上一定的电场，使 Ni 表面吸附的氙原子与针尖之间产生相互作用，然后将针尖沿样品表面移动来拖动氙原子到特定位置，去掉电场使针尖与氙原子脱离，针尖退回到正常高度，如同起重机搬运泥土。利用这种方法将 Ni 表面的 35 个氙原子排成了 "IBM" 的字样，如图 1 – 13a 所示，总宽度在 3nm 以内，开创了原子操纵的先河。科学家预计，这一突破性的纳米新科技研究将可能使美国国会图书馆的全部藏书存储在一个直径仅为 0.3cm 的硅片上。

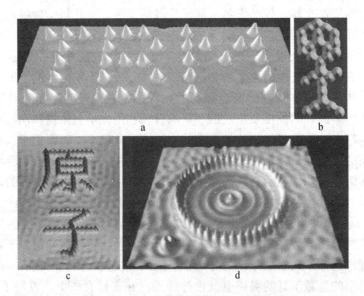

图 1 – 13　原子、分子操纵的 STM 图像

另外，科学家又以类似的方法，把 Pt 表面的 CO 分子排成人形，成为 "CO 人"，如图 1 – 13b 所示，分子人从头到脚仅 5nm；将 48 个 Fe 原子在 Cu 表面上排列成一个圆环形的结构，如图 1 – 13d 所示，形成了一维势箱的量子围栏结构，观察到的围栏内的波纹状图案与量子力学的计算结果完全一致。

STM 不仅仅是被动地观测表面结构的工具，现在正越来越多地被用来能动地诱导表面发生局域的物理或化学性质的变化，以对表面进行纳米尺度的加工，构建新一代的纳米电子器件，或者发展新一代的超高密度信息存储器件。

北京大学纳米化学研究中心刘忠范教授的课题组利用扫描隧道显微镜开展了热化学烧孔存储技术的研究。热化学烧孔存储技术着眼于 STM 隧道电流（或场发射电流）焦耳热的利用。通过 STM 针尖产生高度局域化的隧道电流焦耳热，诱导电荷转移复合物表面发生局部热化学气化分解反应，从而在样品表面形成纳米尺度的信息孔阵。按一定顺序安排孔就可以形成代表一定信息的信息孔阵。在电荷转移复合物 TEA（TCNQ）$_2$（TEA 为三乙胺的英文缩写，TCNQ 为 7,7,8,8 – 四氰基对苯醌二甲烷的英文缩写）单晶表面利用 Pt-Ir 针尖可写下信息孔阵列。信息孔的孔径可小至 9nm。如果用组装在金丝上的单壁碳纳米管作为针尖，可以获得更小的信息孔。简单的计算可知，这种存储方式的面存储密度可达 $10^{12} bit/cm^2$，大大高于商品化的光盘存储技术。

不过，扫描隧道显微镜只能直接对导体和半导体进行研究。对于绝缘体，扫描隧道显微镜就无能为力了。为了弥补这一不足，Binnig、Quate 和 Gerber 于 1986 年发明了原子力显微镜（atomic force microscopy，AFM）。与扫描隧道显微镜相比，原子力显微镜的应用范围更广，可以用于绝缘体的研究。但其分辨率比扫描隧道显微镜稍低。

原子力显微镜是利用对微弱作用力极其敏感的探针来工作的。针尖与样品之间的作用力与距离有联系。当针尖在样品上移动时，会随着样品表面原子的起伏而上下移动，记录针尖上下运动的轨迹就可以知道样品表面的微观形貌信息。此外，利用原子力显微镜也可以操纵原子或分子。改变原子力显微镜的针尖与样品之间作用力的大小，就可以搬动样品表面的原子或分子，也可以对蛋白质分子、碳纳米管等较大分子进行灵活操纵。

我国科学家白春礼院士，在 1987 年从美国归来后，先后主持研制成功我国第一台扫描隧道显微镜和原子力显微镜，为我国纳米技术的研究工作奠定了技术基础。中国科学院原子核研究所的科学家利用原子力显微镜成功地对 DNA 分子进行了切割、推拉、弯曲等一系列分子操纵，在云母基底上排出了"DNA"三个字母。

仪器在科学发展方面起了巨大的推动作用。STM 的发明使科学家能够直接看到个别原子及分子的电子结构。扫描探针显微技术（SPM）使得人们能够在实空间内观测原子、分子以及纳米尺度的表面结构细节，也实现了人们操纵原子、操纵分子的梦想。同时，也使得实验研究纳米尺度乃至单个分子、单个原子水平的各种问题成为可能，从而为纳米科技的诞生和发展奠定了重要的技术基础。

1.2.3.3 新一代纳米器件的研究

纳米科技的诞生和发展的另一个重要推动力是 20 世纪 80 年代兴起的新一代纳米电子学和分子电子学器件研究。这种器件的工作原理将完全不同于微电子器件，具有极高的集成度、极快的运行速度和极低的功耗。

过去半个多世纪的历史表明，电子器件的发展对人类社会起着巨大的推动作用。用于信息加工的电子器件的发展可划分为三个阶段：第一阶段：真空电子管，无线电；第二阶段：固体晶体管，微电子器件，计算机；第三阶段：纳米电子器件，信息网。从电子器件发展的三个阶段，我们知道它们的尺寸越来越小，对以电子器件为基础的各类电子仪器产生了质的影响。

实际上，由于微电子在科技和经济中的重要地位和影响，它的小型化发展趋势带动了整个科技的小型化，即科技的发展促使所研究的对象由宏观体系进入纳米体系。在传统晶体管的尺度下降到纳米尺度的时候，人们已经在积极构思具有革命性概念的新型器件，两个崭新的学科领域——纳米电子学和单电子学已经有了迅速的发展。当系统的尺寸小到可以与电子的波长比较的时候，量子效应就成为支配载流子行为的主要因素，成为信号加工的基础。超高密度集成是未来个人计算机、高性能计算机和自动器的基础，是信息社会智能工具的主要组件。

新现象和新效应既是对原来的半导体器件的挑战，也为开发新的器件提供了机遇。新型的纳米器件就是以这些新效应和新现象为工作原理的器件。人们将需要研究新的运行机理，探索新的材料，发展新的加工技术。

硅芯片是现代电子器件的标志之一。未来纳米电子器件可能更像化学装置，常规技术只能将电路缩至微米水平。到目前为止，芯片制造业一直采用光刻术来制造微芯片电路。首先，在常规尺度上设计出所需要的电路图案。然后，把这个电路图像制备成一个透明的图像，我们把它叫做"掩模"。把一束光照过这个透明图像，光线穿过一系列透镜，使图像变小之后照到涂有光刻胶的硅芯片上，使之像照片一样曝光。然后，用化学物质腐蚀掉硅芯片上曝过光的部件。

当对集成电路最小线宽的要求达到100nm之内时，现有的光刻技术就无能为力了，人们需要寻求新的加工技术，如超紫外加工技术、X射线加工技术、扫描隧道显微镜和原子力显微镜等。纳米电子器件的发展有两条路径：自上而下（top down）和自下而上（bottom up），将其画成纳米器件发展路径示于图1-14，图中固体科技与化学组装发展的交叠区域就是21世纪初期的基础科学与高技术研究领域。

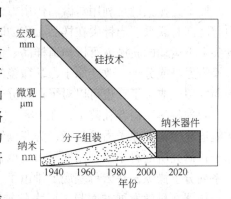

图1-14 纳米电子器件发展的路径图

以硅为基础的微电子器件，在进一步提高集成度和微型化时逐渐逼近其物理极限。为进一步缩小微电子电路，需要发展分子电子器件。由于纳米碳管特殊的电学性质以及其微小尺寸，可作为量子导线和可构成晶体管，因此特别适合于制备纳米电子器件。

碳纳米管因其优异的电学特性和力学特性受到人们的广泛关注。利用SPM操纵的方法将碳纳米管固定到需要的位置并对其进行弯折、剪切来构建纳米器件，一直是一个热点研究领域。由于碳纳米管是一种尺度比原子和小分子大得多的大分子，所以它在表面上的位置移动相对比较容易。AFM还可以实现对碳纳米管的弯曲旋转等操纵，从而将一根或者几根碳纳米管加工成特殊的结构或图形。有人经过多步操纵，将碳纳米管加工成了复杂的图形。利用AFM针尖还可以拨动单根碳纳米管，创造出结构、构造基于单根碳纳米管的纳米电子器件。

大面积表面上生长排列成阵列的碳纳米管在纳米电子器件以及在扫描探针和敏感器件上的应用是很重要的。这需要用可控的方式生长所需的阵列结构，不需或只做很少的再加工。范守善等发现多孔硅是生长排列整齐的碳纳米管阵列的理想衬底，可生长具有相同直径的排列整齐的碳纳米管阵列。这种方法的特点是先按所要生长的结构，用电化学的方法做出具有特定结构的孔道，在这些孔道里加入用于碳纳米管生长的催化剂（如铁），再用化学气相沉积的方法在这些孔道里生长碳纳米管，生长出的碳纳米管就具有所需的结构。图1-15是制备得到的碳纳米管的扫描电镜照片，从图中可清楚地看见按照方形催化剂形态生长的多壁碳纳米管，形成了方形的碳纳米管阵列，边角很整齐，没有分叉，图1-15b是高分辨透射电镜照片，显示是多壁碳纳米管。图1-16是用控制生长的碳纳米管制作的场发射显示器，整个器件仅仅2.4mm厚。

由于碳纳米管有的具有金属性，有的具有半导体性，而它本身又超强、超轻，是一种

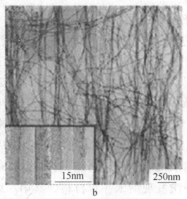

150μm

a

15nm 250nm

b

图 1-15　碳纳米管阵列的 SEM（a）及 TEM 照片（b）

图 1-16　控制生长碳纳米管
制作的场发射显示器

结构强化材料，而金属或金属合金的纳米粒子，它们具有很好的微波吸收性能，有的对红外光有吸收性能，有的对可见光或紫外光具有吸收性能，将它们复合后制成的纳米材料涂在飞机上，使飞机不被雷达发现。这些材料的特殊性能，不仅可以大力发展航空航天事业，在其他许多方面也都有用武之地。

不仅是碳纳米管，低维半导体材料也是一种人工可改性的新型半导体材料。它们在未来纳米电子学、光子学和光电集成等方面有着极重要的应用前景。如利用纳米硅线作为构造单元制备纳米二极管、三极管和反相器；利用 InP 纳米线作为构造单元制备纳米发光二极管；纳米线构成的纳米逻辑电路；DNA 分子计算机等。

1.2.4　纳米科技发展的里程碑

1959 年，美国物理学家 R. Feynman 发表题名《There's Plenty of Room at the Bottom》的著名讲话。

1962 年，日本物理学家久保亮武（R. Kubo）在金属超微粒子的理论研究中发现，金属粒子具有与块体物质不同的热性质，被学界称为 Kubo 效应。随后提出针对金属超微粒子的著名的久保理论，即超微粒子的量子限域理论。

1963 年，Ryozi Uyeda（上田良二）发展了气体蒸发法或称为气体冷凝法，通过在纯净的惰性气体中的蒸发和冷凝获得了具有清洁表面的超微粒子，并对单个金属超微粒子的形貌和晶体结构进行了透射电子显微镜研究。

20 世纪 70 年代末，美国 MIT 的 W. R. Cannon 等发明了激光驱动气相合成方法，合成了尺寸为数十纳米的 Si、SiC、Si_3N_4 陶瓷粉末。从此，人类开始了规模制备纳米材料的历史。

20 世纪 70 年代末到 80 年代初，人们对一些纳米颗粒的结构、形态和特性进行了比较系统的研究。描述金属颗粒费米面附近电子能级状态的久保理论日臻完善，在用量子尺寸效应解释超微粒子的某些特性时获得成功。

1981 年，瑞士 IBM 公司的 G. Binning、H. Rohrer 等发明了扫描隧道显微镜（STM）。他们和电子显微镜的发明者 Ruska 一同获得 1986 年诺贝尔物理学奖；白春礼院士是我国最早从事 STM 研究的科学家。

　　1983 年，法国科学家 Fert 发现了 Cu-Ni 巨磁阻材料，获得 2007 年诺贝尔物理奖。在发现巨大磁致电阻新现象的十年基础发明过程中，纳米技术已经完全取代了 1998 年市值尚达 340 亿美元的磁盘计算机磁头技术。世界上第一个 GMR 读磁头由 IBM 公司在 1998 年制成，第一个 GMR 传感器（自旋阀）由西门子公司在 2000 年制成。

　　1984 年，德国萨尔兰大学的 H. Gleiter 等首次采用惰性气体凝聚法制备了具有清洁表面的 Pd、Cu、Fe 纳米晶，然后在真空室中原位加压成纳米相固体材料，并提出了纳米相材料界面结构模型。随后的研究发现 CaF_2 和 TiO_2 纳米陶瓷在室温下表现出良好的韧性。Gleiter 通过理论分析认为纳米尺度的材料可能具有特殊性能；北京大学的朱星教授当时与 Gleiter 进行合作研究，第一次发现纳米颗粒材料，其第一篇论文发表在 1987 年的《Physical Review B》上，并第一次提出了纳米晶体材料的概念（nano crystalline materials）；朱星教授是我国最早从事纳米材料研究的科学家。

　　1985 年，英国科学家 Kroto，美国科学家 Smalley、Curl 等发现了由 60 个碳原子构成的直径仅约 0.7nm 的类似现代足球的笼状分子——C_{60}，而获得 1996 年诺贝尔化学奖。碳分子簇状结构现在被统称为富勒烯。

　　1986 年，第一台原子力显微镜（AFM）问世（G. Binnig, C. F. Quate, Ch. Gerber, Physical Review Letters, 1986, 56: 930）。

　　1990 年 IBM 公司第一次使原子发生位移。他们使用 STM 在一块镍晶体上移动 35 个氙原子，在 3nm 宽度内用原子拼出了 IBM 三个字母。

　　1991 年，英国科学家 Canham 利用阳极腐蚀硅片的方法制备了多孔硅，并观察到量子尺寸限制效应。

　　1991 年，日本 NEC 基础研究实验室的饭岛教授（S. Iijima）在利用透射电子显微镜分析电弧放电产物时，发现了纳米碳管（图 1 – 17）。

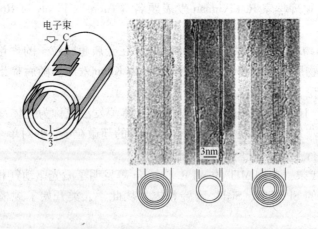

图 1 – 17　S. Iijima 发现的多壁碳纳米管

　　1996 年，中科院物理所的解思深研究员领导的小组第一次实现了多层纳米碳管的取向生长。

　　P. Kim 等利用纳米碳管制得纳米镊子，可进行纳米尺度的物体操作并测量夹起物质的电学性质。纳米镊子制作的具体过程是在一端自由并逐渐变细（最细一端直径可以控制在 100nm）的玻璃微型吸管上沉积金属制成两个电极。然后采用和制备扫描探针显微镜探针相似的过程，在光学显微镜下把两根纳米碳管分别粘在金电极上，图 1-18 是由一个长 4μm、直径 50nm 纳米碳管构成的纳米镊子。对镊子的电极施加 0~8.3V 电压后，镊子由开合（0V）变成夹紧（8.3V），在此过程中纳米碳管以及电极都未出现塑性变形。该纳米镊子能夹起很多纳米尺度的物体，如聚苯乙烯球和纳米线等。同时由于纳米碳管可作电极，故在纳米镊子夹起物体后，能进一步研究所夹起的物体（如碳化硅纳米团簇和砷化镓纳米线）的电学性质。

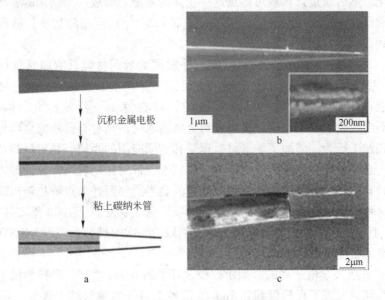

图 1-18　P. Kim 等制得纳米碳管构成的纳米镊子制作过程示意图（a）及
纳米镊子的 SEM 照片（b、c）

1997 年，清华大学的范守善教授等采用碳纳米管限制反应的方法制备了氮化镓（GaN）纳米棒，TEM 照片如图 1-19 所示。

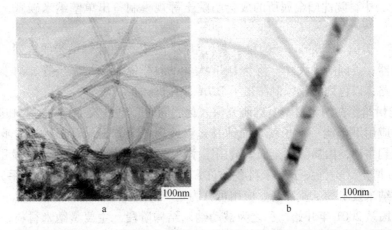

图 1-19　模板纳米碳管（a）及用纳米碳管制备的氮化镓（GaN）纳米棒（b）的 TEM 照片

1998 年，北京大学的俞大鹏、美国哈佛大学的 C. M. Lieber 等几乎同时制备出了纳米硅量子线。

1999 年，美国科学家利用纳米碳管作为"纳米秤"（nano balance），称量了纳米碳颗粒的质量，是世界上最灵敏和最小的纳米秤。碳纳米管的纳米尺度、高强度和高韧性特征，使其可以广泛应用于微米甚至纳米机械。纳米秤是一种最简单的纳米机械。类似于弹簧秤，如果弹性常数被校准了，则连在弹簧端部的物体的质量可以通过测量弹簧的振动频率得到。这个方法被用于在原位透射电镜上测量连在碳纳米管端部的微小物体的质量，例如测量大生物分子和生物学颗粒（比如病毒）的质量。通过电子显微镜观察纳米碳管振动频率的变化，然后通过计算就可得到这一物体的质量，形成一个纳米碳管秤，这种技术适合于称量质量在 1fg 到 1pg（$1fg = 10^{-15}g$，$1pg = 10^{-12}g$）范围的物质，适合称量的质量正好和一个病毒的质量相当。

2000 年，中科院沈阳金属所的卢柯院士等发现纳米铜材料具有超延展性，塑性变形达 5000%；卢柯研究组在实验中发现纳米金属铜样品在室温下具有超塑延展性，而没有加工硬化效应。即将晶粒尺寸为纳米尺度的铜放在室温下反复冷轧，伸长率能达到 5100%，而不出现硬化现象。这一发现表明金属纳米材料具有与普通的金属材料完全不同的力学性能和加工行为，缩短了纳米材料理论和实际应用的距离，是对材料传统变形机制的一个挑战，意味着材料加工领域一场革新的到来。针对这一发现，他们深入探索，发现导致纳米铜具有超塑延展性的主要机制是大量的晶界滑移而并非点阵位错运动，进一步深化了人们对材料变形过程本质机制的理解。这项研究成果发表于 2000 年 2 月 25 日出版的《SCIENCE》上，被国际权威科学家认为是本领域的一次突破，并被评为 2000 年中国十大科技新闻，申请获准专利 7 项。

2000 年，北京大学电子系的彭练矛教授，日本的 Iijima 教授、秦禄昌博士及香港科技大学的王宁等同时发现了直径仅约 0.4nm 的世界上最细的单层纳米碳管。秦禄昌等在用于气体放电用的炭棒的阴极上发现了这种内径最细的碳纳米管，它的内径只有 0.4nm，端部可保持开口。这是理论预言的能量稳定的最细碳纳米管。这种碳纳米管被限制在多壁碳纳米管内，它的直径相当于 C_{20} 的直径。一般的碳纳米管可以是金属也可以是半导体，这取决于碳纳米管的直径和螺旋度，而这种最细的碳纳米管总是呈现出金属的性质。

2000 年，中科院沈阳金属所的成会明院士等规模制备出单壁纳米碳管，并研究了其储氢性能。

2001 年，美国 UC Berkeley 的科学家利用控制生长的氧化锌纳米线阵列，制备出了紫外纳米激光器；美国哈佛大学、荷兰 Delft 大学的科学家利用纳米碳管、纳米线制备出了纳米逻辑电路；以色列科学家制备出了 DNA 计算机。

21 世纪伊始，在纳米材料基础研究深入化的同时，也进入了它的工业和商业化阶段。纳米材料的应用不可能一下子就全面铺开，渗透到各个方面，而必然是逐步的，由少到多，由被动到主动，由局部到全面。美国国家科学技术委员会纳米科学工程和技术分委员会主席 Roco 博士（美国关于纳米科技的许多国家级文件就出自于此人之手）在 2002 年著文，认为纳米技术的工业和商业应用可分为 4 个阶段：

第一阶段从 2001 年开始，称之为被动纳米结构阶段，主要是纳米材料作为涂层、纳米粒子以及纳米结构材料、聚合物和陶瓷等体材料之用。总的来说，人们对纳米材料的应用研究还不是那么活跃。

第二阶段从 2005 年开始，称之为主动纳米结构阶段，主要表现在纳米材料在诸如晶体管、放大器、传动装置以及自适应机构的应用。人们对纳米材料的应用研究将会积极活跃。

第三阶段从 2010 年开始，称之为三维纳米系统阶段，主要表现为非均匀纳米结构和各种自组装技术纳米材料的应用。

第四阶段从 2020 年开始，称之为分子纳米系统阶段，主要表现为纳米材料在生物模拟和新设计非均匀纳米分子系统中的应用。

由此可见，纳米材料在纳米科技中的地位是非常高的。可以说，纳米材料是纳米科技的原材料。俗话说，巧妇难为无米之炊，因此可以说，如果没有纳米材料的发现，也谈不上纳米科技。

1.3 纳米材料在纳米科技中的地位

纳米科技的一个最显著的特点是它的跨学科特性。纳米材料科学是原子物理、凝聚态物理、胶体化学、固体化学、配位化学、化学反应动力学和表面、界面科学等多种学科交叉汇合而出现的新学科生长点。假如把纳米科技比作一座大厦，这座大厦主要包括以下部分：（1）纳米体系物理学；（2）纳米化学；（3）纳米材料学；（4）纳米生物学；（5）纳米电子学；（6）纳米加工学；（7）纳米力学；（8）纳米测量学。这 8 个学科既具有各自领域独立的科学框架，又具有相关性，共同构成了纳米科技大厦（见图 1-20）。

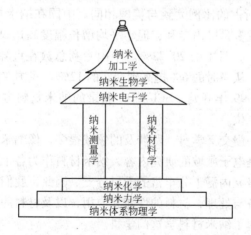

图 1-20 纳米科技大厦示意图

纳米材料学和纳米测量学是这座大厦的支柱，这两个领域的发展水平直接关系到纳米技术各个领域的发展。而纳米体系物理学、纳米化学和纳米力学是这座大厦的基础，纳米材料学和纳米测量学的发展离不开纳米体系物理学、纳米化学和纳米力学的发展。纳米电子学、纳米加工学和纳米生物学就是这座大厦那金碧辉煌的屋顶，是衡量一个国家纳米科技发展水平的标志。这 8 大学科互相依赖、互相促进、共同发展。纳米科技的研究是一项跨学科跨领域并由物理学家、化学家、材料学家、电机工程师、生物学家和医学家等共同参与的研究。

　　纳米科技具有多学科交叉性质，而纳米材料则是这些分支学科的共同交点，是纳米科技发展的重要基础，是原材料。纳米材料中涉及的许多未知过程和新奇现象，很难用传统的物理化学理论进行解释。从某种意义上来说，纳米材料研究的进展势必把物理、化学领域的许多学科推向一个新的层次，也会给 21 世纪物理化学研究带来新的机遇。

　　在高新技术领域中，纳米材料的开发应用有：（1）新型能源材料，如光电转换、热电转换材料及应用，高效太阳能转换材料及二次电池材料，纳米材料在海水提氢中的应用。（2）新型环境材料，如光催化有机物降解材料，保洁抗菌涂层材料，生态建材，处理有害气体、减少环境污染的材料。（3）功能涂层材料，如具有阻燃、防静电、高介电、吸收散射紫外线和不同频段的红外吸收和反射及隐身功能的涂层材料。（4）电子和电子工业材料，如新一代电子封装材料，厚膜电路用基板材料，各种浆料，用于电力工业的压敏电阻、线性电阻、非线性电阻和避雷器阀门，新一代的高性能 PTC、NTC 和负电阻温度系数的纳米金属材料。（5）新型发光材料，如用于大屏幕平板显示的发光材料，包括纳米稀土发光材料。（6）超高磁能材料，如第四代稀土永磁材料。

　　我国纳米材料技术研究与美、欧、日等发达国家基本同时起步，已有一批科技人员（包括 20 余位两院院士）以及大学、研究院所和企业多年来一直从事相关研究，在碳纳米管、纳米金属超塑延展性、高性能粉末冶金飞机制动材料、超高密度信息存储器件基础研究等方面取得了具有国际领先或国际先进水平的研究成果。

　　据不完全统计，在 1996 年到 2002 年间，美国公开的有关纳米技术的专利共 2761 项，其中关于纳米材料的有 1671 项，占 60%。同一时期，欧洲和日本的数字分别是 2761 项和 1451 项，纳米材料方面所占的比例大致与美国相同。中国在纳米技术领域的专利总数不及美、欧、日各国，而且多是国内专利，但年平均增长幅度高达 39.08%，远高于美国的 24.03%，欧洲的 25.60%，日本的 20.72%。中国专利总数在世界所占的比例自 1996 年后也有比较明显的提高，从当时的 6% 提高到现在的 12%。我国在纳米材料方面发表的论文数量也在不断增加，1999 年开始，SCI 和 EI 收录的纳米材料方面的论文已占到 12%，仅次于美国，居世界第二位。

　　纳米材料科学作为一门交叉学科，所涉及的领域很多，像纳米生物学是生物领域的研究内容，而纳米电子学是电子领域的研究内容。纳米材料作为各个领域的共同点，是纳米科技领域最富有活力、研究内涵十分丰富的学科分支。因此，我们应该首先学习和研究纳米材料，包括材料的制备与处理，材料的性能和应用，以及材料的结构和表征，这三大部分密不可分，共同支撑起了纳米材料学这门学科。

思 考 题

1-1　什么是纳米科技？你对当今的纳米热如何理解？

2 纳米材料的基本概念及基本效应

2.1 纳米材料的定义

关于纳米材料尺寸范围的定义，人们的说法不一。有的把纳米微粒的尺寸定义为 1~10nm，有的定义为 1~50nm，还有人把它定义为 1~100nm。实际上，对纳米材料平均粒径的划分并不是很严格的，但必须考虑的是临界尺寸。当颗粒尺寸减小到纳米级的某一尺寸时，材料的性能发生突变，甚至与同样组分构成的常规材料的性能完全不同，这个尺寸定义为临界尺寸。同一种纳米材料的不同性能发生突变的临界尺寸是不同的，同一种性能的不同纳米材料其临界尺寸也有很大差别。这就是说，纳米材料的各种性能随纳米颗粒尺寸的不同而变化，这种强烈的尺寸效应是常规材料中很少见的，这正是纳米材料的特点。因此，纳米材料的尺寸范围不能用一个固定尺度来定义，而是较宽的。另外，纳米材料是以尺寸定义的材料，它涉及的材料种类很广，常规的各种材料，都有相应的纳米材料，而各种材料的纳米微粒一般包括 10^4 ~ 10^5 个原子。由于量子尺寸效应，这样的原子集团能级发生分裂引起了很多性质的变化。对于金属来说，含有这么多原子的纳米粒子尺寸可以很小，但是对于晶胞很大的物质，包含这样原子数的微粒尺寸可能变得很大。例如，铁电体的晶胞尺寸比纯金属的大得多。一般来说，当各种物质的尺寸减小到 1~100nm 之间时，都具有与常规材料不同的性质，因此，将纳米材料的尺寸划为 1~100nm 是合适的。近年来文献中关于纳米材料的报道也大多采用了这个范围。

2.1.1 纳米材料的定义

把组成相或晶粒结构的尺寸控制在 100nm 以下的材料称为纳米材料，即将三维空间内至少有一维处在纳米尺度范围（1~100nm）的结构单元或由它们按一定规律构筑而成的材料或结构定义为纳米材料。

常规纳米材料中的基本颗粒直径不到 100nm，包含的原子不到几万个。一个直径为 3nm 的原子团包含大约 900 个原子，几乎是英文里一个句点的百万分之一，这个比例相当于一条 300 多米长的帆船跟整个地球的比例。

纳米材料包括团簇、纳米微粒、人造原子、准一维纳米材料（纳米管、纳米棒、纳米线、纳米带、纳米环、纳米螺旋和同轴纳米电缆等）、二维薄膜、多层膜、纳米相固体以及纳米结构。

2.1.2 纳米材料的内涵

物质的性质随尺寸演变是一个渐变的过程，物质尺寸的不断减小导致其特性发生根本性变化，从量变发展到质变。例如，块体铁材料具有银白色金属光泽，是良导体，具有铁磁性；10～100nm的铁纳米相材料，则无金属光泽，呈黑色，电阻增大，矫顽力增大；而粒径小于10nm的铁纳米粒子，是绝缘体，其铁磁性消失，变成了超顺磁性。

纳米本来只是一个长度单位，等于1m的十亿分之一，但这个尺度所对应的物质结构层次所特有的物理效应和奇异特性赋予了"纳米"特别的含义。随着研究的逐渐深入，纳米材料概念的内涵也在不断地演变。现在人们已经认识到纳米材料的价值不仅仅是几何尺寸的减小，而是取决于处在这一尺度范围的材料或结构是否具有某些与宏观块体材料截然不同的物理、化学特性，以及这些特性是否随尺度发生连续的改变或突变，即纳米材料的尺寸与其结构、特性的依赖关系赋予了纳米材料的内涵。也正是纳米材料的独特性质及其与尺寸及结构的依赖关系，使其蕴藏着无限的应用机会和挑战。

纳米材料由于尺寸减小而具有独特而超常的热学、电学、力学、光学、磁学和化学性能。当微粒尺寸在一维、二维或三维小于电子传输自由程时，它们的许多性能出现巨大的变化或增强。至于材料颗粒尺寸究竟要小于多少才可被定义为纳米材料，一般不存在严格的界限。但是一个基本条件是，当颗粒小于该尺寸时，一些超常的或增强的性能必须呈现出来，否则尺寸再小也不能称为纳米材料。

2.1.3　纳米材料的举例

铂和金的宏观块体都是化学惰性的。金的颜色是金黄色，而十几纳米的金粒子就成了酒红色的；铂的颜色是亮白色，制成几纳米的铂粒子时就成了棕黑色的。不仅颜色发生了改变，它们的化学性质也变得活泼了，可以作为催化剂使用，能够在催化反应中获得高活性和高选择性。不同尺寸的纳米金和银的光学性质随尺寸的变化而变化，当用钨灯丝发出的黄色光照射不同尺寸的纳米金和银时，它们发射出不同颜色的光，如大约50nm和100nm的金纳米粒子分别发射绿色和橘黄色的光，大约40nm、90nm和100nm的银纳米粒子分别发射蓝色、淡青色和红色的光。

物质的结构会随尺寸不同而发生变化。最典型的例子就是碳元素。宏观存在的形式有石墨和金刚石，而到了纳米级，它们具有截然不同的结构，笼状的C_{60}和管状的碳纳米管。

纳米材料的光性能与宏观材料也有不同。纳米尺度的半导体材料，受到光照射后，会发射出特征颜色的光。粒子的半径越小，所发射光的波长越短，这与纳米材料的禁带宽度有关。例如2～6nm的CdSe量子点材料，粒径大小不同，会发射不同颜色的光，可以发射出整个可见光谱。

2.2　纳米材料的基本结构单元

构成纳米薄膜、多层膜、纳米相固体以及纳米结构的基本结构单元有以下几种：（1）团簇；（2）纳米粒子；（3）准一维纳米材料（纳米管、纳米棒、纳米线、纳米带、纳米环、纳米螺旋和同轴纳米电缆等）；（4）人造原子。

2.2.1　团簇

2.2.1.1　团簇的定义

原子、分子或离子团簇，简称团簇，是由几个至几百个乃至上千个原子、分子或离子通过物理和化学结合力形成相对稳定的聚集体。

团簇是各种物质由原子、分子向大块物质转变的过渡状态，或者说，团簇代表了凝聚态物质的初始状态，是介于原子、分子与宏观固体之间的物质结构的新层次，有时被称为物质的"第五态"。例如，Fe_n、Cu_nS_m、C_{60}、C_{70} 等。当从原子演变到宏观块体材料时，四个原子之前的排列只有一种形式，对于四个原子是四角排列，即四面体排列，当再增加一个原子到 5 个原子时，就有两种排列形式，即可能有两种长大的方式，如图 2-1 所示。

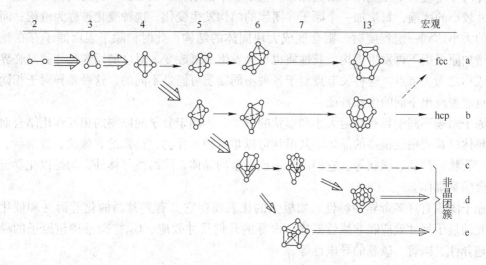

图 2-1 从原子到宏观块体材料的演变

一种排列形式是第五个原子与四面体的一个棱边形成三角形，即形成两个夹角，按照这种方式，再往下逐渐增加原子的过程中，排列方式只有一种，直到宏观的晶体，就发展成面心立方晶体的结构形式。

另一种排列形式是双三棱锥的方式，按照这种方式排列，再增加一个原子，即原子数为 6 时，就会产生两种不同形式的排列。其中这一种在逐渐增加原子的过程中，与上面的 fcc 相似，即在逐渐长大的过程中，原子排列只可能有一种方式，直到发展成宏观晶体，形成六方（hcp）晶体结构形式。而如图 2-1c~e 所示的排列，在原子增加的过程中，又会演变成多种排列形式，直到宏观块体材料，它们都发展成为非晶族。在这几种演变的中间形成的几个到几百个乃至上千个原子的聚集体，就称之为团簇。团簇比纳米粒子小，比原子、分子大。

原子团簇是在 20 世纪 80 年代新发现的化学物种，通常尺寸不超过 1nm。它是热力学不稳定的体系，一般产生于非平衡条件，与宏观物质和纳米粒子相比是不稳定的。对团簇性质的研究一般采取原位检测手段，即刚刚制备出来时就用仪器进行检测，否则它会继续长大，团簇包含有限数目的原子、分子，比纳米粒子所含的原子、分子数还少。

2.2.1.2 团簇的分类

原子团簇可分为一元原子团簇、二元原子团簇、多元原子团簇和原子簇化合物。一元原子团簇包括金属团簇（如 Na_n、Ni_n 等）和非金属团簇。非金属团簇可分为碳簇（C_{60}、C_{70}、富勒烯等）和非碳簇（如 B、P、S、Si 簇等）。二元团簇，如 In_nP_m、Ag_nS_m 等。多元团簇，如 $V_n(C_6H_6)_m$ 等。原子簇化合物是原子团簇与其他分子以配位化学键结合形成的化合物。

2.2.1.3　团簇的特点

团簇的基本研究问题之一就是揭示团簇产生的机理，即团簇如何由原子分子逐步发展而成，以及随着这种发展，团簇的结构和性质的变化规律。其中包括团簇发展成宏观固体的临界尺寸与过程变化规律。团簇往往产生于非平衡条件，很难在平衡的气相中产生。对于尺寸较小的团簇，每增加一个原子，团簇的结构发生变化，这种变化被称为重构；而当团簇的大小达到一定程度时，则会变成大块固体的结构，此时，除了表面原子存在弛豫外，增加原子则不再发生重构，其性质也不会发生显著改变，对应的团簇尺寸就是临界尺寸，或称之为关节点。这种关节点对于各种不同物质可能是不同的，这种差异对于相同的物质也能表现出不同的生长特征。

原子团簇不同于具有特定大小和形状的分子，不同于分子间以弱的相互作用结合而成的聚集体以及周期性很强的晶体。其形状可以是多种多样的，已知的有球状、骨架状、洋葱状、管状、层状、线状等。它们尚未形成规整的晶体，除惰性气体外，均是以化学键紧密结合的聚集体。

原子团簇有许多奇异的特性，如极大的比表面使它具有异常高的化学活性和催化活性、光的量子尺寸效应和非线性效应、电导的几何尺寸效应、C_{60} 掺杂及掺包原子的导电性和超导性、碳管、碳葱的导电性等。

2.2.1.4　团簇的幻数

在各种团簇的质谱分析中，有一个共同的规律：在团簇的丰度随着所含原子数目 n 的增大而缓慢下降的过程中，在某些特定值 $n=N$ 时，出现突然增强的峰值，表明具有这些特定原子（分子）数目的团簇具有特别高的热力学稳定性。这个数目 N 就叫做团簇的幻数（magic number）。这种特征与原子中的电子状态、原子核中的核子状态很相似，表明团簇也具有壳层结构（shell structure）。这与对称性和相互作用势密切相关。

幻数稳定团簇（magic cluster）是指特定原子数目的团簇具有闭合的电子或原子壳层结构，因此稳定性极高。这里特定的原子数目称作幻数（magic number）。幻数是一系列分离的数，对于二维密排体系，这些数为 1、3、6、10 等，即 $n(n+1)/2$（n 为正整数）。团簇中的原子个数只有等于幻数时，才会具有极高的稳定性。团簇的幻数序列与构成团簇的原子键合方式有关，金属键来源于自由价电子，半导体键是取向共价键，碱金属卤化物为离子键，惰性元素原子间的作用为范德华键。

惰性元素构成的团簇具有位置序起主导作用的壳层结构。13、19、55 和 147 等处出现了峰值，其强度大约是相应后一个团簇强度的两倍或更多，这就是幻数。碳团簇是以共价键为主的团簇，其键合方式有方向性和饱和性。采用激光蒸发制备的碳团簇，以原子数为 20、24、28、32、36、50、60 和 70 的团簇具有高稳定性。

对于金属团簇，金属簇（大簇）的堆积和增大方式，现在普遍采用的是假设簇按照与块状金属一样的（立方 ccp 或六方 hcp）规律堆积，即一个中心原子被 12 个外层原子包围，形成 13 原子簇 M_{13} 为一层簇，然后层层增加，分别可形成 2 层、3 层以及更多层的簇，各层簇的原子总数 M_n 与层数 n 有关，为 $10n^2+2$ 个，这就是幻数簇，如图 2-2 所示。另外一种堆积方式是以 M_{13} 为基本簇单位，其余的 M_{13} 簇加到基本簇上，分别可形成 $(M_{13})_n$（$n = 1 \sim 13$）簇。随金属颗粒直径减小，表面金属原子所占比例将明显趋增。可以预见假如由同样数目的原子分别组成金属簇和块状金属，金属簇具有比块状金属大得多的表面原子。

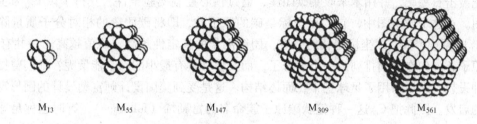

| M_{13} | M_{55} | M_{147} | M_{309} | M_{561} |

图 2-2　金属团簇的不同幻数的壳层结构

2.2.1.5　团簇的性质及研究意义

团簇的物理和化学性质随所含原子、分子或离子数目的不同而变化，其许多性质既不同于单个原子、分子，也不同于大块固体（或液体），例如幻数和壳结构、量子尺寸效应、表面效应等。

团簇的物理和化学特性是当前研究的一个热点，因为它本身是由原子、分子聚集而成的，是一种从微观到宏观的过渡态，因此，它提供了研究从原子、分子逐渐过渡到凝聚态体系的一种新方法。我们研究团簇，可以理解某些复杂的凝聚态现象，如成核、溶解、吸附、相变等特殊体系。正像胚胎学以其特殊的方式说明生物学规律一样，团簇研究有助于我们认识凝聚物质的某些性质和规律。

团簇广泛存在于自然界和人类实践活动中，涉及许多物质运动过程和现象，如催化、燃烧、晶体生长、成核和凝固、临界现象、相变、溶胶、照相、薄膜形成和溅射等，构成物理学和化学的学科交汇点，是跨合成化学、化学动力学、晶体化学、结构化学、原子簇化学等化学分支，又是跨原子、分子物理、表面物理、晶体生长、非晶态等物理学分支，也和星际分子、矿岩成因、燃烧烟粒、大气微晶等多学科交叉，是材料科学一个新的生长点。团簇在量子点激光、单电子晶体管，尤其作为构造结构单元研制新材料方面有广阔的应用前景。

2.2.1.6　碳团簇与非碳团簇

当前能大量制备并分离的团簇是 C_{60} 及富勒烯。众所周知，碳有两种同素异构体：一种是金刚石，另一种是石墨。C_{60} 是碳的第三种稳定的同素异构体。C_{60} 的发现大大丰富了人们对碳的认识，由 C_{60} 紧密堆垛组成了第三代碳晶体，C_{60} 的结构如图 2-3 所示。

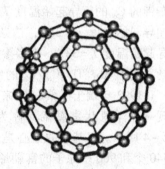

图 2-3　C_{60} 结构图

A　C_{60} 的发现

由于天体物理学家对宇宙尘埃的形成感兴趣，因此才发现了 C_{60} 分子。为了模拟星际空间及恒星附近链状碳原子的形成过程，他们采用各种方法试图得到碳原子簇。

1984 年罗尔芬等用质谱仪研究在超声氦气流中被激光气化的石墨凝聚物时，发现了一族全新的碳原子团簇 $C_{30} \sim C_{100}$，团簇中碳原子数目均为偶数。但他们没有进一步地进行深入、细致的研究，因此与诺贝尔奖失之交臂。

1985 年，英国的 Kroto 与美国 Rice 大学的 Curl、Smally 教授在 Rice 大学的实验室采用激光轰击石墨靶，并用苯来收集碳团簇，通过精心控制实验条件，获得了以 C_{60} 为主的质谱图。在这个质谱图中，它的横坐标是碳的原子数，即将碳团簇的相对分子质量除以 12 换算成原子个数，纵坐标是相对强度，团簇离子的稳定性越高，峰值越高。一共有 60 个碳原子，如何在空间排列成一个大分子，而又使其具有最小的稳定能量呢？他们曾提出过几种设想，最后采用了足球三十二面体结构。这是受到美国设计师富勒设计的圆形穹顶结构的启发。因此把 C_{60} 这一种笼状碳原子簇命名为富勒烯（fullerene），有时也称足球烯（footballene）或巴基球（buckball）。

20 世纪 80 年代末期，由 60 个碳原子组成的像足球的结构引起了人们极大的兴趣，掀起了探索 C_{60} 特殊的物理性质和微结构的热潮。研究结果发现，C_{60} 是由 60 个碳原子排列于一个截角二十面体的顶点上构成足球式的中空球形分子。换句话说，它是由三十二面体构成的，其中 20 个六边形，12 个五边形。除 C_{60} 之外，富勒烯家族还有 C_{70}、C_{76}、C_{84}、C_{90}、C_{94} 等。

B　笼内掺杂——金属富勒烯

C_{60} 分子具有中空笼式结构，分子直径 0.71nm，中心有一个直径约 0.36nm 的空腔，几乎可容纳所有元素的阳离子。用电弧放电或激光蒸发法可得到 C_{60} 的各种金属富勒烯 M@ C_{60}（M = La，Y，Sc，Ni，K，Rb，Cs）。理论研究表明，由于 C_{60} 得电子能力较强，金属原子的外层电子都转移到 C_{60} 球上，其具有与 C_{60} 不同的导电性质。采用激光蒸发石墨 - 金属复合棒技术可合成宏观量的金属富勒烯 La@ C_n（n = 60，70，76，82）。还可得到笼内含 2 个和 3 个金属原子的复合物 La_2@ C_{82}、Y_2@ C_{82}、Sc_3@ C_{82}。

C_{60} 最引人注目的性能是它的超导性。C_{60} 与碱金属形成的化合物具有超导性，是目前最好的三维有机超导体。如掺杂钾的 C_{60} 的超导起始温度 T = 18K，掺杂铷（Rb）的 C_{60} 的超导起始温度 T = 28K，掺杂铷和铯（Rb + Cs）的 C_{60} 的超导起始温度 T = 33K。许多掺杂金属的 C_{60} 超导体相继制备成功，其中 $Rb_{1.0}Tl_{2.0}C_{60}/C_{70}$ 的 T_c 为 48K，进入高温超导行列。

1992 年瑞士洛桑联邦综合工科大学的 D. Ugarte 等还发现一种洋葱状富勒烯，称为巴基葱（bucky-onion），如图 2 - 4 所示。巴基葱的中心是 C_{60} 分子，其外围由具有 240 ~ 540 个和 960 个原子的富勒烯原子层封闭叠套起来，形成一层套一层的洋葱状结构。有的可包含多达 70 层球面，层间距约 0.334nm，直径可达 47nm。

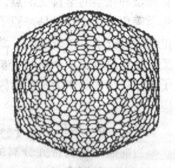

图 2 - 4　巴基葱示意图

C　金属 - 碳原子团簇

1992 年美国宾夕法尼亚州立大学 A. W. Castleman 等采用激光蒸发 Ti，使带少量烃（如乙烯）的高速氦气流与金属蒸气发生相互作用，发现由 8 个 Ti 原子和 12 个 C 原子形

成的分子 Ti_8C_{12}（见图 2-5）。该分子具有笼式结构，其表面由 12 个五边形构成，每个五边形包含了 3 个 C 原子和 2 个 Ti 原子，每个 Ti 原子与 3 个 C 原子相连，每个 C 原子则与 2 个 C 原子和 1 个 Ti 原子相连。这种分子的异常稳定性来源于 C 原子之间以及金属原子与 C 原子之间的共价型相互作用。

D　不含碳富勒烯

1991 年，以色列魏茨曼研究所 R. Tenne 首次合成出二硫化钨笼形管状分子（见图 2-6）。

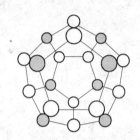

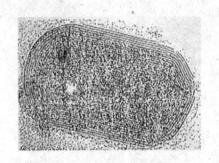

图 2-5　Ti_8C_{12}结构示意图　　　　图 2-6　二硫化钨笼形管状分子图

2.2.2　纳米粒子

纳米粒子也称纳米颗粒、纳米微粒、超微粒子、纳米粉。一般指颗粒尺寸在 1~100nm 之间的粒状物质。它的尺度大于原子簇，小于通常的微粉。

纳米粒子是肉眼和一般的光学显微镜看不见的微小粒子。大家知道，血液中的红细胞的大小为 200~300nm，一般细菌（如大肠杆菌）的长度为 200~600nm，引起人体发病的病毒尺寸一般为十几至几百纳米。因此，纳米粒子的尺寸为红细胞和细菌的几分之一，与病毒大小相当或略小些，这样小的物体只能用高倍的电子显微镜进行观察。名古屋大学的上田良二（R. Uyeda）给纳米颗粒的定义是：用电子显微镜才能看到的颗粒称为纳米粒子。

当小粒子尺寸进入纳米量级（1~100nm）时，纳米粒子所含原子数范围在 10^3~10^7 个。其比表面积比块体材料大得多，通常具有量子尺寸效应、小尺寸效应、表面效应和宏观量子隧道效应，因而展现出许多特有的性质，在催化、光吸收、医药、磁介质及新材料等方面有广阔的应用前景。

早在大约 1861 年，随着胶体化学（colloid chemistry）的建立，科学家们就开始了对纳米微粒系统（胶体）的研究，但真正有效地对分立的纳米粒子进行研究始于 20 世纪 60 年代。在过去几十年的时间内，人们对各种纳米粒子的制备、性质和应用研究做了大量工作。近几年来对纳米粒子的制备、性质及其应用的研究更加盛行，获得了一系列有意义的结果。图 2-7 是几种材料的纳米粒子的透射电镜照片。

2.2.3　准一维纳米材料

准一维纳米材料是指在二维方向上为纳米尺度，长度比上述二维方向上的尺度大很

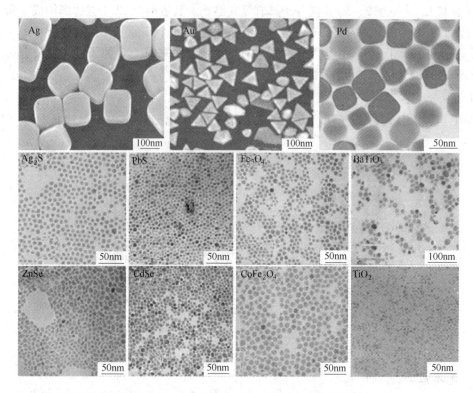

图2-7   几种材料的纳米粒子的透射电镜照片

多，甚至为宏观量（如毫米、厘米级）的纳米材料。根据具体形状分为管、棒、线、丝、环、螺旋等。纵横比（长度与直径的比率）小；截面为圆形的为纳米棒，纵横比大，截面为圆形的为纳米线；截面为长方形的为纳米带。图2-8是几种准一维纳米材料的电镜照片。

1991年，日本电气公司的饭岛澄男（S. Iijima）在研究巴基球分子的过程中发现碳纳米管（多壁管）。1993年又发现单壁碳纳米管。碳纳米管的直径一般在0.33nm到数十纳米，中空的管内空间可吸附适当大小的许多物质。

2.2.4   人造原子

人造原子是由一定数量的实际原子组成的聚集体，尺寸小于100nm，是美国麻省理工学院的Ashoori教授提出的。人造原子有时称为量子点。人造原子包括准零维的量子点、准一维的量子棒和准二维的量子圆盘，甚至把100nm左右的量子器件也看成人造原子。

当体系的尺度与物理的特征量相当时，量子效应十分显著。当大规模集成线路微细化到100nm左右时，以传统观念和原理为基础的大规模集成线路的工作原理受到了挑战，量子力学原理将起重要的作用。电子在人造原子中的运动规律将出现经典物理难以解释的新现象，荷兰和英国科学家已在GaAs/GaAlAs人造原子中观察到电子输运的量子化台阶现象。

在人造原子中，电子波函数的相干长度与人造原子的尺度相当时，电子不再可能被看成是在外场中运动的经典粒子，电子的波动性在输运中得到充分的发挥，这将导致普适电

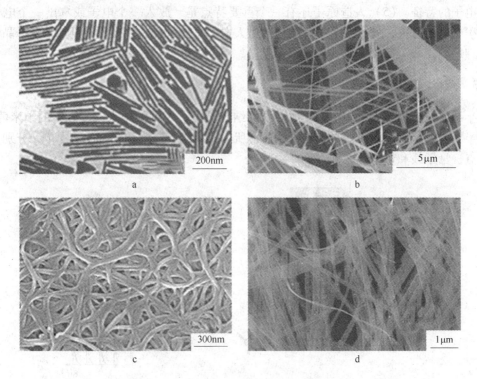

图 2-8　几种准一维纳米材料的电镜照片

a—电化学方法合成的金纳米棒；b—ZnO 纳米梳；c—单壁碳纳米管（CVD 法）；d—ZnO 纳米带

导涨落、非局域电导等。人造原子中电子输运的特性表现出的独有量子效应，将为设计和制造量子效应原理性器件和纳米结构器件奠定理论基础。

2.2.4.1　人造原子和真正原子的相似之处

人造原子和真正原子的相似处表现在：（1）人造原子有离散的能级，电荷也是不连续的，电子在人造原子中也是以轨道的方式运动，这与真正原子极为相似。（2）用量子力学处理氢原子的电子能级时，薛定谔方程的计算表明，电子能级是量子化的。（3）电子填充的规律也与真正原子相似，服从洪德定则。

2.2.4.2　人造原子和真正原子的差别

将含有少量电子的圆环形的人造原子在磁场下进行光谱测量，揭示了第一激发态的三重结构，从而发现人造原子中的电子缺少自旋简并。人造原子和真正原子的差别表现在：（1）人造原子含有一定数量的真正原子。（2）人造原子的形状和对称性多种多样，真正的原子可以用简单的球形和立方形来描述，而人造原子不局限于这些简单的形状。除了高对称性的量子点外，尺寸小于 100nm 的低对称性复杂形状的微小体系都可以称为人造原子。（3）人造原子中电子间的强交互作用比实际原子复杂得多。随着人造原子中原子数目的增加，电子轨道间距减小，强的库仑排斥和系统的限域效应及泡利不相容原理，使电子自旋朝同样方向进行有序排列。人造原子是研究多电子系统的最好对象。（4）实际原子中电子受原子核吸引做轨道运动，而人造原子中的电子处于抛物线形的势阱中，具有向势阱底部下落的趋势，由于库仑排斥作用，部分电子处于势阱上部，弱的束缚使它们具有自由电子的特征。（5）人造原子还有一个重要特点是，放入一个电子或拿出一个电子很容易引起电荷涨落，放入一个电子相当于对人造原子充电，这些现象是设计单电子晶体管的物理基础。

2.2.5　几个物理概念

半导体或金属纳米结构单元，如零维的纳米粒子，一维的纳米线，二维的纳米薄膜，这些半导体或金属单元往往具有量子性质，所以对零维、一维和二维的基本单元分别又有量子点、量子线和量子阱之称（图2-9）。

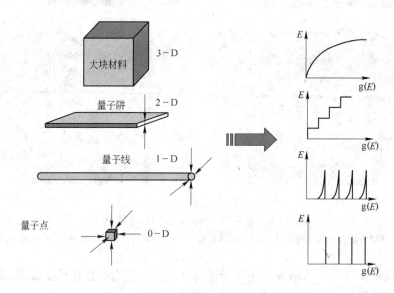

图2-9　电子能态密度与尺度的关系

2.2.5.1　量子阱

量子阱是指载流子在两个方向（如在 X，Y 平面内）上可以自由运动，而在另外一个方向（Z）则受到约束，即材料在这个方向上的特征尺寸与电子的德布罗意波长（$\lambda_{\mathrm{d}} = h/(2mE)^{1/2}$）或电子的平均自由程（$L_{\mathrm{2DEG}} = h\mu/q \times (2\pi n_{\mathrm{s}})^{1/2}$）相当或更小。有时也称为二维超晶格。

2.2.5.2　量子线

量子线是指载流子仅在一个方向上可以自由运动，而在另外两个方向上则受到约束。也叫一维量子线。

2.2.5.3　量子点

量子点是指载流子在三个方向上的运动都要受到约束的材料体系，即电子在三个维度上的能量都是量子化的。也叫零维量子点。

2.2.5.4　纳米粒子与量子点、纳米线与量子线在概念上的区别和联系

它们是从两个角度上来定义的概念。纳米粒子、纳米线是从形态学，即是从尺度上对材料进行定义的，而量子点、量子线和量子阱是从物理角度上对材料进行定义的，即从能级在维度上受限来定义的。如对于量子阱，可以将它理解为在两个绝缘片之间夹上一个金

属片，而电子只限于在这个金属片内运动。在 Z 方向上对电子的运动限制，形成了一个势阱。而对于纳米粒子、纳米线，只有尺寸小到纳米级才能叫纳米粒子和纳米线，至于它们会不会是量子点和量子线，与纳米粒子和纳米线的材料有关，也与尺寸小到什么程度有关；也就是说，如果纳米粒子和纳米线是金属的或半导体的，那么一般来说，尺寸小到一定程度，它就是量子点或量子线，而氧化物材料就不一定了。只有当材料的尺寸达到纳米级后，具有能级离散或能级分立的才能是量子点、量子线和量子阱。量子点在三个方向上能级离散。当尺度与德布罗意波长平均自由程相当或更小时，能级离散，则就会成为量子点、量子线或量子阱。

2.2.6 纳米相材料

2.2.6.1 纳米相固体材料的定义

纳米相材料是指由大量的颗粒或晶粒尺寸为 1~100nm 的粒子构成的三维固体材料。早期名称有些混乱，也有人称为纳米固体材料、纳米晶材料、纳米结构材料，甚至纳米材料。

有人认为，颗粒大小为几个纳米的粒子不能认为是具有长程有序的传统晶体，因而不能把纳米粒子压结成的固体叫做纳米多晶体，而应该叫做纳米态固体或纳米相固体。

2.2.6.2 纳米相固体材料的结构

实际上对纳米相固体结构的描述，应该考虑到构成纳米相固体的纳米粒子的尺寸、形态及其尺寸分布；界面的形态，颗粒内和界面的缺陷种类、数量、组成状态；颗粒内和界面的化学成分、杂质元素的分布等。

在这些因素中，界面的微结构对纳米相固体的性质有非常重要的影响。因此，人们一直努力对界面结构进行研究。虽然人们通过各种实验测试手段对不同种类的纳米相固体的界面进行研究，得到了很多实验结果，但对纳米相固体结构的看法却还不太一致。这主要是因为关于纳米相固体材料的实验数据相对不多，而且不同的纳米相固体的制备方法不同，其界面有着较大的差别；另外，应用某些测试手段进行测试时，在样品制备的过程中，也有可能改变样品的结构。目前，关于纳米相固体材料界面结构的模型主要有：类气态模型，短程有序模型，界面缺陷模型，界面结构可变模型等。人们对这些模型看法不一，尚未形成统一的、系统的理论。因此关于纳米相固体结构这部分的理论还不太成熟，这里给大家介绍一些人们公认的结论。研究纳米相固体材料微观结构对进一步了解纳米相固体材料的特性十分重要。下面系统地介绍一下纳米相固体材料的结构特点。

纳米相固体材料的基本构成是纳米微粒加上它们之间的界面。由于纳米粒子尺寸小，界面所占体积分数几乎与纳米微粒所占体积分数相当，因此纳米相固体材料的界面不能简单地看成是一种缺陷，它已成为纳米相固体材料的基本构成之一，对其性能起着举足轻重的作用。

采用 TEM、XRD 等各种测试手段对纳米相固体材料的微观结构进行了研究，可以把纳米相固体的结构单元分成两种组元。一种是颗粒组元，在颗粒组元中，所有的原子或分子都位于颗粒内。一种是界面组元，在界面组元中，所有的原子或分子都位于颗粒之间的界面上，如图 2-10 所示。这里的组元指的是组成物质的结构单元，如组成金属的结构单

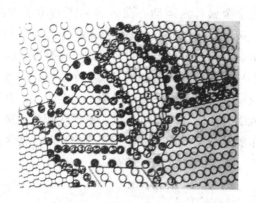

图 2 – 10　纳米材料的截面示意图（硬球模型）

（折线表示界面，白球和黑球分别表示属于晶体和属于分界面的原子）

元是金属原子，如 Pd，其组成的结构单元就是 Pd 原子；氧化物，如 TiO_2，其组成的结构单元就是 TiO_2 分子。

按照纳米相固体中颗粒的排列状态分为三种纳米相固体材料：（1）纳米晶体材料。由晶粒组元（所有原子都位于晶粒的格点上）和晶界组元所组成。（2）纳米非晶体材料。由非晶组元和界面组元所组成。（3）纳米准晶体材料。由准晶组元和界面组元所组成。晶粒组元、非晶组元和准晶组元统称为颗粒组元，晶界组元和界面组元统称为界面组元。界面组元具有以下两个特点：（1）原子密度降低；（2）最近邻原子配位数变化。

纳米相材料的结构特点：含有大量的晶界、相界或位错等缺陷，界面上的原子所占比例非常高（缺陷区原子的体积分数与晶体内原子的体积分数相当），边界集中了晶格错配，形成远离平衡的结构。因此，纳米相材料结构的特点是有很大比例的原子处于缺陷环境中。例如，当纳米材料中的颗粒粒径为 5nm 时，每立方厘米中含有 10^{19} 个分界面。如果小晶粒具有等轴形状，那么对于晶粒大小约为 3～6nm 而分界面厚度约为 1～2nm 的压缩体来说，根据简单的几何学估计，分界面部分所占的体积分数约为 50%。

2.2.6.3　纳米相固体材料的特性

纳米相固体材料的特性是由所组成的微粒的尺寸、相组成和界面这三个方面的相互作用来决定的。

1984 年，德国萨尔兰大学的 H. Gleiter 等首次采用惰性气体凝聚法制备了具有清洁表面的 Pd、Cu、Fe 纳米晶，然后在真空室中原位加压成纳米相固体材料，并提出了纳米相材料界面结构模型。随后的研究发现 CaF_2 和 TiO_2 纳米陶瓷在室温下出现良好韧性，使人们看到了陶瓷增韧的新途径。

所谓纳米陶瓷，是指显微结构中的物相具有纳米级尺度的陶瓷材料。也就是说，晶粒尺寸、晶界宽度、第二相分布、缺陷尺寸等都是在纳米量级的水平上。

陶瓷材料在通常情况下呈现脆性，而由纳米超微粒制成的纳米陶瓷材料却具有良好的韧性，这是由于纳米粒子制成的固体材料具有大的界面，界面原子排列相当混乱。原子在外力变形条件下自己容易迁移，因此表现出甚佳的韧性与一定的延展性，使陶瓷材料具有新奇的力学性能。纳米相陶瓷可以发生深度变形而不破碎也是基于同样的原因。在压力下，纳米尺寸的颗粒比毫米尺寸的颗粒更倾向于相互之间滑动，这一过程被称为颗粒边界滑动，是纳米相陶瓷变形的基本方式。因此一旦出现一个小的初始裂口，其周围材料中的原子就会移动填入。颗粒尺寸越小，原子所需要移动的距离就越短，于是修复得越快。可是在通常的陶瓷中，颗粒是互相结合的。这就是目前的一些展销会上推出的所谓"摔不碎的陶瓷碗"。

传统陶瓷材料质地较脆，韧性、强度较差，其应用受到限制。纳米陶瓷可能克服陶瓷材料的脆性，具有像金属一样的柔韧性和可加工性（理想）。英国著名科学家莱恩 Cahn 在《Nature》杂志上撰文说："纳米陶瓷是解决陶瓷脆性的战略途径"。

许多专家认为，如能解决单相纳米陶瓷的烧结过程中晶粒长大的技术问题，从而控制陶瓷晶粒尺寸在 50nm 以下，则它将具有高硬度、高韧性、低温超塑性、易加工等传统陶瓷无与相比的优点。

纳米陶瓷可能在摔不碎的陶瓷、防弹玻璃等方面得到应用。虽然纳米陶瓷还有许多关键技术需要解决，但其优良的室温和高温力学性能、抗弯强度、断裂韧性，使其在切削刀具、轴承、汽车发动机部件等诸多方面都有广泛的应用，并在许多超高温、强腐蚀等苛刻的环境下起着其他材料不可替代的作用，具有广阔的应用前景。纳米陶瓷还可以制成纳米复合陶瓷轴承、刀具、化工高温耐磨件等。

2.3 纳米材料的基本效应

2.3.1 表（界）面效应

随着尺寸的减小，颗粒的比表面积迅速增大，当尺寸达到纳米级时，颗粒中位于表面上的原子占相当大的比例，颗粒具有非常高的表面能。人们把这种纳米材料显示出的特殊效应称为表面效应。

纳米微粒尺寸小，表面能高，位于表面的原子占相当大的比例。表 2-1 中列出了纳米 Cu 微粒的粒径与比表面积、表面原子数比例、表面能和一个粒子中原子数的关系。

由表 2-1 可看出，随着粒径减小，表面原子数迅速增加。这是由于粒径小，表面积急剧变大。例如，粒径为 10nm 时，比表面积为 $66m^2/g$，粒径为 5nm 时，比表面积为 $180m^2/g$，粒径下降到 2nm，比表面积猛增到 $450m^2/g$。这样高的比表面，使处于表面的原子数越来越多，同时，表面能迅速增加，由表 2-1 看出，Cu 的纳米微粒粒径从 100nm →10nm→1nm，Cu 微粒的比表面积和表面能增加了 2 个数量级。

表 2-1 纳米 Cu 微粒的粒径与比表面积、表面原子数比例、表面能和一个粒子中的原子数的关系

粒径/nm	Cu 的比表面积 /$m^2 \cdot g^{-1}$	表面原子占全部原子的比例/%	一个粒子中的原子数	比表面能/$J \cdot mol^{-1}$
100	6.6		8.46×10^7	5.9×10^2
20		10		
10	66	20	8.46×10^4	5.9×10^3
5	180	40	1.06×10^4	
2	450	80		
1	660	99		5.9×10^4

　　表面原子数占全部原子数的比例和粒径之间关系见图2-11。纳米颗粒中位于表面上的原子占相当大的比例，即颗粒具有非常高的比表面和表面能。由于表面原子数增多，原子配位不足及高的表面能，这些表面原子具有高的活性，极不稳定，很容易与其他原子结合。例如金属的纳米粒子在空气中会燃烧，无机的纳米粒子暴露在空气中会吸附气体，并与气体进行反应。

　　下面举例说明纳米粒子表面活性高的原因。图2-12所示的是单一立方结构的晶粒的二维平面图，假定颗粒为圆形，实心圆代表位于表面的原子，空心圆代表内部原子，颗粒尺寸为3nm，原子间距约为0.3nm，很明显，实心圆的原子近邻配位不完全，存在缺少一个近邻的"E"原子，缺少两个近邻的"D"原子和缺少3个近邻配位的"A"原子，像"A"这样的表面原子极不稳定，很快跑到"B"位置上，这些表面原子一遇见其他原子，很快结合，使其稳定化，这就是纳米粒子表面活性高的原因。实际上，这种表面原子的活性不但引起纳米粒子表面原子输运和构型的变化，同时也引起表面电子自旋构象和电子能谱的变化。

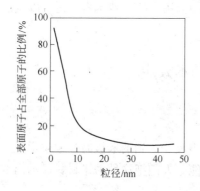

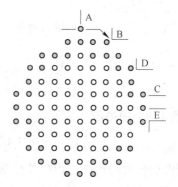

图2-11　表面原子数占全部原子数的
　　　　　比例和粒径之间的关系

图2-12　单一立方结构的晶粒的
　　　　　二维平面图

2.3.2　量子尺寸效应

　　能带理论表明，金属费米能级附近的电子能级一般是准连续的，这一点只有在高温或宏观尺寸情况下才成立。对于只有有限个导电电子的超微粒子来说，低温下能级是离散的，宏观物体包含无限个原子（即导电电子数 $N \to$ 无穷），由式（2-1）可得能级间距 $\delta \to 0$，即对于大粒子或宏观物体，能级间距几乎为零；而对于纳米微粒，所包含原子数有限，N 值很小，这就导致 δ 有一定的值，即能级间距发生分裂。

$$\delta = \frac{4}{3} \times \frac{E_F}{N} \propto V^{-1} \tag{2-1}$$

　　当材料的尺寸下降到某一值时，系统形成一系列离散的量子能级，电子在其中的运动受到约束，叫做量子尺寸效应。当粒子尺寸下降到某一值时，金属费米能级附近的电子能级由准连续变为离散能级的现象以及纳米半导体微粒存在不连续的最高被占据分子轨道和最低未被占据的分子轨道能级，能隙变宽现象均称为量子尺寸效应。

　　当能级间距大于热能、磁能、静磁能、静电能、光子能量或超导态的凝聚能时，这时必须要考虑量子尺寸效应，这会导致纳米微粒的磁、光、声、热、电以及超导电性与宏观特性有着显著的不同。

2.3.3　小尺寸效应

当超细微粒的尺寸与光波波长、德布罗意波长以及超导态的相干长度或透射深度等物理特征尺寸相当或更小时，晶体周期性的边界条件将被破坏；非晶态纳米微粒的颗粒表面层附近原子密度减小，导致声、光、电、磁、热、力学等特性呈现新的小尺寸效应。

当粒子的尺寸不断减小时，在一定条件下会引起材料的物理化学性质上的变化，称为小尺寸效应。

2.3.4　介电限域效应

介电限域是指纳米颗粒分散在异质介质中，由界面引起的体系介电增强的现象。介电限域效应主要来源于颗粒表面和颗粒内部局域场的增强。当介质的折射率与颗粒的折射率相差很大时，产生折射率边界，从而导致颗粒表面和内部的场强比入射场强明显增加，这种局域场的增强称为介电限域。

一般来说，过渡族金属氧化物和半导体颗粒都可能产生介电限域效应，该效应对光吸收、光化学、光学非线性等会产生重要影响。

Brus 公式描述了介电限域对光吸收带边移动（蓝移、红移）的影响：

$$E(r) = E_g(r = \infty) + h^2\pi^2/2\mu r^2 - 1.786e^2/\varepsilon r - 0.248E_{ry} \qquad (2-2)$$

式中，$E(r)$ 为纳米颗粒的吸收带隙；$E_g(r = \infty)$ 为体相的带隙；r 为粒子半径；$\mu = (1/m_{e^-} + 1/m_{h^+})^{-1}$，为电子和空穴的折合质量。第二项为量子限域能（蓝移），第三项表明介电限域效应导致介电常数增加，引起红移，第四项为有效里德伯能。

2.3.5　库仑阻塞与单电子隧穿效应

库仑阻塞效应是 20 世纪 80 年代介观领域所发现的极其重要的物理现象之一。当体系的尺度进入到纳米级时（一般金属粒子为几个纳米，半导体粒子为几十纳米），体系是电荷"量子化"的，即充电和放电过程是不连续的，充入一个电子所需的能量 E_c 为 $e^2/2C$，e 为一个电子的电荷，C 为小体系的电容，体系越小，C 越小，能量 E_c 越大，我们把这个能量称为库仑阻塞能。

实际上，库仑阻塞能是前一个电子对后一个电子的库仑排斥能。这就导致了对一个小体系的充放电过程，电子不能集体传输，而是一个一个单电子地传输。通常把小体系这种单电子输运行为称为库仑阻塞效应。如果纳米颗粒通过非常薄的绝缘层与电路连接，形成如图 2-13 所示的"隧穿结－库仑岛－隧穿结"结构，当满足一定的条件对体系充放电时，电子不能集体传输，而是一个一个地传输，在 $I-V$ 曲线上表现为一个一个的小台阶，通常称为库仑阻塞（图 2-14a）或库仑台阶（图 2-14b）效应。由于库仑阻塞效应的存在，电流随电压的上升不再是直线上升，而是在 $I-V$ 曲线上呈现锯齿形状的台阶。这些统称为单电子隧穿现象，是单电子器件的物理基础。

在每个振荡周期中，电荷改变量为 e，即电荷以 e 为单位量子化。静电能亦称库仑阻塞能，它是前一个电子对后一个电子的库仑静电排斥能，使得电子在量子点这样的小系统中不能集体流动，而是一个一个单电子进行传输。这就是单电子晶体管的工作原理。

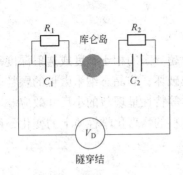

图2-13   "隧穿结-库仑岛-
隧穿结"结构

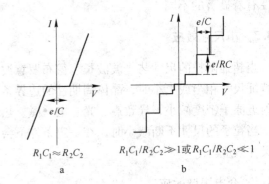

图2-14   库仑阻塞与库仑台阶效应

如果两个量子点通过一个"结"连接起来，一个量子点上的单个电子穿过能垒到另一个量子点上的行为称作单电子隧穿。单电子隧穿的条件为：

$$e^2/2C > k_BT \tag{2-3}$$

$$R_j > h/e^2 \tag{2-4}$$

为了使单电子从一个量子点隧穿到另一个量子点，在一个量子点上所加的电压（$V/2$）必须克服 E_c，即 $V > e/C$。

通常，库仑阻塞和量子隧穿都是在极低温情况下观察到的，观察到的条件是（$e^2/2C$）$> k_BT$。

有人已作了估计，如果量子点的尺寸为 1nm 左右，可以在室温下观察到上述效应。当量子点尺寸在十几纳米范围时，观察上述效应必须在液氮温度下。原因很容易理解，体系的尺寸越小，电容 C 越小，$e^2/2C$ 越大，这就允许在较高温度下进行观察。

利用库仑阻塞和量子隧穿效应可以设计下一代的纳米结构器件，如单电子晶体管和量子开关等。

上述的小尺寸效应、表面界面效应、量子尺寸效应等都是纳米微粒与纳米固体的基本特性。它使纳米微粒和纳米固体呈现许多奇异的物理、化学性质，出现一些"反常现象"。

例如金属为导体，但纳米金属微粒在低温时由于量子尺寸效应会呈现电绝缘性；一般 $PbTiO_3$、$BaTiO_3$ 和 $SrTiO_3$ 等是典型铁电体，但当其尺寸进入纳米数量级时就会变成顺电体；铁磁性的物质进入纳米级（约 5nm），由于从多畴变成单畴，于是显示出极强的顺磁效应；当粒径为十几纳米的氮化硅微粒组成了纳米陶瓷时，已不具有典型共价键特征，界面键结构出现部分极性，在交流电下电阻很小；化学惰性的金属铂制成纳米微粒（铂黑）后却成为活性极好的催化剂。众所周知，金属由于光反射显现出各种美丽的特征颜色，金属的纳米微粒对光的反射能力显著下降，通常可低于 1%，由于小尺寸和表面效应，纳米微粒对光吸收表现出极强的能力；由纳米微粒组成的纳米固体在较宽谱范围内显示出对光的均匀吸收性等。

2.3.6 宏观量子隧道效应

在经典力学中，当势垒的高度比粒子的能量大时，粒子是无法越过势垒的。然而，在量子力学原理中，粒子穿过势垒出现在势垒另一侧的几率并不为零，这种现象称为隧道效应。粒子能量 E 小于势垒高度时，仍能贯穿势垒的现象，称为隧道效应。隧道效应是微观粒子（如电子、质子和中子）波动性的一种表现。

一般情况下，只有当势垒宽度与微观粒子的德布罗意波长相当时，才可以观测到显著的隧道效应。须强调的是，隧穿过程遵从能量守恒和动量（或准动量）守恒定律。

微观粒子具有的贯穿势垒的能力称为隧道效应。近年来，人们发现一些宏观量，例如微颗粒的磁化强度，量子相干器件中的磁通量等亦具有隧道效应，称为宏观的量子隧道效应，早期曾用来解释超细镍微粒在低温继续保持超顺磁性这一现象。近年来人们发现 Fe-Ni 薄膜中畴壁的运动速度在低于某一临界温度时基本上与温度无关。于是，有人提出量子力学的零点振动可以在低温起着类似热起伏的效应，从而使零度附近微颗粒磁化矢量的重取向，保持有限的弛豫时间，即在绝对零度仍然存在非零的磁化反转率。相似的观点解释了高磁晶各向异性单晶体在低温产生阶梯式的反转磁化模式，以及量子干涉器件中的一些效应。

研究宏观量子隧道效应对基础研究及实用都有着重要意义。它限定了磁带、磁盘进行信息贮存的时间极限。量子尺寸效应、隧道效应将会是未来微电子器件的基础，或者它确立了现存微电子器件进一步微型化的权限。当微电子器件进一步细微化时，必须要考虑上述的量子效应。

2.4 纳米材料的发展史及研究内容

2.4.1 纳米材料的发展史

纵观纳米材料发展的历史，大致可以划分为 3 个阶段：

第一阶段（1990 年以前）。主要是在实验室探索用各种手段制备各种材料的纳米颗粒，合成块体（包括薄膜），研究评估表征的方法，探索纳米材料不同于常规材料的特殊性能。对纳米颗粒和纳米块体材料结构的研究在 20 世纪 80 年代末期一度形成热潮。研究对象一般局限在单一材料和单相材料，国际上通常把这类纳米材料称为纳米晶（nanocrystalline）或纳米相（nanophase）材料。

第二阶段（1994 年前）。人们关注的热点是如何利用纳米材料已被挖掘出来的奇特物理、化学和力学性能，设计纳米复合材料，通常采用纳米微粒与纳米微粒复合（0-0 复合），纳米微粒与常规块体复合（0-3 复合）及发展复合纳米薄膜（0-2 复合），国际上通常把这类材料称为纳米复合材料。这一阶段纳米复合材料的合成及物性的探索一度成为纳米材料研究的主导方向。

第三阶段（从 1994 年到现在）。纳米组装体系（nanostructured assembling system）、人工组装合成的纳米结构的材料体系越来越受到人们的关注。它的基本内涵是以纳米颗粒以及纳米丝、管为基本单元，在一维、二维和三维空间组装排列成具有纳米结构的体系，其中包括人造超原子体系、纳米阵列体系、介孔组装体系、薄膜嵌镶体系、有序阵列等。纳米颗粒、丝、管可以有序地排列。如果说第一阶段和第二阶段的研究在某种程度上带有一定的随机性，那么第三阶段研究的特点是强调按人们的意愿设计、组装、创造新的体系，更有目的地使该体系具有人们所希望的特性，纳米结构的组装体系很可能成为纳米材料研究的前沿主导方向。

　　根据构筑过程中的驱动力是靠外因，还是靠内因来划分，纳米结构体系大致可分为两类：一是人工纳米结构组装体系，二是纳米结构自组装体系。

　　所谓人工纳米结构组装体系，是按人类的意志，利用物理和化学的方法人为地将纳米尺度的物质单元组装、排列构成一维、二维和三维的纳米结构体系。

　　所谓纳米结构的自组装体系，是指通过弱的和较小方向性的非共价键，如氢键、范德华键和弱的离子键协同作用把原子、离子或分子连接在一起，构筑成一个纳米结构或纳米结构的花样。

　　纳米结构的合成与组装在整个纳米科技中有着特殊的意义，是整个纳米科技大厦的基石，是纳米科技在分散与包覆、高比表面材料、功能纳米器件、强化材料等方面实现突破的起点。

2.4.2　纳米材料科学的研究对象

　　纳米材料科学的研究对象是零维、一维、二维和三维纳米材料，即纳米尺度颗粒、原子团簇、纳米线、纳米棒、纳米管、纳米电缆、纳米薄膜、微孔或介孔材料和纳米固体以及纳米组装体系。

　　从几何角度来分析，纳米材料科学的研究对象还包括以下几个方面：横向结构尺寸小于 100nm 的物体；粗糙度小于 100nm 的表面；纳米微粒与多孔介质的组装体系；纳米微粒与常规材料的复合。

思　考　题

2-1　纳米材料与传统材料的区别是什么？

2-2　纳米材料的结构单元有哪些？或者说有几种存在形式？它们的定义是什么？

2-3　纳米相材料的结构特点是什么？纳米组装体系的定义是什么？

2-4　纳米粒子和量子点、纳米线和量子线在概念上有何不同？

2-5　纳米材料的相关基本效应的概念是什么？

3 纳米微粒的结构与物理化学特性

3.1 纳米微粒的结构与形貌

以 TEM 和 SEM 为代表的电子显微技术是观察纳米材料形貌的重要手段。在纳米科技领域中，对微观形貌的多样性、复杂性的深入研究占有很大比例，新发现、新成果的增长速度惊人。

纳米材料的形貌主要包括以下几个方面：

（1）纳米材料的尺寸大小，如纳米材料的粒径、长度、宽度以及薄膜的厚度、层状结构的层间距等参数。

（2）纳米材料的团聚程度，具有良好分散性的纳米材料通常是研究者所追求的目标。

（3）纳米材料的尺寸均匀性，这涉及纳米材料粒径的分布问题。尽管现在已有多种测试纳米材料粒径分布的方法，但可信度最高的应属 TEM 技术。不过利用 TEM 技术，采用人工计数完成这项工作常常是十分繁琐的，但仍然有一些相关文献报道，尤其是近期建立在 TEM 技术之上的颗粒粒径分布统计软件的使用，大大提高了工作效率。

（4）纳米材料的形状，这是目前纳米材料领域中所普遍关心的一个热点问题，包括纳米粒子几何形状的控制，以及纳米材料具有的更为复杂的形貌，如层状、管状、介孔结构等。

纳米微粒一般为球形或类球形，如图 3－1 和图 3－2 所示。

除了球形外，纳米微粒还具有各种其他形状，这些形状的出现与制备方法密切相关。例如，由气相蒸发法合成的铬微粒，当铬粒子尺寸小于 20nm 时为球形（图 3－3a），并形成链条状联结在一起。对于尺寸较大的粒子，α-Cr 粒子的二维形态为正方形或矩形（图 3－3b、c），实际粒子的形态是由 6 个 {100} 晶面围成的立方体或正方体，有时它们的边棱会受到不同程度的平截。由同样方法制取的 δ-Cr 粒子的晶体形态多数为二十四面体，它是由 24 个 {211} 晶面围成的，当入射电子束平行于 ⟨111⟩ 方向时，粒子的截面投影为六边形（图 3－3d）。图 3－4 所示为纳米 Pd 和 Au 的多面体形状的纳米微粒。

纳米微粒的结构一般与大颗粒的相同，但有时会出现很大的差别，例如用气相蒸发法制备 Cr 的纳米微粒时，占主要部分的 α-Cr 微粒与普通 bcc 结构的铬是一致的，晶格参数 $a_0 = 0.288nm$，但同时还存在 δ-Cr，它的结构是一种完全不同于 α-Cr 的新结构。即使纳米微粒的结构与大颗粒相同，但还可能存在某种差别。由于粒子的表面能和表面张力随粒径的减小而增加，纳米微粒的比表面积大以及由于表面原子的最近邻数低于体内而导致非键电子对的排斥力降低等，这必然引起颗粒内部，特别是表面层晶格的畸变。有人用 EXAFS 技术研究 Cu、Ni 原子团时发现，随粒径减小，原子间距减小。Staduik 等用 X 射线衍射分析表明，5nm 的 Ni 微粒点阵收缩约为 2.4%。关于纳米粒子内原子间距的报道也很多。

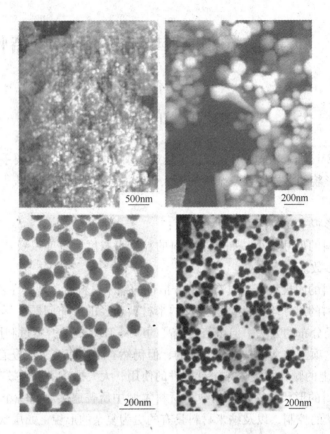

图 3 - 1   蒸发法所得到的球形 Bi 纳米微粒

图 3 - 2   PMMA 的球形纳米微粒

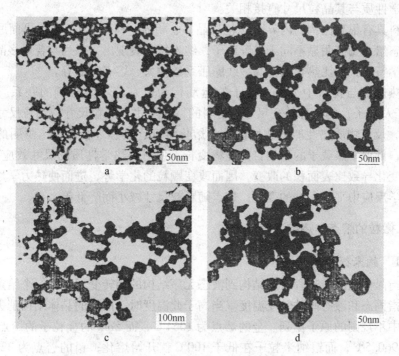

图 3 – 3　纳米铬粒子的电镜照片

a—尺寸小于 20nm 的 α-Cr 粒子；b，c—尺寸大于 20nm 的 α-Cr 粒子；d—δ-Cr 粒子

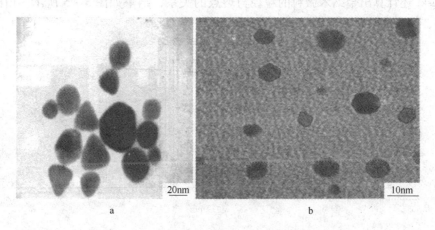

图 3 – 4　多面体形状的纳米微粒

a—纳米 Pd 微粒；b—纳米 Au 微粒

3.2　热学性能

材料的热性能是材料最重要的物理性能之一。目前，人们对纳米材料热性能的研究主要集中在纳米材料的熔化温度，纳米晶态 – 液态和纳米晶态 – 玻璃态转变的热力学、动力学，纳米相或纳米晶生长动力学，纳米材料的热容、热膨胀以及纳米材料的界面熔等。纳

米材料的热学性质与其晶粒尺寸直接相关。

纳米材料具有很高比例的内界面（包括晶界、相界、畴界等）。由于界面原子的振动焓、熵和组态焓、熵值明显不同于点阵原子，纳米材料表现出一系列与普通多晶体材料明显不同的热学特性，如比热容值升高、线膨胀系数增大、熔点降低等。

材料的热性能与材料中分子、原子的运动行为也有着不可分割的联系。当热载子（电子、声子及光子）的各种特征尺寸与材料的特征尺寸（晶粒尺寸、颗粒尺寸或薄膜厚度）相当时，反应物质热性能的物性参数如熔化温度、热容等会体现出鲜明的尺寸依赖性。特别是，低温下热载子的平均自由程将变长，使材料热学性质的尺寸效应更为明显。颗粒尺寸的变化导致比表面积的改变，因而改变颗粒的化学势，进而使热力学性质发生变化，例如化学反应中平衡条件的变化，熔点随颗粒尺寸减小而降低等。

3.2.1 纳米微粒的熔点和烧结温度

3.2.1.1 纳米微粒的熔点

熔化是指晶体从固态长程有序结构到液态无序结构的相转变。对于一个给定的材料来说，熔点是指固态和液态间的转变温度。当高于此温度时，固体的晶体结构消失，取而代之的是液相中不规则的原子排列。金的熔点为1064℃，而2nm的金粒子的熔点为327℃；银的熔点为960.5℃，而银纳米粒子在低于100℃就开始熔化；铅的熔点为327.4℃，而20nm的球形铅粒子的熔点降低至39℃；铜的熔点为1053℃，而平均粒径为40nm的铜粒子的熔点仅为750℃。从以上数据中可以看出，纳米微粒的熔点比常规粉体的低得多。

Wronski还计算出金纳米微粒的粒径与熔点的关系，结果如图3-5所示。由图3-5可以看出，当金的粒径小于10nm时，熔点急剧下降。

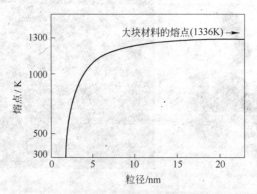

图3-5 金纳米微粒的粒径与熔点的关系

图3-6为几种金属纳米粒子熔点的尺寸效应。随粒子尺寸的减小，熔点降低。当金属粒子尺寸小于10nm后熔点急剧下降，其中3nm左右的金微粒子的熔点只有其块体材料熔点的一半。用高倍率电子显微镜观察尺寸为2nm的纳米金粒子的结构可以发现，纳米金颗粒形态可以在单晶、多晶与孪晶间连续转变。这种行为与传统材料在固定熔点熔化的行为完全不同。伴随着纳米材料的熔点降低，单位质量粒子熔化时的潜热吸收（熔变）也随尺寸的减小而减少。人们在具有自由表面的共价半导体的纳米晶体、惰性气体和分子晶体中也发现了熔化的尺寸效应现象。

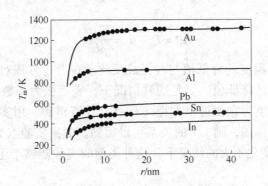

图 3-6 几种纳米金属粒子的熔点降低现象

早在 20 世纪初人们就从热力学上预言了小尺寸粒子的熔点降低现象，但真正从实验上观察到熔化的尺寸效应还是在 1954 年。1954 年，M. Takagi 首次发现纳米粒子的熔点低于其相应块体材料的熔点。从那时起，不同的实验也证实了不同的纳米晶体材料都具有这种效应。人们首先在 Pb、Sn、Bi 膜中观察到熔点的降低，后来相继采用许多方法研究了不同技术制备的小颗粒金属的熔化。大量实验表明，随着粒子尺寸的减小，熔点呈现单调下降趋势，而且在小尺寸区比大尺寸区熔点降低得更明显。

纳米材料熔点降低可以用热力学的观点加以解释。用这些观点不仅能预测出小颗粒的熔点变化，而且还有助于理解表面熔融的过程。随着温度的升高，物质从固态到液态的转变是由颗粒表面开始的，而此时，颗粒中心仍然是固体。这种表面熔融取决于影响体系能量平衡的固液相界面上的表面张力。假设一个半径为 r 的固体球状颗粒与周围的液相层处于平衡状态，如图 3-7 所示。考虑将固体颗粒的微小的外层

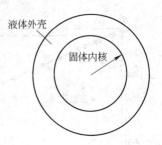

图 3-7 小颗粒熔融过程中其表面熔融现象的示意图

熔化，即质量为 dw 的物质从固体转变为液体。颗粒的质量和大小上的改变导致颗粒表面积减少微小的区域 dA。对于一个球形颗粒，dw 和 dA 的关系是：

$$\frac{dA}{dw} = \frac{2}{\rho r} \tag{3-1}$$

式中，ρ 为固体的密度。这种变化的能量平衡可以写作如下形式：

$$\Delta U dw - \Delta S \theta_r dw - \sigma dA = 0 \tag{3-2}$$

式中，ΔU 为表面能的改变；ΔS 为熔化过程中单位质量金属的熵变；σ 为液固表面张力系数；θ_r 为小颗粒的熔化温度。而类似的块体物质的表达式不含张力项：

$$\Delta U dw - \Delta S T_0 \theta_r dw = 0 \tag{3-3}$$

式中，T_0 为块体物质的熔融温度。根据方程（3-3）以及 ΔU 和 ΔS 与温度无关的假设，熵变的表达式是：

$$\Delta S = \frac{\Delta U}{T_0} = \frac{L}{T_0} \tag{3-4}$$

式中，L 为熔融潜热。由方程（3-1）、方程（3-2）和方程（3-4），熔融温度的降低

可被推导成以下形式:

$$\Delta\theta = T_0 - \theta_r = \frac{2T_0\sigma}{\rho L r} \tag{3-5}$$

用此关系式预测的熔点温度的降低值与粒径成反比。在上述方程右侧所有量已知的情况下,便可计算熔融温度的降低值。但是通常情况下,表面张力系数 σ 是未知的,但如果已知纳米晶体的熔融温度,它便可由方程(3-5)计算得到。用实验得到的小颗粒的熔融温度对其半径或直径作图,则 $1/r$ 的关系可以得到。如果实验点为一直线,方程(3-5)成立。一般在粒径变化不大的情况下,这种类型的实验能够产生令人满意的 $1/r$ 关系曲线。

图3-8和图3-9是金和硫化镉的纳米晶体的熔融温度降低示意图。对于粒径变化范围有限的硫化镉纳米粒子,它的熔融温度明显分散,实验点大致成一直线。而金纳米粒子有较大的粒径范围,并且熔融温度相对集中。尽管其整体范围的数据点并不成一直线,但如果将大小粒子分别考虑,则 $1/r$ 关系曲线仍然是线性的。图中数据更为有趣的特点是小粒子的熔融温度下降得更快。对于金粒子,在 1nm 范围内,熔融温度可降低 900K。对于硫化镉粒子,这种改变也是十分显著的,接近 1000K。

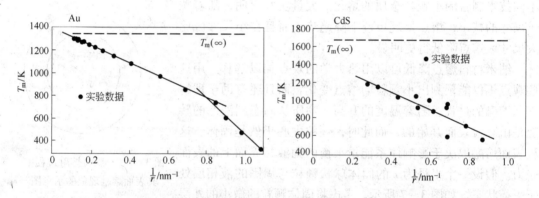

图3-8 金纳米晶体的熔融温度降低示意图   图3-9 硫化镉晶体的熔融温度降低示意图

考虑到实际熔化过程,人们还提出了几种熔化机制来描述纳米粒子的熔化过程:

(1)根据熔化一级相变的两相平衡理论可以得到,熔点变化与表界面熔化前后的能量差有关,也就是与小粒子所处的环境有关。对于同质粒子,自由态和镶嵌于不同基体中时,粒子熔点降低的规律将会不同。

(2)如果把粒子的熔化分为两个阶段,如图3-10所示,粒子的表面或与异质相接触的界面区域首先发生预熔化,完成表面的熔体形核,继而心部发生熔化,则粒子的熔化发生在一个温度区间内。该理论建立在忽略环境条件的基础上,所以小粒子的实际熔点降低与所处环境无关。

(3)随粒子尺寸的减小,表界面的体积分数较大,而且表界面处的原子振幅比心部原子的更大,均方根位移的增加引起界面过剩吉布斯自由能的增大,会使小粒子的熔点降低。此外,也有研究者从小粒子曲率引起的压力变化讨论熔点的降低,但这一模型通常应用于两相均为液相的体系,而不能应用于其中之一是固相的体系。

从物理概念上考虑,表面原子与体内原子不一样,处于非对称的周围环境和相互作用

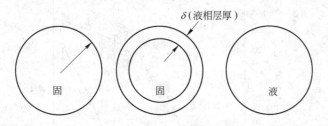

图 3-10　粒子熔化示意图

力的条件下，表面原子的自由度较体内的高，比体内原子具有更高的能量。对于超细粉体而言，与大颗粒或宏观物体的主要区别之一是其比表面积大，表面效应不容忽略，表面能高，导致热力学性质和化学性质不同于块状物体。

随着颗粒尺寸变小，表面能将显著增大，从而使得在低于块体材料熔点的温度下可以使超细粉末熔化，或相互烧结。与常规粉体材料相比，由于颗粒小，纳米粒子的表面能高，表面原子数多，这些表面原子近邻配位不全，活性大，因此，其熔化时所需增加的内能小得多，这就使得纳米粒子的熔点急剧下降。

超微粉末熔点降低的现象有其实际应用的价值。例如，采用超微粉末有利于陶瓷、高熔点金属粉末的烧结。在微米量级的粉末中，添加少量纳米量级的粉末，有利于在较低烧结温度下得到高密度的致密体；超微银粉的熔点可低达 100℃，这对低温烧结的导电银浆是至关重要的。因此，超细银粉制成的导电浆料可以进行低温烧结，此时元件的基片不必采用耐高温的陶瓷材料，甚至可用塑料。采用超细银粉浆料，可使膜厚均匀，覆盖面积大，既省材料又提高质量。

3.2.1.2　纳米微粒的烧结温度

所谓烧结温度是指把粉末先用高压压制成型，然后在低于熔点的温度下使这些粉末互相结合成块，密度接近常规材料的最低加热温度。纳米微粒尺寸小，表面能高，压制成块材后的界面具有高能量，在烧结中高的界面能成为原子运动的驱动力，有利于界面附近的原子扩散，因此，在较低的温度下烧结就能达到致密化的目的，即烧结温度降低。例如，常规 Al_2O_3 烧结温度在 2073 ~ 2173K，在一定条件下，纳米的 Al_2O_3 可在 1423 ~ 1773K 烧结，致密度可达 99.7%。常规 Si_3N_4 烧结温度高于 2273K，纳米 Si_3N_4 烧结温度降低 673 ~ 773K。

图 3-11 所示为 TiO_2 的韦氏硬度随烧结温度的变化。纳米 TiO_2 在 773K 加热呈现出明显的致密化，而晶粒仅有微小的增加，致使纳米微粒 TiO_2 在比大晶粒样品低 873K 的温度下烧结就能达到类似的硬度。

3.2.1.3　非晶纳米粒子的晶化温度

非晶纳米微粒的晶化温度低于常规粉体。传统非晶氮化硅在 1793K 晶化成 α 相，纳米非晶氮化硅微粒在 1673K 加热 4h 全部转变成 α 相。纳米微粒开始长大的温度随粒径的减小而降低。粒子越小，表面原子数越多，越不稳定，粒子越容易长大，由于表面能高，所以粒子长大温度低。

纳米微粒的熔点降低、烧结温度降低、晶化温度降低等热学性质的显著变化来源于纳米材料的表（界）面效应。

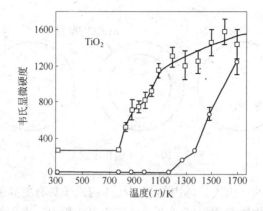

图 3 – 11   TiO₂ 的韦氏硬度随烧结温度的变化

□—初始平均粒径尺寸为 12nm 的纳米微粒；○—初始平均粒径尺寸为 1.3μm 的大晶粒

3.2.2   纳米晶体的比热容

比热容是物质典型的性质，它表示使某固体物质升高一定温度所需的热量。材料的比热容与该材料的结构，或者说与振动熵及组态熵密切相关，而其振动熵和组态熵受到最近邻原子构型的强烈影响。在纳米晶体中很大一部分原子处于晶界上，界面原子的最近邻原子构型与晶粒原子的最近邻原子构型显著不同。因此，纳米晶体的比热容与其块体材料的明显不同。

许多科学家都在研究纳米晶体的比热容。最近的实验测量表明：纳米粒子比块体物质具有更高的比热容。下面将就在高温和低温范围内的这些实验结果给予介绍。

3.2.2.1   中、高温度下的比热容

J. Rupp 和 R. Birringer 的研究工作就是在高温下研究纳米尺度粒子对比热容影响的一个很好的例子。他们分别研究了尺寸为 8nm 和 6nm 的纳米晶体铜和钯（用 X 射线衍射的方法得到）。两种样品均被压成小球，然后采用差热扫描量热计测量其比热容。测量温度范围是 150～300K，结果如图 3 – 12 所示。对于这两种金属，其纳米晶体的比热容都要大于其多晶体的比热容。在不同的温度下，钯的比热容提高了 29%～53%，铜的比热容提高了 9%～11%。这项研究表明：中高温度下，纳米晶体物质的比热容有普遍的提高。表 3 – 1 比较了一些纳米晶体和多晶体物质在高温下的比热容。一些物质的比热容提高得非常显著（如钯、铜、钌和钻石），而另一些物质（如 Ni₈₀P₂₀ 和硒）则可以忽略。

表 3 – 1   一些纳米晶体和多晶材料比热容实验值的比较

材　料	C_p/J·(mol·K)⁻¹		增加幅度/%	纳米晶粒尺寸/nm	温度/K
	多晶	纳米晶			
Pd	25	37	48	6	250
Cu	24	26	8.3	8	250
Ru	23	28	22	15	250
Ni₈₀P₂₀	23.2	23.4	0.9	6	250
Se	24.1	24.5	1.7	10	245
钻石	7.0	8.2	15	20	323

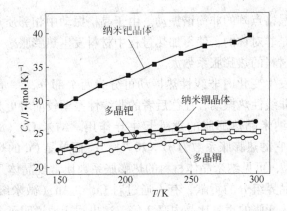

图 3-12 高温下钯和铜的纳米晶体与多晶体比热容的比较

3.2.2.2 低温下的比热容

H. Y. Bai、J. L. Luo、D. Jin 和 J. R. Sun 在低温下对纳米粒子比热容的研究成果是非常典型的。他们在非常低的温度下（25K 以下）测量了铁纳米粒子的比热容。所研究的样品是用加热蒸发的方法制成的，用 TEM 测得样品的粒径为 40nm。实验得到的多晶铁和纳米铁晶体的比热容数据见图 3-13。相比而言，当温度接近 10K 时，纳米铁晶体的比热容要比普通铁的比热容大。

另一个在低温下研究的例子是 U. Herr、H. Geigl 和 K. Samwer 的研究工作，他们测试了纳米晶体 $Zr_{1-x}Al_x$ 合金的比热容。其中粒径为 7nm、11nm 和 21nm 粒子的研究结果见图 3-14。从图中可以看出，随着粒径的减小，比热容增大。

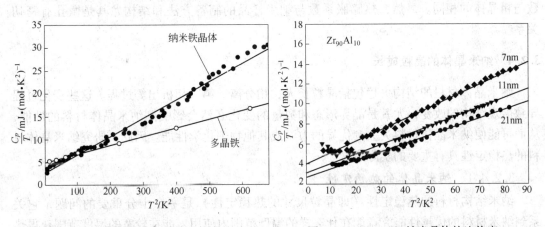

图 3-13 纳米铁晶体和多晶铁比热容的对比　　图 3-14 $Zr_{1-x}Al_x$ 纳米晶体的比热容

以上结果说明，除了极低温度（低于几开尔文）以外，高温和低温下纳米晶体的比热容都有所增大。纳米晶体材料的界面结构原子杂乱分布，晶界体积分数大（与常规块体相比），因而纳米晶体的熵对比热容的贡献比常规材料高得多。需要更多的能量来给表面原子的振动或组态混乱提供背景，使温度上升趋势减慢。

3.2.3 纳米晶体的热膨胀

热膨胀是指材料的长度或体积在不加压力时随温度的升高而变大的现象。固体材料热膨胀的本质在于材料晶格点阵的非简谐振动。由于晶格振动中相邻质点间的作用力是非线性的，点阵能曲线也是非对称的，使得加热过程中材料发生热膨胀。一般来讲，结构致密的晶体比结构疏松的材料的热膨胀系数大。

纳米晶体在温度发生变化时非线性热振动可分为两个部分，一是晶内的非线性热振动，二是晶界组分的非线性热振动，往往后者的非线性振动较前者更为显著，可以说占体积分数很大的界面对纳米晶热膨胀的贡献起主导作用。纳米 Cu（8nm）晶体在 110～293K 的温度范围内，它的热膨胀系数为 $31 \times 10^{-6} K^{-1}$，而单晶 Cu 的热膨胀系数在同样温度范围为 $16 \times 10^{-6} K^{-1}$，可见纳米晶体材料的热膨胀系数比常规晶体几乎大一倍。纳米材料的热膨胀主要来自晶界组分的贡献，有人通过对 Cu 和 Au（微米级）多晶晶界膨胀的实验，证实了晶界对热膨胀的贡献比晶内高 3 倍，这也间接地说明了含有大体积分数的纳米晶体的热膨胀系数比同类多晶常规材料高的原因。

迄今为止，对纳米晶体材料的热膨胀行为的研究较少，仅有的几例报道结果亦不一致。Birringer 报道惰性气体冷凝方法制备的纳米晶体 Cu（8nm）的热膨胀系数是粗晶 Cu 的 1.94 倍；而 Eastman 用原位 X 射线衍射研究发现，惰性气体冷凝法制备的纳米晶体 Pd（8.3nm）在 16～300K 的温度范围内的热膨胀系数同粗晶体相比没有明显的变化；用非晶晶化法制备的纳米 Ni－P 和 Se 的膨胀系数比各自粗晶体分别增加了 51% 和 61%；用强烈塑性变形法（SPD）制备的纳米 Ni 的热膨胀系数比粗晶 Ni 增加了 1.8 倍；而用电解沉积法制备的无孔纳米晶体 Ni（20nm）的热膨胀系数在 205～500K 之间却低于粗晶 Ni（100μm）的膨胀系数，在 500K 时热膨胀系数为 －2.6%；用磁控溅射法沉积的 Cu 薄膜的膨胀系数也与粗晶的 Cu 相同。此外，发现气体蒸发的超细纳米粉 Au 和 Pt 的热膨胀系数与粗晶体的相同。显然，热膨胀系数与纳米样品的制备方法和结构尤其是微孔有密切关系。

3.2.4　纳米晶体的晶粒成长

纳米晶体材料的结构失稳包括晶粒长大、相分离、第二相析出等过程。这些变化过程导致微观结构的改变，尤其是晶界形态和数量的变化必然会影响到纳米晶体材料的性能，从而可能使纳米晶体材料失去其优异的力学或其他物理化学性能。因此，研究纳米晶体材料的热稳定性具有重要的实际意义。

3.2.4.1　纳米晶体的热稳定性

纳米结构材料的热稳定性（即晶粒尺寸的热稳定性）是一个十分重要的问题，它关系到纳米材料的优越性能究竟能在什么样的温度范围内使用。能在较宽的温度范围获得热稳定性好的（颗粒尺寸无明显长大）纳米结构材料是纳米材料研究工作者亟待解决的关键问题之一。纳米晶体材料中很高的界面体积分数使之处于较高的能量状态，而晶粒长大会减少界面体积分数，从而降低其能量状态，这就为颗粒长大提供了驱动力，即晶粒长大的驱动力很高。

从传统的晶粒长大理论中可知，晶粒长大驱动力 $\Delta \mu$ 与晶粒尺寸 d 的关系可由 Gibbs-Thomson 方程描述：

$$\Delta \mu = \frac{4 \Omega \gamma}{d} \qquad\qquad (3-6)$$

式中，Ω 为原子体积；γ 为界面能。

由此可见，当晶粒尺寸 d 细化到纳米量级时，晶粒长大的驱动力很高，甚至在室温下即可长大。实验中已发现纳米晶 Cu、Ag、Pd 在室温或略高于室温时的异常长大现象。

通常加热退火过程将导致纳米微晶的晶粒长大，与此同时，纳米微晶物质的性能也向通常的大晶粒物质转变。有关的观察结果如下：在高真空内将纳米微晶 Fe 样品在 750K 下加热 10h，则样品的晶粒尺寸增加到 $10 \sim 200 \mu m$，转变为 α-Fe 多晶体。

然而，大量实验观察表明，通过各种方法制备的纳米晶体材料，无论是纯金属、合金还是化合物，在一定程度上都具有很高的晶粒尺寸稳定性，表现为其晶粒长大的起始温度较高，有时高达 $0.6T_m$（T_m 为材料的熔点）。表 3-2 列出了部分单质和合金纳米晶体样品在恒速升温过程中晶粒长大的温度，可以看出大多数纳米晶体尺寸具有很好的热稳定性。

表 3-2　部分纳米材料的晶粒长大起始温度 T_g

样品	制备方法	平均晶粒尺寸/nm	晶粒长大温度 T_g/K	T_g/T_m
Ag	惰性气体冷凝法	60	420	0.34
Au	磁控溅射	7～11	770	0.58
Cu	惰性气体冷凝法	40	320	0.24
	电解沉积	30	348	0.25
Fe	惰性气体冷凝法	10	473	0.26
	高能球磨	16	573	0.32
Ni	高能球磨	12	600	0.35
	电解沉积	20	350	0.20
Pd	惰性气体冷凝法	16	360	0.20
Ni-P	非晶晶化	5	688	>0.4
Cu-Fe	高能球磨	10	870	>0.64
HfNi$_5$	快速凝固	10	675	0.45

对于单质纳米晶体样品，熔点越高的物质晶粒长大起始温度越高，且晶粒长大温度约在 $(0.2 \sim 0.4)T_m$ 之间，比普通多晶体材料再结晶温度（约为 $0.5T_m$）低。合金纳米晶体的晶粒长大温度往往较高，通常接近或高于 $0.5T_m$。研究纳米晶体材料晶粒尺寸的热稳定性，对深入理解晶粒长大动力学本质机理具有重要价值。

对纳米相材料（纳米氧化物，纳米氮化物）进行退火实验进一步观察到其颗粒尺寸在相当宽的温度范围内并没有明显长大，但当退火温度 T 大于 T_c 时（T_c 为临界温度），晶粒突然长大。纳米非晶氮化硅在室温到 1473K 之间的任何温度退火，颗粒尺寸基本保持不变（平均粒径为 15nm），在 1573K 退火颗粒已开始长大，1673K 退火颗粒长到 30nm，1873K 退火，颗粒粒径急剧上升，达到 $80 \sim 100nm$，如图 3-15 所示。在 393K 对纳米微晶 Cu 退火 60h 或在 473K 对纳米微晶 Fe 退火 10h，都未观察到晶粒长大。图 3-16 为在 $448 \sim 837K$ 纳米微晶 Ni$_3$C 退火过程中晶粒的生长状况。从图中可见，在退火温度为 448K 时，晶粒大小几乎没有变化。随着退火温度的升高，晶粒生长的速度加快。

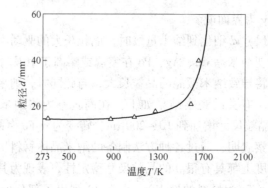

图 3 - 15   纳米非晶氮化硅块体的颗粒粒径与温度的关系

纳米微粒开始长大的临界温度随粒径的减小而降低。实验表明，8nm、15nm 和 35nm 粒径的 Al_2O_3 粒子快速长大的开始温度分别为 1073K 左右、1273K 左右和 1423K，如图 3 - 17 所示。

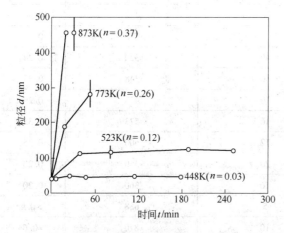

图 3 - 16   各种不同退火温度下
晶粒尺寸随时间的变化

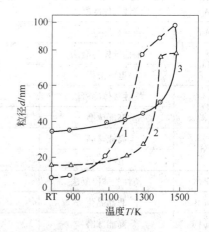

图 3 - 17   不同原始粒径的纳米 Al_2O_3
颗粒的粒径随退火温度的变化
1—8nm；2—15nm；3—35nm

3.2.4.2   纳米晶体的长大动力学表征

虽然纳米晶体材料处于一种热力学亚稳状态，但在室温常压下它又常常是动力学稳定的，其结构转变过程往往需要克服一定的激活能，因此从动力学的角度来研究纳米晶体材料的热稳定性是很有必要的。

动力学研究通常分为两个方面：一是利用动力学公式来表示晶粒尺寸与退火温度或时间的关系；二是通过监测纳米晶体材料物理性能的变化得到失稳过程中的一些特征参数，从而研究其动力学过程。

传统多晶体材料中的晶粒长大过程通常可表示为：

$$d^N - d_0^N = k_T t \qquad (3-7)$$

式中，d_0 为初始晶粒尺寸；d 为经 t 时间段退火后的晶粒尺寸；N 为晶粒长大指数；k_T 为动力学常数。该式较准确地反映了较低温度下金属材料中的晶粒长大规律。根据经典晶粒长大机制，不同的 N 值代表着不同的晶粒长大机制，N 值通常是在 2～4 之间。动力学常数 k_T 同温度 T 有如下关系：

$$k_T = k_{T_0} \exp\left(-\frac{Q}{RT}\right) \tag{3-8}$$

式中，k_{T_0} 为指前因子；R 为气体常数；Q 为晶粒长大激活能。在晶粒长大过程中激活能是晶粒尺寸稳定性的另一个重要参数，它代表晶粒长大对应的扩散过程所需克服的能量势垒。在研究晶粒长大的过程中，通常是通过计算晶粒长大指数 N 和晶粒长大激活能 Q，然后对比实验值与理论预测值来判断纳米晶晶粒长大的机制。

近期的研究结果表明，纳米晶体材料的热稳定性及内在晶粒长大机制不仅与动力学有关，同时与晶粒的微观结构、化学成分及晶粒形态有密切关系。目前，许多有关纳米晶体材料热稳定性的研究是用超细粉冷压样品进行的，样品中一般都含有大量的孔隙、污染、微观应变、缺陷。例如，纳米纯 Ag 在以 10K/min 速度加热的过程中，晶粒长大过程从 423K 开始并伴有明显的硬度下降，晶粒长大的激活能为 108kJ/mol，这与 Ag 的晶界扩散激活能相当；若在此纳米 Ag 样品中添加摩尔分数为 7% 的氧，其晶粒长大的起始温度提高了约 80K，晶粒长大激活能则提高到 209kJ/mol，与纯的体扩散激活能相当，提高了晶粒尺寸稳定性。另外，纳米晶体材料中的微孔隙，也同样会因为阻止晶界运动而使其热稳定性增加。

3.2.4.3 晶粒长大的界面能

纳米晶粒的长大过程往往伴随有一定的过剩能释放。假设：（1）晶粒长大过程中对应的热效应都是由界面减少而导致的界面能释放；（2）晶界的结构在晶粒长大前后保持不变；（3）晶粒的能量状态不随晶粒尺寸而变化。由于通常纳米晶体材料的晶界分数与其晶粒尺寸成反比，对一个体积为 V 的样品，可以得到储存于界面的过剩熵为：

$$H_0 = \frac{g\gamma_H V}{r_0} \tag{3-9}$$

式中，γ_H 为界面过剩能；g 为数值因子，依赖于晶粒形状及其尺寸分布；H_0 和 r_0 分别代表初始态过剩熵和晶粒半径。当晶粒半径增加到 $r(t)$ 时，总界面过剩能变为：

$$H(t) = g\gamma_H V/r_t = \frac{H_0 r_0}{r(t)} \tag{3-10}$$

在这段时间内，系统的能量变化则为：

$$\Delta H = H(t) - H_0 = H_0 r_0\left(\frac{1}{r} - \frac{1}{r_0}\right) = g\gamma_H \frac{W}{D}\left(\frac{1}{r} - \frac{1}{r_0}\right) \tag{3-11}$$

式中，W 和 D 分别为所讨论样品的质量和密度。

通常可用示差扫描量热法（DSC）测量出其热效应。Chen 及合作者曾发展了一套较完整的理论来论述 DSC 测量方法在晶粒长大研究上的应用。根据式（3-11），在 δ_t 时间内，DSC 信号的平均强度可表示为 $\delta_H = \Delta H/\delta_t$。

以纯 Cu 样品为例，简单地认为晶粒形状因子为常数，$D = 8.91\text{g/cm}^3$，并取 $W = 5\text{mg}$，$\delta_t = 50\text{s}$，$\gamma_H = 0.1\text{J/m}^2$，可以得到不同初始晶粒尺寸晶粒长大过程中的热效应，如图 3-18 所示。图中水平虚线为目前 DSC 的能量精度极限。可以看出，随着晶粒不断长大，DSC 信号的强度总是不断变化的，对于较小的初始晶粒尺寸，热效应随晶粒尺寸的增大较快，对于较大的晶粒尺寸，曲线则变得平缓。就目前 DSC 设备的灵敏度而言，测量精度能达到 0.01mJ/s（如 PE 公司生产的 Perkin-Elmer DSC，Pryis 1 设备）。根据这一精度，当初始晶粒尺寸很小时（$d_0 < 10nm$），晶粒长大过程可以很容易被检测到；而对于初始晶粒尺寸较大的样品，如 $d_0 = 30nm$ 时，只有当晶粒尺寸长大到约 37nm 时，DSC 才可检测到其热效应。因此，DSC 测量往往具有一定的滞后效应。

图 3-19 所示为具有小角晶界的纳米晶 Cu 样品的晶粒长大过程的热效应，$\gamma_H = 0.01J/m^2$，将样品质量增加到 30mg，其他参数与图 3-18 相同，水平虚线为目前 DSC 的能量精度极限。对于此实验所用纳米晶 Cu，125～175℃ 是晶粒长大最快的温度区间，因此该温度区间的热效应最集中。当晶粒尺寸从 37nm（125℃）长大到 70nm（175℃）时，单位时间内其放热量大约为 0.0143mW。因此，这种纳米晶 Cu 的晶粒长大热效应太弱，目前的 DSC 测试设备难以准确检测。另外，样品中大量生长的孪晶及层错等的存在也会在一定程度上影响晶粒长大过程中的热效应。

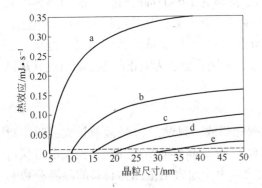
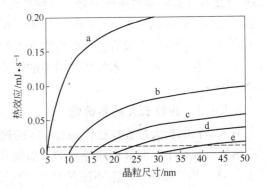

图 3-18　大角度晶界纳米晶 Cu 对应不同
起始晶粒尺寸时晶粒长大过程中的热效应
a—5nm；b—10nm；c—15nm；
d—20nm；e—30nm

图 3-19　小角度晶界纳米晶 Cu 对应不同
起始晶粒尺寸时晶粒长大过程中的热效应
a—5nm；b—10nm；c—15nm；
d—20nm；e—30nm

可见，根据 DSC 测量方法的精度及设备技术条件，并不是所有纳米晶体材料的晶粒长大过程都可以用 DSC 检测出来。

总的来讲，人们尚无单一测量方法可反映纳米材料晶粒长大过程中所有的结构和能量变化过程。某些变化过程难以通过常规分析手段确定其参数，有时只能通过监测样品物理性能的变化来推测相应的结构变化过程，因此，建立物理性能与微观结构的对应关系是很关键的。在研究纳米晶体材料的热稳定性时，除了要考虑样品的微观缺陷外，还需要利用多种测量方法并在不同的测量方法之间进行比较，以揭示纳米晶体材料热稳定性的本质。

3.3　电学性能

电导是常规金属和合金材料一个重要的性能。近年来，高温超导材料的发现使一些氧化物材料也成为人们感兴趣的超导研究对象，这就大大地丰富了对材料电学性质的研究。纳米材料的出现，使人们对电导（电阻）的研究又进入了一个新的层次。纳米材料中庞大体积分数的界面使平移周期在一定范围内遭到严重的破坏。颗粒尺寸越小，电子平均自由程越短，这种材料偏移理想周期场越严重，这就带来了一系列的问题：（1）纳米金属和合金与常规材料金属及合金的电导（电阻）行为是否相同？（2）纳米材料（金属与合金）的电导（电阻）与温度的关系有什么差别？（3）电子在纳米结构体系中的运动和散射有什么新的特点？这都是纳米材料电性能研究所面临的新课题。目前对纳米材料电导（电阻）的研究尚处于初始阶段。实验数据不多，但仅有的一些实验结果已经充分说明了纳米材料的电性能与常规材料存在明显的差别，有自己独特的特点。

3.3.1 纳米晶金属电导的尺寸效应

在一般电场情况下，金属和半导体的导电均服从欧姆定律，稳定电流密度 j 与外加电场成正比：

$$j = \sigma E \tag{3-12}$$

式中，σ 为电导率，单位为 S/m，其倒数为电阻率 ρ。达到稳定电流密度的条件是电子在材料内部受到的阻力正好与电场力平衡。金属电导主要是费米面附近电子的贡献。

由固体物理可知，在完整晶体中，电子是在周期性势场中运动的，电子的稳定状态是布洛赫波描述的状态，这时不存在产生阻力的微观结构。对于不完整晶体，晶体中的杂质、缺陷、晶面等结构上的不完整性以及晶体原子因热振动而偏离平衡位置都会导致电子偏离周期性势场。这种偏离使电子波受到散射，这就是经典理论中阻力的来源。这种阻力可用电阻率来表示：

$$\rho = \rho_L + \rho_r \tag{3-13}$$

式中，ρ_L 表示受晶格振动散射影响的电阻率，与温度相关。温度升高，晶格振动加大，对电子的散射增强，导致电阻升高，电阻的温度系数为正值。低温下热振动产生的电阻按 T^5 规律变化，温度越低，电阻越小。ρ_r 表示受杂质与缺陷影响的电阻率，与温度无关，它是温度趋近绝对零度时的电阻值，称为剩余电阻。杂质、缺陷可以改变金属电阻的阻值，但不改变电阻的温度系数 $d\rho/dT$。对于粗晶金属，在杂质含量一定的条件下，由于晶界的体积分数很小，晶界对电子的散射是相对稳定的。因此，普通粗晶和微米晶金属的电导可以认为与晶粒的大小无关。

由于纳米晶材料中含有大量的晶界，且晶界的体积分数随晶粒尺寸的减小而大幅度上升，此时，纳米材料的界面效应对 ρ_r 的影响是不能忽略的。因此，纳米材料的电导具有尺寸效应，特别是晶粒小于某一临界尺寸时，量子限制将使电导量子化（conductance quantization）。因此纳米材料的电导将显示出许多不同于普通粗晶材料电导的性能，例如纳米晶金属块体材料的电导随着晶粒度的减小而减小，电阻的温度系数亦随着晶粒的减小而减小，甚至出现负的电阻温度系数。

3.3.2 纳米金属与合金的电阻

Gleiter 等对纳米金属 Cu、Pd 和 Fe 块体的电阻与温度关系，电阻温度系数与颗粒尺寸的关系等进行了系统的研究。上述三种纳米晶材料的晶粒尺寸都在 6～25nm 之间。

图 3-20 给出了不同晶粒尺寸 Pd 块体的电阻率与测量温度的关系。从图中可以看出，纳米 Pd 块体的电阻率均高于普通粗晶粒 Pd 的电阻率，且晶粒越细，电阻率越高。同时还

可以看出，电阻率随温度的上升而增大。图3-21给出了纳米晶Pd块体的直流电阻温度系数随粒径的变化。很明显，随颗粒尺寸减小，电阻温度系数下降。由上述结果可以认为纳米金属和合金材料的电阻随温度变化的规律与常规粗晶基本相似。其差别在于纳米材料的电阻高于常规材料，电阻温度系数强烈依赖于晶粒尺寸。当颗粒小于某一临界尺寸（电子平均自由程）时，电阻温度系数可能由正变负。

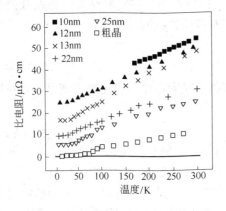

图3-20　不同晶粒尺寸Pd块体的
电阻率与测量温度的关系

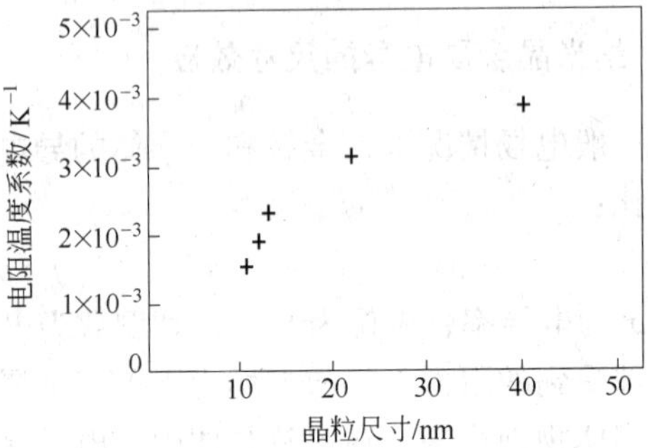

图3-21　纳米晶Pd块体的直流
电阻温度系数随粒径的变化

图3-22所示为纳米银的电阻温度系数随粒径的变化情况。从图中可以看出，随着尺寸的不断减小，温度依赖关系发生根本性变化。Ag粒径和构成粒子的晶粒直径分别减小至不大于18nm和11nm时，室温以下的电阻随温度上升呈线性下降趋势，即电阻温度系数α由正变负，而常规金属与合金的α为正值。当粒径为11nm时，电阻随温度的升高而迅速下降。

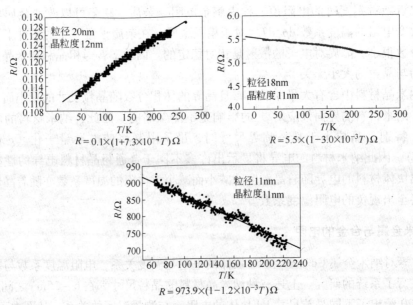

图3-22　纳米银的电阻温度系数随粒径的变化

计算表明，对于14nm以下的银颗粒来说，当$T=1K$以下时，会转变为绝缘体。其主要原因是：纳米材料体系的大量界面使得界面散射对电阻的贡献非常大，当尺寸非常小时，这种贡献对总电阻占支配地位，导致总电阻趋向于饱和值，随温度的变化趋缓。当粒径超过一定值时，量子尺寸效应造成的能级离散性不可忽视，最后温升造成的热激发电子对电导的贡献增大，即温度系数变负。

从纳米材料的微结构来看，一般对电子的散射可以分为颗粒（晶内）散射贡献和界面（晶界）散射贡献两个部分。当颗粒尺寸与电子的平均自由程相当时，界面对电子的散射有明显的作用。而当颗粒尺寸大于电子平均自由程时，晶内散射贡献逐渐占优势。尺寸越大，电阻和电阻温度系数越接近常规粗晶材料，这是因为后者主要是以晶内散射为主。当颗粒尺寸小于电子平均自由程时，界面散射起主导作用，这时电阻与温度的关系以及电阻温度系数的变化都明显地偏离粗晶情况，甚至出现反常现象。例如，电阻温度系数变负值就可以用占主导地位的界面电子散射加以解释。对于纳米材料，固体界面所占体积分数很庞大，界面中原子排列混乱，这就会导致总的电阻率趋向饱和值，加之粒径小于一定值时，出现量子尺寸效应，也会导致颗粒内部对电阻率的贡献大大提高，这就是负温度系数出现在纳米固体试样中的原因。

3.3.3 纳米材料的介电特性

介电特性是材料的基本物性之一。在电介质材料中介电常数和介电损耗是最重要的物理特性。对介电性的研究不仅在材料的应用上具有重要意义，而且也是了解材料的分子结构和极化机理的重要分析手段之一。常规粗晶材料（电介质）的介电常数可用复数表示：

$$\varepsilon^*(\omega) = \varepsilon'(\omega) - i\varepsilon''(\omega) \tag{3-14}$$

式中，$\varepsilon'(\omega)$为实数部分；$\varepsilon''(\omega)$为虚数部分。介电损耗为：

$$\tan\delta = \varepsilon''/\varepsilon' \tag{3-15}$$

式中，ε'代表静电场（$\omega\rightarrow0$）下的介电常数；ε''代表交变电场下的介电损耗。$\tan\delta$是介电能量耗散的量度。如果在交变电场作用下，材料的电位移及时响应，没有相角差，这时介电损耗趋近于0。如果电位移的响应落后于电场的变化，它们之间存在一个相角差，这时就发生了介电损耗现象，相角差越大，损耗越严重。电位移与极化过程有关。一般来说在交变电场下材料内部的某种极化过程就会发生。但这种极化过程对交变电场的响应有一个弛豫时间。这个极化过程落后于电场变化的现象就会发生介电损耗，这就是说电位移代表极化能力，它可以表示成：

$$D = \varepsilon^*E = \varepsilon_0 E + P \tag{3-16}$$

式中，E为电场强度（对于各向同性电介质，极化强度$P=\chi_e\varepsilon_0$，其中χ_e为极化率；ε_0为真空介电常数）。

常规材料的极化都与结构的有序相联系，而纳米材料在结构上与常规粗晶材料存在很大的差别。它的介电行为（介电常数、介电损耗）有自己的特点。

纳米材料的极化通常有几种机制同时起作用，特别是界面极化（空间电荷极化）、转向极化和松弛极化（电子或离子的松弛极化），它们对介电常数的贡献比常规材料高得多。主要表现在介电常数和介电损耗与颗粒尺寸有很强的依赖关系。电场频率对介电行为有极强的影响。

（1）高介电常数。纳米材料的介电常数通常高于常规材料，且随测量频率的降低呈明显上升的趋势。纳米材料的介电常数 ε' 或相对介电常数 ε''_r，随测量频率减小呈明显上升的趋势，而相应的常规材料的 ε' 和 ε''_r 较低，在低频范围内上升趋势远低于纳米材料，如图 3-23 所示。此图对应不同粒径纳米 $\alpha\text{-Al}_2O_3$ 块材的介电常数随频率变化的曲线。

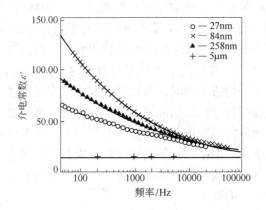

图 3-23   不同粒径纳米 $\alpha\text{-Al}_2O_3$ 块材的介电常数随频率变化的曲线

（2）在低频范围，介电常数强烈依赖于颗粒尺寸。图 3-24 所示为不同粒径纳米 TiO_2 和粗晶试样室温下的介电常数频率谱。从图中可以看出，粒径很小时，介电常数较低；随粒径增加，介电常数逐渐增大，然后又变小。即粒径很小时，介电常数 ε' 和 ε''_r 较低，随粒径增大，ε' 和 ε''_r 先增加然后下降。纳米 TiO_2 块体试样出现介电常数最大值的粒径为 17.8nm。

（3）介电损耗强烈依赖于颗粒尺寸。例如，$\alpha\text{-Al}_2O_3$ 纳米相材料的介电损耗频率谱上出现一个损耗峰，损耗峰的峰位随粒径增大移向高频。粒径为 84nm 时损耗峰的高度和宽度最大，如图 3-25 所示。

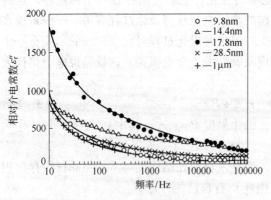 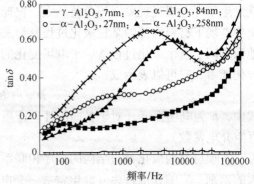

图 3-24   不同粒径纳米 TiO_2 和粗晶试样   图 3-25   不同粒径纳米 $\alpha\text{-Al}_2O_3$

       室温下的介电常数频率谱   块样的介电损耗频率谱

纳米材料的介电常数随电场频率的降低而升高，并显示出比常规粗晶材料强的介电性。按照介电理论，电介质显示高的介电性必须在电场作用下极化的建立能跟上电场变化，极化损耗十分小。随着电场频率的下降，介质的多种极化都能跟上外加电场的变化，介电常数就会上升。纳米结构材料具有高介电常数的主要原因如下：

（1）界面极化（空间电荷极化）。在纳米固体的庞大界面中存在大量悬挂、空位、空位团以及空洞等缺陷，这就引起电荷在界面中分布的变化及正负电荷的变化。在电场作用下，正负间隙电荷分别向负正极移动，电荷运动结果聚积在界面的缺陷处。形成了电偶极矩，即界面电荷极化。同时，纳米粒子内部也存在晶格畸变及空位等缺陷，这也可能产生界面极化。这种极化的主要特征是介电常数随温度上升单调下降。纳米固体的庞大界面及具有较多缺陷的颗粒中易产生界面极化并且它对介电的贡献比常规粗晶材料大，这就往往导致纳米固体具有高的介电常数。例如，纳米晶 Si 的介电常数随温度上升呈单调下降趋势，这就表明，空间电荷极化是导致纳米晶 Si 高介电性的主要因素。在纳米非晶氮化硅中介电常数随温度上升而下降，并在其上叠加一个很小的峰。小的介电温度峰是由电偶极矩转向极化所致，这将在下段中阐述。介电常数随温度上升而下降的现象表明，空间电荷极化呈现在纳米非晶氮化硅中，这是因为其庞大界面中很容易产生空间电荷极化。由于纳米非晶氮化硅物体的颗粒表面除了有各种 Si 和 N 的悬键外，还可能有一些其他类型的极性键，在压制成块体时，这些键的状态会产生很大的变化，从而引起一定量的空间电荷分布。在外电场作用下形成空间电荷极化，这就会导致纳米非晶氮化硅具有比常规粗晶材料高的介电常数。纳米 TiO_2 块体（锐钛矿和金红石）低频下的介电常数比粗晶 TiO_2 高得多，这与庞大界面中空间电荷极化密切相关。

（2）转向极化。对于纳米氧化物，如 α-Al_2O_3 中除了共价键外，还存在大量离子键，纳米 α-Al_2O_3 粒子中离子键占 63%，纳米非晶氮化硅中也有约 30% 的离子键，因此，在原子排列较混乱的庞大界面中及具有较大晶格畸变和空位等缺陷的纳米粒子内部会存在相当多数量的氧离子空位或氮离子空位。这两种离子带负电，它们的空位都相当于带正电荷，这种正电荷就会与带负电的氧离子或氮离子形成固有电矩，在外电场作用下，它们改变方向形成转向极化。转向极化的特征之一是极化强度随温度上升出现极大值。纳米非晶氮化硅的介电常数温度谱上出现介电峰。由此推测，转向极化是这种纳米材料具有较高介电常数的重要因素之一。

（3）松弛极化。它包括电子松弛极化和离子松弛极化。前者是弱束缚电子在外场作用下由一个阳离子结点向另一个阳离子结点转移而产生的，后者是弱束缚离子在外电场作用下由一个平衡位置向另一个平衡位置转移产生的。电子松弛极化主要是折射率大、结构紧密、内电场大和电子电导大的电介质的特性。一般以 TiO_2 为基的电容器陶瓷很容易出现弱束缚电子，形成电子松弛极化。它建立的频率范围为 $10^2 \sim 10^9 Hz$。离子松弛极化易出现在玻璃态物质，结构松散的离子晶体中以及晶体的杂质和缺陷区。它产生的频率范围为 $10^2 \sim 10^9 Hz$。例如，在纳米 TiO_2 庞大比例的界面中，除了空间电荷极化外，离子松弛极化很可能对纳米 TiO_2 的介电常数起作用，同时，晶粒内电子极化和离子极化也十分显著。松弛极化介电损耗的特征是 $tan\delta$ 与频率、温度的关系曲线中出现极大值。纳米 TiO_2 的 $tan\delta$ 与频率、温度关系曲线中均出现这一特征，这就意味着松弛极化对其介电常数有重要贡献。

综上所述，对于一种纳米材料，往往同时有几种极化机制都十分明显，它们对介电有较大的贡献，特别是界面极化、转向极化以及松弛极化对介电常数的贡献比常规材料往往高得多，因此纳米材料具有高介电常数。

3.4　光 学 性 质

固体材料的光学性质与其内部的微结构，特别是电子态、缺陷态和能级结构有密切的关系。传统的光学理论大都是在带有平移周期的晶态基础上逐渐发展起来的。20 世纪 70 年代以来，人们在对非晶态光学性质研究的过程中又建立起来描述无序系统光学现象的理论。

纳米结构材料在结构上与常规晶态和非晶态体系有很大的差别，表现为：小尺寸、能级离散性显著、表（界）面原子比例高、界面原子排列和键的组态的无规则性较大等。这些特征导致纳米材料的光学性质出现一些不同于常规晶态和非晶态的新现象。

3.4.1　宽频带强吸收

大块金属具有不同的金属光泽，表明它们对可见光中各种波长的光的反射和吸收能力不同，如图 3 – 26 所示。

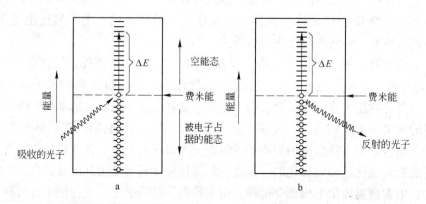

图 3 – 26　大块金属的光学性质示意图
a—光子的吸收；b—光子的反射

当尺寸减小到纳米级时，各种金属纳米粒子几乎都呈黑色。它们对可见光的反射率极低，而吸收率相当高。例如，Pt 纳米粒子的反射率为 1%，Au 纳米粒子的反射率小于 10%。这种对可见光有低反射率、强吸收率的特点导致粒子变黑。

纳米氮化硅、SiC 及 Al_2O_3 粉对红外有一个宽频带强吸收谱，如图 3 – 27 所示。

纳米材料的红外吸收谱宽化的主要原因是：

（1）尺寸分布效应。通常纳米材料的粒径有一定分布，不同颗粒的表面张力有差异，引起晶格畸变程度也不同。这就导致纳米材料键长有一个分布，造成带隙的分布，这是引起红外吸收宽化的原因之一。

（2）界面效应。界面原子的比例非常高，由纳米粒子大的比表面导致了平均配位数下降，导致不饱和键、悬挂键以及缺陷非常多。界面原子的能级除与体相原子不同外，互

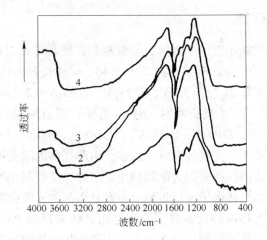

图 3－27 不同温度退火下纳米三氧化二铝材料的红外吸收谱

1～4—873K、1073K、1273K 和 1473K 退火 4h 的样品

相之间也可能不同，从而导致能级分布的展宽。与常规大块材料不同，没有一个单一的、择优的键振动模，而存在一个较宽的键振动模的分布，在红外光作用下对红外光吸收的频率也就存在一个较宽的分布。

许多纳米微粒，例如 ZnO、Fe_2O_3 和 TiO_2 等，对紫外光有强吸收作用，而亚微米级的 TiO_2 对紫外光几乎不吸收。这些纳米氧化物对紫外光的吸收主要来源于它们的半导体性质，即在紫外光照射下，电子被激发，由价带向导带跃迁引起的紫外光吸收。

3.4.2　吸收光谱的蓝移现象

与体材料相比，纳米微粒的吸收带普遍存在向短波方向移动，即蓝移现象。例如，SiC 纳米颗粒的红外吸收峰为 $814cm^{-1}$，而块体 SiC 固体为 $794cm^{-1}$。CdS 溶胶颗粒的吸收光谱随着尺寸的减小逐渐蓝移，如图 3－28 所示。

纳米微粒吸收带的蓝移可以从以下两个方面进行解释：

（1）量子尺寸效应。即颗粒尺寸下降导致能隙变宽，从而导致光吸收带移向短波方向。Ball 等的普适性解释是：已被电子占据的分子轨道能级（HOMO）与未被电子占据的分子轨道能级之间的宽度（能隙）随颗粒直径的减小而增大，从而导致蓝移现象。这种解释对半导体和绝缘体均适用。

（2）表面效应。纳米颗粒的大的表面张力使晶格畸变，晶格常数变小。对纳米氧化物和氮化物的研究表明，第一近邻和第二近邻的距离变短，键长的缩短导致纳米颗粒的键本征振动频率增大，结果使红外吸收带移向高波数。

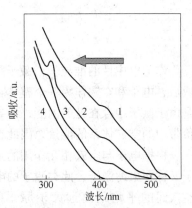

图 3－28 CdS 溶胶颗粒在
不同尺寸下的吸收光谱

1—6nm；2—4nm；

3—2.5nm；4—1nm

3.4.3 吸收光谱的红移现象

在有些情况下，粒径减小至纳米级时，会观察到光吸收带相对粗晶材料呈现"红移"现象，即吸收带移向长波方向。例如，在 $200 \sim 1400\text{nm}$ 波长范围内，块体 NiO 单晶有八个吸收带，它们的峰位分别为 3.52eV、3.25eV、2.95eV、2.75eV、2.15eV、1.95eV、1.75eV 和 1.13eV，纳米 NiO（粒径为 $54 \sim 84\text{nm}$ 范围）不呈现 3.52eV 的吸收带，其他 7 个带的峰位分别为 3.30eV、2.99eV、2.78eV、2.25eV、1.92eV、1.72eV 和 1.07eV，前 4 个光吸收带发生蓝移，后 3 个光吸收带发生红移。引起红移的因素很多，也很复杂。从谱线的能级跃迁而言，谱线的红移是因为能隙减小，带隙、能级间距变窄，从而导致电子由低能级向高能级跃迁及半导体电子由价带到导带跃迁引起的光吸收带和吸收边发生红移。

通常认为，红移和蓝移两种因素共同发挥作用，结果视哪个强而定。随着粒径的减小，量子尺寸效应导致蓝移；而颗粒内部的内应力的增加会导致能带结构变化。电子波函数重叠加大，结果带隙、能级间距变窄，从而引起红移。

3.4.4 激子吸收带——量子限域效应

激子的概念首先是由 Frenkel 在理论上提出来的。当入射光的能量小于禁带宽度（$\omega < E_\text{g}$）时，不能直接产生自由的电子和空穴，而有可能形成未完全分离的具有一定键能的电子 – 空穴对，称为激子，如图 3 – 29 所示。

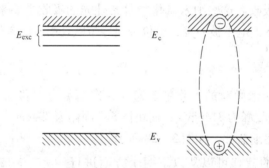

图 3 – 29　激子形成示意图

作为电中性的准粒子，激子是由电子和空穴的库仑相互吸引而形成的束缚态。激子形成后，电子和空穴作为一个整体在晶格中运动。激子是移动的，它不形成空间定域态。但是由于激子中存在键的内能，半导体 – 激子体系的总能量小于半导体和导带中的电子以及价带中的空穴体系的能量，因此在能带模型中的激子能级位于禁带内，如图 3 – 30 所示。

根据电子与空穴相互作用的强弱，激子分为 Wannier 激子和 Frenkel 激子。Wannier 激子又称弱束缚激子，此类激子的电子与空穴之间的束缚比较弱，表现为束缚能小，电子与空穴间的平均距离远大于原子间距。大多数半导体材料中的激子属于弱束缚激子。Frenkel 激子又称紧束缚激子，与弱束缚激子情况相反，其电子与空穴的束缚能较大。离子晶体中的激子多属于紧束缚激子。

当半导体纳米粒子的粒径 $r < a_\text{B}$（激子玻尔半径：$a_\text{B} = h^2 \varepsilon / e^2 (1/m_{\text{e}^-} + 1/m_{\text{h}^+})$）时，电子的平均自由程受小粒径的限制，局限在很小的范围。因此空穴约束电子形成激子的概

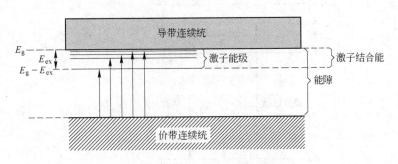

图 3 - 30　能隙中激子能级示意图

E_{ex}—激子的结合能

率比常规材料高得多，结果导致纳米材料含有激子的浓度较高。颗粒尺寸越小，形成激子的概率越大，激子浓度就越高。这种效应称为量子限域效应。

上述量子限域效应使得在纳米半导体材料的能带结构中，靠近导带底部形成一些激子能级，从而容易产生激子吸收带。图 3 - 31 中曲线 1 和 2 分别为掺了粒径大于 10nm 和 5nm 的 $CdSe_xS_{1-x}$ 玻璃的光吸收谱。由图可以看出，当微粒尺寸变小后出现明显的激子峰。图 3 - 32 所示的曲线为不同尺寸的 CdS 纳米微粒的可见光 - 紫外吸收光谱。当微粒尺寸变小后出现明显的激子峰，并产生波长向短波方向移动，即所谓的谱线蓝移现象。

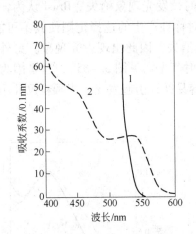

图 3 - 31　掺了粒径大于 10nm 和 5nm 的 $CdSe_xS_{1-x}$ 的玻璃的光吸收谱

1—10nm；2—5nm

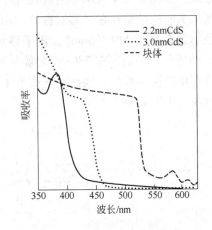

图 3 - 32　不同尺寸的 CdS 纳米微粒的可见光 - 紫外吸收光谱

3.4.5　纳米颗粒的发光现象

所谓光致发光是指在一定波长光照射下被激发到高能级激发态的电子重新跃回到低能级被空穴俘获而发射出光子的现象。仅在激发过程中才发射的光叫荧光，而在激发停止后还继续发射一定时间的光叫磷光。

从物理机制来分析，电子跃迁可分为两类：非辐射跃迁和辐射跃迁。通常当能级间距很小时，电子跃迁可通过非辐射性衰变过程发射声子，如图 3 - 33 中虚线箭头所示，此时

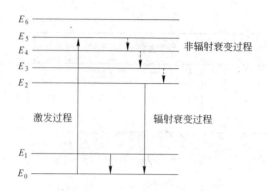

图 3 - 33　激发和发光过程示意图

E_0—基态能级；$E_1 \sim E_6$—激发态能级

不发光。而只有当能级间距较大时，才有可能实现辐射跃迁，产生发光现象。

在纳米材料的发展中，人们发现有些原来不发光的材料，当使其粒子小到纳米尺寸后，可以观察到从近紫外到红外范围内的某处发光现象，尽管发光强度不算高，但纳米材料的发光效应却为设计新的发光体系和发展新型发光材料提供了一条新的途径。1990 年日本佳能研究中心的 Tabagi 发现了纳米硅的发光现象。当用紫外光激发纳米硅样品时，粒径小于 6nm 的硅在室温下可以发射可见光，而且随粒径的减小，发射带强度增强并移向短波方向，如图 3 - 34 所示。当粒径大于 6nm 时，发光现象消失。Brusl 认为，大块硅不发光是因为它的结构存在平移对称性，由平移对称性产生的选择定则使其不可能发光。当硅粒径小到某一尺寸时（6nm），该平移对称性消失，因此出现发光现象。另外，掺入 $CdSe_xS_{1-x}$ 纳米颗粒的玻璃在 530nm 光激发下会发射荧光（见图 3 - 35），这是因为半导体具有窄的直接跃迁的带隙，因此在光激发下电子容易跃迁引起发光。当颗粒尺寸小至 5nm 时，会出现激子发射峰。

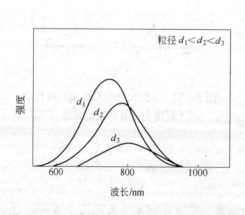

图 3 - 34　不同颗粒度纳米硅在室温下的发光

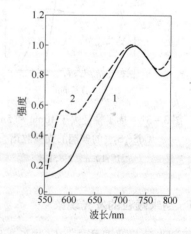

图 3 - 35　$CdSe_xS_{1-x}$ 玻璃的荧光光谱

1—粒径大于 10nm；2—5nm 的粒子

为什么纳米结构材料的发光谱与常规态有很大差别，出现了常规态从未观察到的新的发光带。对这个问题的研究才刚刚开始，但是我们认为从纳米结构材料的本身特点来讨论纳米态的发光现象时，应该考虑下面四方面问题：

（1）关于电子跃迁的选择定则问题。常规的晶态材料具有平移周期，在 k 空间描述电子跃迁必须遵守垂直跃迁的定则，非垂直跃迁一般来说是被禁止的。当电子从激发态跃迁到低能级时形成发光带，这样一个过程就受到选择定则的限制。而纳米结构材料中存在大量原子排列混乱的界面，平移周期在许多区域受到严重的破坏，因此用 k 空间来描述电子的能级状态也不适用，选择定则对纳米态的电子跃迁也可能不再适用。在光的激发下纳米态所产生的发光带中有些发光带就是常规材料中由于受选择定则的限制而不可能出现的发光现象。

（2）量子限域效应。正常情况下纳米半导体材料界面中的空穴浓度比常规材料高得多，同时由于组成纳米材料的颗粒尺寸小，电子运动的平均自由程短，空穴约束电子形成激子的概率比常规材料高得多，结果导致纳米材料含有激子的浓度较高，颗粒尺寸越小，形成激子的概率越大，激子浓度越高，由于这种量子限域效应，在能隙中靠近导带底形成一些激子能级，这些激子能级的存在就会产生激子发光带。纳米材料激子发光很容易出现，而且激子发光带的强度随颗粒的减小而增加。因此激子发光带是常规材料在相同实验条件下不可能被观察到的新的发光现象。

（3）缺陷能级。纳米结构材料中所存在的庞大体积分数的界面内存在大量不同类型的悬键和不饱和键，它们在能隙中形成了一些附加能级（缺陷能级）。它们的存在会引起一些新的发光带，而常规材料中悬键和不饱和键出现的概率小，浓度也低得多，以至于能隙中很难形成缺陷能级。可见纳米材料能隙中的缺陷能级对发光的贡献也是常规材料很少能观察到的新的发光现象。

（4）杂质能级。Weber 曾经指出，某些过渡族元素（Fe^{3+}、Cr^{3+}、V^{3+}、Mn^{2+}、Mo^{3+}、Ni^{2+} 等）在无序系统会引起一些发光现象，纳米晶体材料中所存在的庞大体积分数的有序度很低的界面很可能为过渡族杂质偏聚提供了有利的位置，这就导致纳米材料能隙中形成杂质能级，产生杂质发光现象。一般来说杂质发光带位于较低的能量位置，发光带比较宽。这是常规晶态材料很难观察到的。

3.5 磁 学 性 质

当磁性物质的粒度或晶粒进入纳米范围时，其磁学性能具有明显的尺寸效应。因此，纳米材料具有许多粗晶或微晶材料所不具备的磁学特性。

3.5.1 纳米材料的磁学特性

3.5.1.1 超顺磁性

超顺磁性是指当微粒体积足够小时，热运动能对微粒自发磁化方向的影响引起的磁性。超顺磁性可定义为：当一任意场发生变化后，磁性材料的磁化强度经过时间 t 后达到平衡的现象。处于超顺磁状态的材料具有两个特点：（1）无磁滞回线；（2）矫顽力等于零。材料的尺寸是该材料是否处于超顺磁状态的决定因素，因此超顺磁性具有强烈的尺寸效应。同时，超顺磁性还与时间和温度有关。

纳米微粒的尺寸小到某一临界值时进入超顺磁状态，例如 α-Fe、Fe_3O_4 和 α-Fe_2O_3 的粒径分别为 5nm、16nm 和 20nm 时变成顺磁体。这时磁化率 χ 不再服从居里 – 外斯定律：

$$\chi = \frac{C}{T - T_c} \tag{3-17}$$

式中，C 为常数；T_c 为居里温度。例如粒径为 85nm 的纳米 Ni 微粒，矫顽力很高，χ 服从居里 – 外斯定律，而粒径小于 15nm 的 Ni 微粒，矫顽力 $H_c \to 0$，这说明它们进入了超顺磁状态（见图 3 – 36）。

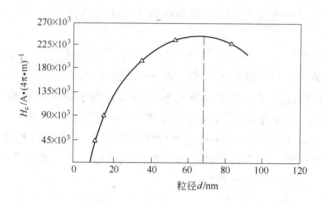

图 3 – 36 Ni 颗粒的矫顽力 H_c 与颗粒直径 d 的关系

超顺磁状态的起源可归结为以下原因：在小尺寸下，当各向异性能减小到与热运动能相当时，磁化方向就不再固定在一个易磁化方向上，易磁化方向做无规律的变化，结果导致超顺磁性的出现。不同种类的纳米磁性微粒显现出顺磁性的临界尺寸不相同。

3.5.1.2 矫顽力

矫顽力是一个表示磁化强度变化困难程度的量。在磁学性能中，矫顽力的大小受晶粒尺寸变化的影响最为强烈。对于大致球形的晶粒，矫顽力随晶粒尺寸的减小而增加，达到一最大值后，随着晶粒的进一步减小矫顽力反而下降。对应于最大矫顽力的晶粒尺寸相当于单畴的尺寸，对于不同的合金系统，其尺寸范围在十几至几百纳米。当晶粒尺寸大于单畴尺寸时，矫顽力 H_c 与平均晶粒尺寸 D 的关系为：

$$H_c = C/D \tag{3-18}$$

式中，C 是与材料有关的常数。可见，当纳米材料的晶粒尺寸大于单畴尺寸时，矫顽力亦随晶粒尺寸 D 的减小而增加，符合式（3 – 18）。当纳米材料的晶粒尺寸小于某一尺寸后，矫顽力随晶粒的减小急剧降低。此时矫顽力与晶粒尺寸的关系为：

$$H_c = C'D^6 \tag{3-19}$$

式中，C' 为与材料有关的常数。式（3 – 19）与实测数据符合得很好。图 3 – 37 显示了一些 Fe 基合金的 H_c 与晶粒尺寸 D 的关系。当纳米粒子尺寸高于超顺磁临界尺寸时，通常呈现高的矫顽力。

对纳米微粒高矫顽力的起源有两种解释：一致转动模式和球链反转磁化模式。一致转动磁化模式的基本内容是：当粒子尺寸小到某一尺寸时，每个粒子就是一个单磁畴。例如 Fe 的单磁畴临界尺寸为 12nm，Fe_3O_4 为 40nm。每个单磁畴的纳米粒子实际上成为一个永久磁铁，要使该磁铁去磁，必须使每个粒子整体的磁矩反转，这需要很大的反向磁场，因

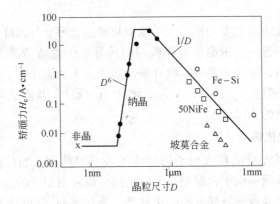

图 3-37　矫顽力 H_c 与晶粒尺寸 D 的关系

此具有较高的矫顽力。但一些实验表明纳米微粒的 H_c 测量值与一致转动的理论值不相符合。有人提出纳米微粒 Fe、Fe_3O_4 和 Ni 等的高矫顽力的来源应当用球链模型来解释，采用球链反转磁化模式来计算此纳米微粒的矫顽力。

由于静磁作用，球形纳米 Ni 微粒形成链状，对于由 n 个球形粒子构成的链的情况，矫顽力为：

$$H_{cn} = \mu(6K_n - 4L_n)/d^3 \qquad (3-20)$$

其中

$$K_n = \sum_{j=1}^{n} \frac{n-j}{nj^3} \qquad (3-21)$$

$$L_n = \sum_{j=1}^{\frac{1}{2}(n-1) < j \leqslant \frac{1}{2}(n+1)} \frac{n-(2j-1)}{n(2j-1)^3} \qquad (3-22)$$

式中，n 为球链中的颗粒数；μ 为颗粒磁矩；d 为颗粒间距。设 $n=5$，则 $H_{cn} \approx 4.38 \times 10^4 A/m$，大于实验值，当引入缺陷对球链模型进行修正后，矫顽力比上述理论计算结果低。此情况被认为颗粒表面氧化层可能起着类似缺陷的作用，从而定性地解释了上述实验事实。

3.5.1.3　居里温度

居里温度 T_c 是纳米材料磁性的重要参数，通常与交换积分 J_e 成正比。居里温度表明了纳米材料在该温度时发生相变而导致材料磁性质变化的特性，与原子的类型、构型和间距有关。对于铁磁性薄膜，理论与实验研究表明，随着薄膜厚度的减小，居里温度下降。对于纳米微粒，小尺寸效应和表面效应导致纳米粒子的本征的磁性变化，因此具有较低的居里温度。例如 85nm 粒径的 Ni 微粒，在居里温度处磁化率呈现一明显的峰值，通过测量低磁场下磁化率与温度的关系可确定其居里温度约 623K，略低于常规块体 Ni 的居里温度（631K）。具有超顺磁性的 9nm Ni 微粒，在 $\frac{12 \times 10^6}{4\pi} A/m$ 高磁场情况下，部分超顺磁性颗粒脱离超顺磁性状态，按照相关的有效磁各向异性的特征公式估算，超磁性临界尺寸下降为 6.7nm，根据磁性温变曲线确定居里温度。9nm 样品在 260℃ 附近其磁性存在一突变，这是由晶粒长大所致。根据突变曲线外推可以定性地证明随粒径的下降，纳米 Ni 微粒的居里温度有所下降。

3.5.1.4　磁化率

磁化率是材料磁化难易程度的标志。纳米微粒的磁化率 χ 与温度和颗粒中电子数的奇偶性密切相关。一般而言，二价简单金属微粒的传导电子总数 N 为偶数；一价简单金属微粒则可能一半为奇数，一半为偶数。统计理论表明，N 为奇数时，χ 服从居里 – 外斯定律，量子尺寸效应使 χ 遵从 d^{-3} 规律；N 为偶数时，$\chi \propto k_B T$，并遵从 d^2 规律。纳米磁性金属的磁化率是常规金属的 20 倍。

3.5.1.5　饱和磁化强度

微晶的饱和磁化强度对晶粒或粒子的尺寸不敏感。然而，当尺寸降到 20nm 或以下时，由于位于表面或界面的原子占据相当大的比例，而表面原子的原子结构和对称性不同于内部的原子，因而将强烈地降低饱和磁化强度。例如 8nm Fe 的饱和磁化强度比粗晶块体 Fe 的降低了近 40%，纳米 Fe 的比饱和磁化强度随粒径的减小而下降（见图 3 – 38）。

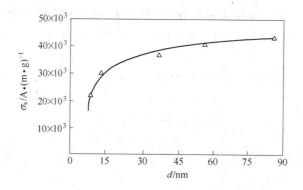

图 3 – 38　室温比饱和磁化强度 σ_s 与平均颗粒直径 d 的关系曲线

此外，纳米磁性微粒还具备许多其他的磁特性。例如，金属 Sb 通常为抗磁性的（$\chi < 0$），但是 Sb 的纳米晶的磁化率 $\chi > 0$，表现出顺磁性。当温度下降到某一特征温度时，某些纳米晶顺磁体转变为反铁磁体。这时磁化率 χ 随温度降低而减小，且几乎与外加磁场强度无关。例如，粒径为 10nm 的 FeF_2 纳米晶在 78 ~ 88K 由顺磁转变为反铁磁。

3.5.2　纳米磁性材料

3.5.2.1　巨磁电阻材料

磁性金属和合金一般都有磁电阻现象，所谓磁电阻是指在一定磁场下电阻改变的现象，人们把这种现象称为磁电阻。普通材料的磁阻效应很小，如工业上有使用价值的坡莫尔合金的各向异性磁阻效应最大值也未突破 2.5%。巨磁电阻效应是指在一定的磁场下电阻急剧减小，一般减小的幅度比通常磁性金属与合金材料的磁电阻数值约高 10 余倍。1988 年法国巴黎大学的 Fert 教授研究组首先在 Fe/Cr 多层膜中发现了巨磁电阻效应，这在国际上引起了很大的反响。20 世纪 90 年代，人们在 Fe/Cu、Fe/Ag、Fe/Al、Fe/Au、Co/Cu、Co/Ag 和 Co/Au 等纳米结构的多层膜中观察到了显著的巨磁阻效应。

由于巨磁阻多层膜在高密度读出磁头、磁存储元件上有广泛的应用前景，美国、日本和西欧都对发展巨磁电阻材料及其在高技术上的应用投入了很大的力量。1992 年美国率先报道了 Co-Ag、Co-Cu 颗粒膜中存在巨磁电阻效应。颗粒膜中的巨磁电阻效应目前以 Co-Ag 体系为最高，在液氮温度下可达 55%，室温可达 20%，而目前实用的磁性合金仅为 2%~3%，但颗粒膜的饱和磁场较高，降低颗粒膜磁电阻饱和磁场是颗粒膜研究的主要目标。在巨磁电阻效应被发现后的第六年，即 1994 年，IBM 公司研制成巨磁电阻效应的读出磁头，将磁盘记录密度一下子提高了 17 倍，从而在与光盘竞争中磁盘重新处于领先地位。利用巨磁电阻效应在不同的磁化状态具有不同电阻值的特点，可以制成随机存储器（MRAM），其优点是在无电源的情况下可继续保留信息。鉴于巨磁电阻效应重要的基础研究意义和重大的应用前景，对巨磁电阻效应作出重大开拓工作的 Fert 教授等曾两次获得世界级大奖。

3.5.2.2 新型的磁性液体

1963 年，美国国家航空与航天局的帕彭首先采用油酸为表面活性剂，把它包覆在超细的 Fe_3O_4 微颗粒上（直径约为 10nm），并高度弥散于煤油（基液）中，从而形成一种稳定的胶体体系。在磁场作用下，磁性颗粒带动着被表面活性剂所包裹着的液体一起运动，因此，好像整个液体具有磁性，于是取名为磁性液体。

磁性液体是经过表面活性剂处理的超细磁性颗粒高度分散在某种液体中而形成的一种磁性胶体溶液。这种胶体溶液在重力和磁场力的作用下不会出现凝聚和沉淀现象。磁性液体中的磁性颗粒的尺寸一般为 10nm 或更小，具有自发磁化的特性。然而，这些颗粒在液体中处于布朗运动状态，它们的磁矩是混乱无序的，处于超顺磁状态。磁性液体既有固体磁性材料的磁性，又具有液体的流动性。

无外加磁场时，磁性颗粒随机分布（图 3-39a）；在外加磁场的作用下，原来随机分布的磁性颗粒沿磁场方向呈球链状的定向排列，排列的方向与磁场方向一致，磁球链之间形成一定的间距（图 3-39b），此时，磁性液体显示出磁性。

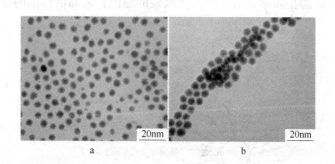

图 3-39 磁性颗粒为施加磁场前后磁性液体中磁性颗粒的分布

磁性液体由三种成分组成：（1）磁性颗粒；（2）包覆在磁性颗粒表面的表面活性剂或分散剂；（3）基液或载液。

A 磁性颗粒

磁性颗粒有三种类型，即 20 世纪 60 年代出现的第一代铁氧体颗粒，80 年代出现的金属型颗粒和 90 年代出现的氮化铁颗粒。

（1）铁氧体磁性颗粒主要有 γ-Fe_2O_3、$MeFe_2O_4$（Me = Co，Ni，Mn）和 Fe_3O_4 颗粒等，早期的磁性液体多使用 Fe_3O_4。Fe_3O_4 极易氧化，即使被活性剂包覆使用，也因被氧化而使磁液逐渐变黑。同时，当 Fe_3O_4 被氧化成 $\gamma\text{-}Fe_2O_3$ 时，又将导致磁液的饱和磁化强度 M_s 明显下降和磁性液体胶体体系的破坏。因此，颗粒的抗氧化性是磁性液体稳定性的关键问题，也是磁性液体研究和应用的关键问题之一。

（2）金属型磁性液体颗粒主要有 Fe、Co、Ni 及其合金颗粒。由于金属铁磁性材料的饱和磁化强度远高于铁氧体，因此使用金属型磁性颗粒的磁性液体具有较高的饱和磁感应强度（>0.1T）及较低的黏度，但金属型磁性颗粒极易氧化。Co 和 Ni 微粒表面会形成保护型的氧化膜，但一遇水保护膜即被破坏，而加厚氧化膜又会使 M_s 值降低。用一层非晶态 SiO_2 包覆 Fe 等超细颗粒可使金属型磁性颗粒具有很好的抗氧化性。

（3）Fe-N 化合物主要有 FeN、Fe_2N、$\varepsilon\text{-}Fe_3N$、$Fe_{16}N_2$ 等。Fe-N 系化合物在常温下为稳定相，同时具有高饱和磁化强度，其中薄膜中生成的 $Fe_{16}N_2$ 相可具有 2.83T 的巨磁化强度。$\varepsilon\text{-}Fe_3N$ 磁液的饱和磁化强度可达 0.223T。因此用 Fe-N 化合物颗粒制备的磁性液体不仅具有稳定的化学特性，而且还具有优良的磁性能。

生成磁性液体的必要条件是强磁性颗粒要足够小，可以削弱磁偶极矩之间的静磁作用，能在基液中做无规则的热运动。例如对铁氧体类型的颗粒，大致尺寸为 10nm，对金属颗粒，通常大约为 6nm。在这样小的尺寸下，强磁性颗粒已丧失了大块材料的铁磁或亚铁磁性能，而呈现没有磁滞现象的超顺磁状态，其磁化曲线是可逆的。

　　B　表面活性剂

表面活性剂的作用是使磁性颗粒表面活性化，使微粒以理想的单颗粒形态分散在基液中，并且在范德华等各种吸引能量作用下也不会发生凝聚。表面活性剂的作用机理是其官能团与颗粒表面通过化学键或静电力产生很强的吸附作用，而官能团所在链的部分与溶剂分子保持较强的亲和性，如图 3-40 所示。这样，被活化的微粒在相互靠近时能产生立体或空间的排斥力，以防止团聚。对于以水为载液的磁液，表面活性剂的作用是使微粒表面

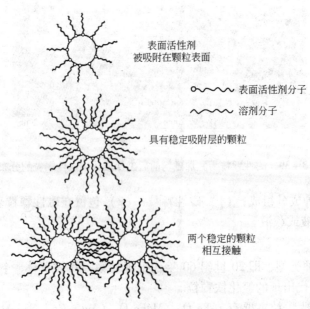

图 3-40　磁性颗粒表面的活性剂层

形成类似双电层的结构，保持较高的表面电荷，利用静电反作用力来防止凝聚。此外，表面活性剂链的一端应和磁性颗粒产生化学吸附，另一端还要与基液相适应（应和基液亲和，分散于基液中），其分子的烃基尾端必须和基液相溶。由于基液不同，可生成不同性能、应用在不同领域的磁性液体，如水基、煤油基、硅油基、氟碳基等。

常用的表面活性剂是油酸、亚油酸、亚麻酸以及它们的衍生物。常用的表面活性剂列于表3-3中。

表3-3 常用的表面活性剂及基液

基液名称	适 用 的 表 面 活 性 剂
水	油酸、亚油酸、亚麻酸以及它们的衍生物、盐类及皂类
酯及二酯	油酸、亚油酸、亚麻酸、磷酸二酯及其他非离子界面活性剂
碳氢基	油酸、亚油酸、亚麻酸、磷酸二酯及其他非离子界面活性剂
氟碳基	氟醚酸、氟醚磺酸以及它们的衍生物、全氟聚异丙醚
硅油基	硅烷偶联剂、羧基聚二甲基硅氧烷、羟基聚二甲基硅氧烷、氨基聚二甲基硅氧烷、氨基聚苯甲基硅氧烷
聚苯基醚	苯氧基十二烷酸、磷苯氧基甲酸

C 基液

基液可以是水、各种油和碳氢化合物、酯及二酯等，此外，水银也可做基液制备成金属型磁液。将水和各种染料混合配制，可制备成具有红、黄、绿等颜色的彩色液体。对基液的要求是：低蒸发率、低黏度、高化学稳定性、耐高温和抗辐照等。常用的基液亦列入表3-3中。

3.6 力 学 性 质

在过去几十年，在对单晶和多晶材料所做力学试验基础上建立起来的比较系统的位错理论、加工硬化理论，成功地解释了粗晶粒构成的宏观晶体所出现的一系列力学现象。从20世纪70年代开始，研究多晶材料的晶界也对材料力学性能的研究起了推进作用。近年来，纳米结构材料诞生以后，引起人们极大的兴趣，对这样一个由有限个原子构成的小颗粒，再由这些小颗粒凝聚而成的纳米结构材料在力学性质方面有什么新的特点，它与颗粒尺寸的关系和粗晶多晶材料所遵循的规律是否一致，已成功描述粗晶多晶材料力学行为的理论对纳米结构材料是否还适用，这些问题是人们研究纳米结构材料力学性质时必须解决的关键问题。

3.6.1 Hall-Petch 关系

Hall-Petch 关系是建立在位错塞积理论基础上的，经过大量实验证实，总结出来的多晶材料的屈服应力（或硬度）与晶粒尺寸的关系为：

$$\sigma_y = \sigma_0 + Kd^{-1/2}$$

$$(3-23)$$

式中，σ_y 为 0.2% 屈服应力；σ_0 为移动单个位错所需克服点阵摩擦的力；K 为常数；d 为平均晶粒尺寸。如果用硬度来表示，关系式（3-23）可用下式表示：

$$H = H_0 + Kd^{-1/2} \tag{3-24}$$

这一普适的经验规律，对各种粗晶材料都是适用的，K 值为正数，这就是说，随晶粒尺寸的减小，屈服强度（或硬度）都是增加的，它们都与 $d^{-1/2}$ 呈线性关系。

从 20 世纪 80 年代末到 90 年代初，人们对多种纳米材料的硬度和晶粒尺寸的关系进行了研究，发现纳米材料的硬度与晶粒尺寸之间呈以下几种不同的规律：

（1）正 Hall-Petch 关系（$K > 0$），与常规多晶材料一样，硬度随粒径的减小而增大，见图 3-41 和图 3-42。例如，用机械合金化制备的 Ni-Cu 合金、Co-Fe-TiNiSi 合金、Fe、Ni 等，但 K 值比常规材料小。有以下特点：1）纳米材料的硬度随平均尺寸的减小而增加，程度远比 Hall-Petch 关系预测的小，即出现软化现象。2）纳米材料的硬度比常规材料高几倍甚至几十倍。

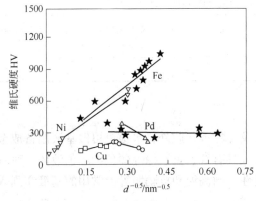

图 3-41　纳米晶体材料 Fe、Pd、Cu、Ni 的　　　图 3-42　纳米晶体材料 Nb_3Sn、TiO_2 和
　　　　维氏硬度与 $d^{-1/2}$ 的关系　　　　　　　　　　　Ni-P 的维氏硬度与 $d^{-1/2}$ 的关系

（2）反 Hall-Petch 关系（$K < 0$），与常规材料相反，硬度随粒径的减小而下降。在常规多晶材料中未出现过。如用蒸发凝聚原位加压制成的纳米 Pd 晶体，以及非晶晶化法制备的 Ni-P 纳米晶体，见图 3-41 和图 3-42。

（3）正-反混合 Hall-Petch 关系，存在临界晶粒尺寸 d_c，当晶粒尺寸大于 d_c 时，呈正 Hall-Petch 关系；反之，呈反 Hall-Petch 关系。如用蒸发凝聚原位加压制成的纳米 Cu 晶体，用非晶晶化法制备的 Ni-P 纳米晶体等，见图 3-41 和图 3-42。

对纳米结构材料，上述现象的解释已不能依赖于传统的位错理论，它与常规多晶材料之间的差别关键在于界面占有相当大的体积分数，对于只有几纳米的小晶粒，由于其尺度与常规粗晶粒内部位错塞积中相邻位错间距 l_c 相差不多，加之这样小尺寸的晶粒即使有 Frank-Read 位错源也很难开动，不会有大量位错增殖问题，因此，位错塞积不可能在纳米小颗粒中出现，这样，用位错的塞积理论来解释纳米晶体材料所出现的这些现象是不合适的，必须从纳米晶体材料的结构特点来寻找新的模型，建立能圆满解释上述现象的理论。目前，对纳米结构材料的反常 H-P 关系从下述几方面进行了讨论。

（1）三叉晶界。三叉晶界是 3 个或 3 个以上相邻的晶粒之间形成的交叉"线"（见图

3-43)。由于纳米材料包含占有相当大体积分数的界面，三叉晶界的数量也是很多的。随着纳米晶粒径的减小，三叉晶界数量增殖比界面所占体积分数的增殖快得多。根据 Palumbo 等的计算，当晶粒尺寸由 100nm 减小到 2nm 时，三叉晶界体积增殖速度比界面增殖高约两个数量级。纳米晶材料存在所占体积分数较大的三叉晶界，就会对材料性质产生重要的影响。研究表明，三叉晶界处原子扩散快、动性好，三叉晶界实际上就是旋错，旋错的运动就会导致界面区的软化，对纳米晶材料来说，这种软化现象就使纳米晶材料整体的延展性增加，用这样的分析很容易解释纳米晶材料具有的反 H-P 关系。

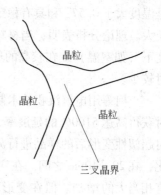

图 3-43　三叉晶界示意图

　　（2）界面的作用。随纳米晶粒尺寸减小，高密度的晶界导致晶粒取向混乱，界面能量升高。对蒸发凝聚原位加压法获得的试样，这个因素尤为重要。这时界面原子动性大，这就增加了纳米晶材料的延展性（软化现象）。

　　（3）临界尺寸。Gleiter 等认为在一个给定的温度下纳米材料存在一个临界的尺寸，低于这个尺寸界面黏滞性增强，这就引起材料的软化，高于临界尺寸，材料硬化。他们把这个尺寸称为"等黏合晶粒尺寸"。

　　总的来说，上述看法都不够成熟，尚未形成比较系统的理论。对这一问题的解决在实验上尚须做大量的工作。

3.6.2　弹性模量

　　弹性模量 E 是原子之间的结合力在宏观上的反映，取决于原子的种类及其结构，对组织的变化不敏感。可以认为，弹性模量 E 和原子间的距离 a 近似地存在如下关系：

$$E = \frac{k}{a^m} \qquad\qquad (3-25)$$

式中，k、m 为常数。由于纳米材料中存在大量的晶界，而晶界的原子结构和排列不同于晶粒内部，且原子间距较大，因此，纳米晶的弹性模量要受晶粒大小的影响，晶粒越细，所受的影响越大，E 的下降越大。表 3-4 列出了纳米微晶 CaF_2 和 Pd 的杨氏模量 E 与切变模量 G。可以看出，它们比大块试样的相应值要小得多。

表 3-4　Pd 和 CaF_2 纳米晶体与大晶粒多晶体的弹性模量比较

性　能	材　料	一般晶体	纳米晶体	增量的百分比/%
杨氏模量 E/GPa	Pd	123	88	约28
	CaF_2	111	38	约66
切变模量 G/GPa	Pd	43	25～32	约20

3.6.3　超塑性

　　材料的超塑性是指材料在拉伸状态下产生颈缩或断裂前的伸长率至少大于100%。材料在压应力下产生的大变形称为超延展性。对于金属和陶瓷材料，产生超塑性的条件通常

是温度大于 $0.5T_m$ 和具有稳定的等轴细晶组织（ $<10\mu m$ ），并在变形过程中晶粒不显著长大。理论分析表明，当材料的晶粒由微米级降为纳米级时，可以期望超塑性在较低的温度下（如室温）或在较高的应变速率下产生。然而，对纳米材料的塑性的研究和报道相对较少。

卢柯等用电解沉积技术制备出晶粒为 30nm 的全致密无污染 Cu 块样品，在室温轧制时获得高达5100%的延展率，而且在超塑性延伸过程中也没有出现明显的加工硬化现象。对超塑性变形后的样品进行分析，结果表明，在整个变形过程中 Cu 的晶粒基本上没有变化，在 $20\sim40nm$ 之间。在变形初期，变形由位错的行为所控制，导致缺陷密度和晶界能有相当大的增加。但在变形后期，缺陷和晶界能趋于饱和，此时形变由晶界的行为所控制。

20 世纪 80 年代，人们对陶瓷材料超塑性的研究产生了极大兴趣，发现几种材料在单轴或双轴向拉伸下有超塑性现象发生，这些陶瓷材料是 Y-TZP，氧化铝和羟基磷灰石及复相陶瓷 ZrO_2/Al_2O_3，$ZrO_2/$莫来石，Si_3N_4 和具有其他混合相 Si_3N_4/SiC 等。这对纳米陶瓷制备科学和陶瓷物理学产生很大的影响。陶瓷的加工成型和陶瓷的增韧问题是人们一直关注的亟待解决的关键问题。陶瓷超塑性的发现为解决这个问题找到了新的途径。有人把陶瓷超塑性的发现称为陶瓷科学的第二次飞跃。

陶瓷材料的超塑性主要是材料界面所贡献的，陶瓷材料中包含界面的数量和界面本身的性质对超塑性负有重要的责任。一般来说，陶瓷材料的超塑性对界面数量的要求有一个临界范围，界面数量太少，没有超塑性，这是因为这时颗粒大，大颗粒很容易成为应力集中的位置。界面数量过多，虽然可能出现超塑性，但由于材料强度下降，也不能成为超塑性材料。最近的研究表明，陶瓷材料出现超塑性颗粒的临界尺寸范围约为 $200\sim500nm$。粗略估计在这个尺寸范围内界面的体积分数约为 $1\%\sim0.5\%$。一般而言，当界面中原子的扩散速率大于形变速率时，界面表现为塑性，反之界面表现为脆性。纳米材料中界面原子的高扩散性是有利于其超塑性的。

关于陶瓷材料超塑性的机制目前尚不十分清楚，目前有两种说法，一是界面扩散蠕变和扩散范性，二是晶界迁移和黏滞流变。这些理论都还很粗糙，仅仅停留在经验的、唯象的描述上，进一步搞清陶瓷超塑性的机理是陶瓷物理学的一个重要研究课题。

3.7　纳米微粒悬浮液和动力学性质

3.7.1　布朗运动

1827 年布朗在显微镜下观察到悬浮在水中的花粉颗粒做永不停息的无规则运动。后来发现其他微粒（如炭末和矿石粉末等）在水中也有同样现象。如果在一确定的时间间隔内观察某一颗粒的位置，可得如图 3 - 44 所示的情况，这种现象习惯上被称为布朗运动。

关于布朗运动的起因，人们在分子运动学说的基础上作出了正确解释。悬浮在液体中的颗粒处在液体分子的包围之中，液体分子一直处于不停的热运动状态，并撞击悬浮粒

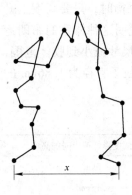

图 3 - 44　布朗运动

子。如果粒子相当大，则某一瞬间液体分子从各方向对粒子的撞击可以彼此抵消；但当粒子相当小时（例如纳米微粒），此种撞击可以是不均衡的。这意味着在某一瞬间，粒子从某一方向得到的冲量要多些，因而粒子向某一方向运动，而在另一时刻，又从另一方向得到较多的冲量，因而又使粒子向另一方向运动，使得微粒做如图 3 - 44 所示的连续的、不规则的折线运动（zigzag motion）。

布朗运动是无规则的，因而就单个质点而言，它们向各方向运动的概率均等。作为一个体系，若存在浓度较高的局部区域，由于单位体积内质点数较周围多，因而必定是"出多进少"，使浓度降低，而在低浓度周围区域的情况正好相反，这就表现为扩散。所以扩散是布朗运动的宏观表现，而布朗运动是扩散的微观基础。

3.7.2　扩散

扩散现象是在有浓度差时，由微粒热运动（布朗运动）而引起的物质迁移现象。微粒越大，热运动速度越小。一般以扩散系数来量度扩散速度，扩散系数（D）是表示物质扩散能力的物理量。表 3 - 5 表示不同半径的金纳米微粒形成的溶胶的扩散系数。由表可见，粒径越大，扩散系数越小。

表 3 - 5　291K 时金溶胶的扩散系数

粒径/nm	扩散系数（D）/m^2·s^{-1}
1	0.213×10^{-9}
10	0.0213×10^{-9}
100	0.00213×10^{-9}

3.7.3　沉降和沉降平衡

无论是分散于气体或是液体介质中的微粒，都受到重力和扩散力两种方向相反的作用力。如微粒的密度比介质的大，微粒就会因重力而下沉，这种现象称为沉降；扩散力是由布朗运动引起的，与沉降作用相反，扩散力能促进体系中的粒子浓度趋于均匀。粒子越小，这种作用越显著，当沉降速度与扩散速度相等时，物系达到平衡状态，即沉降平衡。平衡时，各水平面内粒子浓度保持不变，但会形成从容器底部向上的浓度梯度（见图 3 - 45），这种情况正如地面上大气分布的情况一样，离地面越远，大气越稀薄，大气压越低。

一般来说，溶胶中含有各种大小不同的粒子时，当这类物系达到平衡时，溶胶上部的平均粒子粒径要比底部的小。粒子的质量越大，其浓度随高度而引起的变化亦越大。

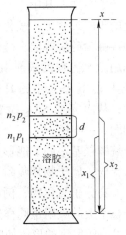

图 3 - 45　胶粒高度
分布示意图

表 3-6 数据表明，粒度为 186nm 的粗分散金溶液在达到沉降平衡时，只要高度上升 2×10^{-5}cm，粒子浓度就减少一半，这说明实际上已完全沉降，也说明这种体系的布朗运动极为微弱，沉降是这种动力学不稳定性的主要特征。随着粒子的尺寸减小到胶体范围，扩散能力显著增加，达到沉降平衡时，浓度分布要均匀得多。例如粒子直径为 1.86nm 的金溶液，实际已看不出明显的沉降。

表 3-6　粒子直径及浓度随高度的变化

体　　系	粒子直径/nm	粒子浓度降低一半时的高度
氧　气	0.27	5km
高度分散的金溶液	1.86	215cm
粗分散的金溶液	186	2×10^{-5}cm

3.8　纳米微粒的化学特性

3.8.1　吸附

吸附是相互接触的不同相之间产生的结合现象。吸附可分成两类：（1）物理吸附，吸附剂与吸附相之间以范德华力之类较弱的物理力结合；（2）化学吸附，吸附剂与吸附相之间以化学键强结合。

纳米微粒由于有很大的比表面和表面原子配位不足，与相同材质的大块材料相比较，有较强的吸附性。纳米粒子的吸附性与被吸附物质的性质、溶剂的性质以及溶液的性质有关。电解质和非电解质溶液以及溶液的 pH 值等都对纳米微粒的吸附产生强烈的影响。不同种类的纳米微粒吸附性质也有很大差别。

3.8.1.1　非电解质的吸附

非电解质是指电中性的分子，它们可通过氢键、范德华力、偶极子的弱静电引力吸附在粒子表面。其中主要以氢键形式吸附在其他相上。例如，氧化硅纳米粒子对醇、酰胺、醚的吸附过程中，氧化硅微粒与有机试剂中间的接触为硅烷醇层，硅烷醇在吸附中起着重要作用。上述有机试剂中的 O 或 N 与硅烷醇的羟基（OH基）中的 H 形成 O—H 或 N—H 氢键，从而完成 SiO_2 微粒对有机试剂的吸附，如图 3-46 所示。一个醇分子与氧化硅表面的硅烷醇羟基之间只能形成一个氢键，所以结合力很弱，属于物理吸附。

高分子氧化物，例如聚乙烯氧化物在氧化硅粒子上的吸附也同样通过氢键来实现。大量的 O—H 氢键的形成使吸附力变得很强，这种吸附为化学吸附。弱物理吸附容易脱附，强化学吸附脱附困难。

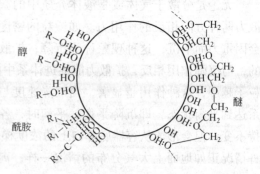

图 3-46　在低 pH 值下吸附于氧化硅表面的醇、酰胺、醚分子

3.8.1.2 电解质吸附

电解质在溶液中以离子形式存在，其吸附能力大小由库仑力来决定。纳米微粒在电解质溶液中的吸附现象大多数属于物理吸附。由于纳米粒子具有巨大的比表面，常常产生键的不饱和性，致使纳米粒子表面失去电中性而带电，而在电解质溶液中往往把带有相反电荷的离子吸引到表面上以平衡其表面上的电荷，这种吸附主要是通过库仑交互作用而实现的。

例如，纳米黏土小颗粒在碱或碱土类金属的电解液中，带负电的黏土粒子容易把带正电的 Ca^{2+} 吸附到表面，是一种物理吸附过程，它是有层次的。靠近纳米微粒表面的一层属于强物理吸附，称为紧密层，它的作用是平衡了超微粒子表面的电性。离超微粒子稍远的 Ca^{2+} 离子形成较弱的吸附层，称为分散层。由于强吸附层内电位急骤下降，在弱吸附层中缓慢减小，结果在整个吸附层中产生电位下降梯度。上述两层构成双电层，如图 3 – 47 所示。

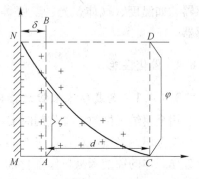

图 3 –47 双电层反离子分散分布图

3.8.2 纳米微粒的分散与团聚

在纳米微粒制备过程中，如何收集纳米颗粒和保持颗粒的纳米尺寸是非常重要的。纳米微粒表面的活性使它们很容易团聚在一起，形成带有弱连接的界面，且具有较大尺寸的团聚体，这就是收集和保持纳米微粒的困难所在。为了解决这一问题，无论是用物理方法还是用化学方法制备纳米粒子，经常采用将其分散在溶液中进行收集。这种分散物系被称作胶体体系。

通过上一节介绍我们已经知道，尺寸较大的粒子容易沉淀下来。当粒径达纳米级（1~100nm）时，由于布朗运动等因素阻止它们沉淀而形成一种悬浮液，在这种情况下，由于小微粒之间存在库仑力或范德华力，团聚现象仍可能发生。如果团聚一旦发生，通常用超声波将分散剂（水或有机溶剂）中的团聚体打碎。超声频振荡破坏了团聚体中小微粒之间的库仑力或范德华力，使小颗粒分散于分散剂中。为了防止小颗粒的团聚还可采用下面几种措施：

（1）加入反絮凝剂形成双电层。反絮凝剂的选择可依纳米微粒的性质、带电类型等来定，即选择适当的电解质作分散剂，使纳米粒子表面吸引异电离子形成双电层，双电层之间的库仑排斥作用使粒子之间发生团聚的引力大大降低，以实现分散纳米微粒的目的。例如，纳米氧化物 SiO_2、Al_2O_3 和 TiO_2 等在水中的 pH 值不同（带正电或负电），可选 Na^+、NH_4^+ 或 Cl^-、NO_3^- 异电离子作反絮凝剂，使微粒表面形成双电层，从而达到分散的目的。

（2）加表面活性剂包裹微粒。为了防止分散的纳米粒子团聚，也可加入表面活性剂，使其吸附在粒子表面，形成微泡状态。活性剂的存在产生了粒子间的排斥力，使得粒子间不能接触，从而防止了团聚体的产生。这种方法特别是对分散磁性纳米颗粒比较有效。磁性纳米微粒之间具有磁吸引力，很容易团聚，为了防止团聚，加入界面活性剂，例如油酸，使其包裹在磁性粒子表面，造成粒子之间的排斥作用，由此避免了团聚体的生成。

3.8.3　表面活性及敏感特性

随纳米微粒粒径减小，比表面积增大，表面原子数增多及表面原子配位不饱和性导致产生大量的悬空键和不饱和键等，这就使得纳米微粒具有高的表面活性。

由于纳米微粒具有大的比表面积，高的表面活性及表面活性能，与气氛性气体相互作用强等，纳米微粒对周围环境十分敏感，如光、温度、气氛、湿度等，因此可用作各种传感器，如温度、气体、光、湿度等传感器。如纳米 SnO_2、纳米聚苯胺可以用作气体传感器。

3.8.4　催化性能

3.8.4.1　金属纳米微粒的催化性能

用金属纳米微粒作催化剂时要求它们具有高的表面活性，同时还要求提高反应的选择性。当金属纳米微粒粒径小于 5nm 时，催化性和反应的选择性呈特异行为。例如，用氧化硅作载体的镍纳米微粒作催化剂，当粒径小于 5nm 时，不仅表面活性好，使催化效应明显，而且对丙醛的氢化反应中反应的选择性急剧上升，既使丙醛到正丙醇氢化反应优先进行，又使脱碳引起的副反应受到抑制。著名学者 Boudart 曾在《Nature》杂志上著文提出将不饱和醛的 C＝O 键选择性氢化作为纳米金属粒子催化中的重要课题之一。多种金属催化剂均可催化 C＝C 键的氢化，而 C＝O 键的氢化则困难得多；在一个分子中同时存在 C＝C 键和 C＝O 键的情况下，选择性地氢化 C＝O 键而保持 C＝C 键不受影响，则是催化领域中的一项挑战性的课题。

在将 α，β‐不饱和醛选择性地催化氢化为相应的不饱和醇的反应中，聚乙烯吡咯烷酮稳定的 Pt-Co 双金属胶体（PVP-Pt-Co）催化氢化肉桂醛可以得到 99.8% 的肉桂醇，在 PVP-Pt 金属胶体催化氢化肉桂醛和巴豆醛到肉桂醇和巴豆醇的反应中，某些金属阳离子对高分子稳定的铂金属胶体的修饰作用使得反应的活性和选择性同时有很大的提高。

3.8.4.2　半导体纳米微粒的光催化性能

在光的照射下，纳米材料把光能转变成化学能，促进有机物的合成或使有机物降解的过程，称作光催化。近年来，人们在实验室里利用纳米半导体微粒的光催化性能进行海水分解提 H_2，对 TiO_2 纳米粒子表面进行 N_2 和 CO_2 的固化都获得了成功，人们把上述化学反应过程也归结为光催化过程。

光催化的基本原理是：当半导体氧化物（如 TiO_2）纳米粒子受到大于禁带宽度能量的光子照射后，电子从价带跃迁到导带，产生了电子‐空穴对，电子具有还原性，空穴具有氧化性，空穴与氧化物半导体纳米粒子表面的 OH^- 反应生成氧化性很高的 OH 自由基，活泼的 OH 自由基可以把许多难降解的有机物氧化为 CO_2 和水等无机物，如图 3‐48 所示。例如可以将酯类氧化变成醇，醇再氧化变成醛，醛再氧化变成酸，酸进一步氧化变成 CO_2 和水。半导体的光催化活性主要取决于导带与价带的氧化‐还原电位，价带的氧化‐还原电位越正，导带的氧化‐还原电位越负，则光生电子和空穴的氧化及还原能力就越强，从而使光催化降解有机物的效率大大提高。

目前广泛研究的半导体光催化剂大都属于宽禁带的 n 型半导体氧化物，已研究的光催

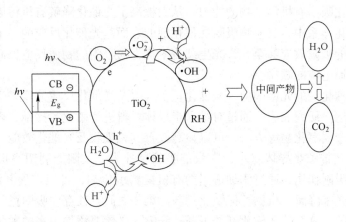

图 3 – 48　TiO_2 的光催化原理示意图

化剂有 TiO_2、ZnO、CdS、WO_3、Fe_2O_3、PbS、SnO_2、In_2O_3、ZnS 和 $SrTiO_3$ 等十几种，这些半导体氧化物都有一定的光催化降解有机物的活性，但因其中大多数易发生化学或光化学腐蚀，故不适合作为净水用的光催化剂，而 TiO_2 纳米粒子不仅具有很高的光催化活性，而且具有耐酸碱和耐光化学腐蚀、成本低、无毒等优点，这就使它成为当前最有应用潜力的一种光催化剂。

　　减小半导体催化剂的颗粒尺寸，可以显著提高其光催化效率。近年来，通过对 TiO_2、ZnO、CdS、PbS 等半导体纳米粒子的光催化性质的研究表明，纳米粒子的光催化活性均优于相应的体相材料。半导体纳米粒子所具有的优异的光催化活性一般认为有以下几方面的原因：

　　（1）当半导体粒子的粒径小于某一临界值（一般约为 10nm）时，量子尺寸效应变得显著，电荷载体就会显示出量子行为，主要表现在导带和价带变成分立能级，能隙变宽，价带电位变得更正，导带电位变得更负，这实际上增加了光生电子和空穴的氧化 – 还原能力，提高了半导体光催化氧化有机物的活性。

　　（2）对于半导体纳米粒子而言，其粒径通常小于空间电荷层的厚度，在离开粒子中心 L 距离处的势垒高度可表示为：

$$\Delta V = \frac{1}{6}(L/L_D)^2 \tag{3 – 26}$$

式中，L_D 是半导体的德拜长度，在此情况下，空间电荷层的任何影响都可以忽略，光生载流子可通过简单的扩散从粒子内部迁移到粒子表面，而与电子给体或受体发生氧化或还原反应。由扩散方程 $\tau = r/(\pi^2 D)$（τ 为扩散平均时间，r 为粒子半径，D 为载流子扩散系数）计算表明，在粒径为 $1\mu m$ 的 TiO_2 粒子中，电子从内部扩散到表面的时间约为 100ns，而在粒径为 10nm 的微粒中只有 10ps。由此可见，纳米半导体粒子的光致电荷分离的效率是很高的。Gratzel 等的研究显示，电子和空穴的俘获过程是很快的，如在二氧化钛胶体粒子中，电子的俘获在 30ns 内完成，而空穴相对较慢，约在 250ps 内完成。这意味着对纳米半导体粒子而言，半径越小，光生载流子从体内扩散到表面所需的时间越短，光生电荷分离效果就越好，电子和空穴的复合概率就越小，从而导致光催化活性的提高。

　　（3）纳米半导体粒子的尺寸很小，处于表面的原子很多，比表面积很大，这大大增强了半导体光催化吸附有机污染物的能力，从而提高了光催化降解有机污染物的能力。研究表明，在光催化体系中，反应物吸附在催化剂的表面是光催化反应的一个前置步骤，纳米半导体粒子强的吸附效应甚至允许光生载流子优先与吸附的物质反应，而不管溶液中其他物质的氧化还原电位的顺序。

如何提高光催化剂的光谱响应、光催化量子效率及光催化反应速度是半导体光催化技术研究的中心问题。研究表明，通过对纳米半导体材料进行敏化、掺杂、表面修饰以及在表面沉积金属或金属氧化物等方法，可以显著改善其光吸收及光催化效能。

TiO_2 是一种宽带隙半导体材料，它只能吸收紫外光，太阳能利用率很低，利用纳米粒子对染料的强吸附作用，通过添加适当的有机染料敏化剂，可以扩展其波长响应范围，使之可利用可见光来降解有机物。但敏化剂与污染物之间往往存在吸附竞争，敏化剂自身也可能发生光降解，这样随着敏化剂的不断被降解，必然要添加更多的敏化剂。采用能隙较窄的硫化物、硒化物等半导体来修饰 TiO_2，也可提高其光吸收效果，但在光照条件下，硫化物、硒化物不稳定，易发生腐蚀。

一些过渡族金属掺杂也可提高半导体氧化物的光催化效率。Bahneman 等研究了掺杂 Fe 的 TiO_2 纳米颗粒对光降解二氯乙酸（DCA）的活性的影响。结果表明，Fe 的掺杂量达 2.5% 时，光催化活性较用纯 TiO_2 时提高 4 倍。Choi 等也发现，在纳米 TiO_2 颗粒中掺杂 0.5% 的 Fe(Ⅲ)、Mo(Ⅴ)、V(Ⅳ) 等可使其催化分解 CCl_4 和 $CHCl_3$ 的效率大大提高。掺杂过渡金属可以提高 TiO_2 的光催化效率的机制众说纷纭，一般认为有以下几方面的原因：（1）掺杂可以形成捕获中心。价态高于 Ti^{4+} 的金属离子捕获电子，价态低于 Ti^{4+} 的金属离子捕获空穴，抑制 e/h^+ 复合。（2）掺杂可以形成掺杂能级，使能量较小的光子能激发掺杂能级上捕获的电子和空穴，提高光子的利用率。（3）掺杂可以导致载流子的扩散长度增大，从而延长了电子和空穴的寿命，抑制了复合。（4）掺杂可以造成晶格缺陷，有利于形成更多的 Ti^{3+} 氧化中心。

尽管应用掺杂的方法可以改善半导体氧化物对某些有机污染物的光降解活性，但在大多数情况下，这种改善光催化活性的方法并不成功。

用贵金属或贵金属氧化物修饰半导体光催化剂的表面，也可以改善其光催化活性。有人报道，采用溶胶 - 凝胶法制备的 TiO_2/Pt/玻璃薄膜，其降解可溶性染料的活性明显高于 TiO_2/玻璃。Sukharer 等也报道了 Pd/TiO_2 薄膜降解水杨酸比纯 TiO_2 更有效。Kraentler 和 Bard 等提出了 Pd/TiO_2 颗粒微电池模型。他们认为，由于 Pt 的费米能级低于 TiO_2 的费米能级，当它们接触后，电子就从 TiO_2 粒子表面向 Pt 扩散，使 Pt 带负电，而 TiO_2 带正电，结果 Pt 成为负极，TiO_2 为正极，从而构成了一个短路的光化学电池，使 TiO_2 的光催化氧化反应顺利进行。Cul 等也发现，在 TiO_2 表面沉积 1.5% ~ 3%（摩尔分数）的 Nb_2O_5，可以使其光催化分解 1，4 - 二氯苯的活性提高近一倍，究其原因，可能是由于 Nb_2O_5 的引入增加了 TiO_2 光催化剂的表面酸度，产生了新的活性位置，从而提高了 TiO_2 的光催化活性。同样，WO_3/TiO_2 和 MoO_3/TiO_2 的光催化活性高于纯 TiO_2 也源于此理。

在光催化反应中，反应体系除有来自大气中的氧外，不再添加其他氧化剂，氧对半导体光催化降解有机物的反应至关重要，在没有氧存在时，半导体的光催化活性则完全被抑制。通常，氧气起着光生电子的清除剂或引入剂的作用，即 $O_2 + e \rightarrow O_2^-$。一些报道认为，过氧化物、高碘酸盐、苯醌和甲基苯醌也可以替代氧气作为光催化降解反应的清除剂。

Gerischer 等指出，光催化氧化有机物的反应速率受电子传递给溶液中溶解氧的反应速率的限制，TiO_2 的光降解速率较慢的原因主要是电子传递给溶解氧的速率较慢。造成这一个现象有两方面的原因：一方面，氧的 pπ 轨道与过渡金属的 3d 轨道的相互作用较弱，因此，电子转移到溶解氧的过程被抑制；另一方面，电子从半导体的内部或捕获的表面上向分子氧的转移速率较慢。Bard 等研究发现，在 TiO_2 粒子的表面上沉积适量的贵金属（如 Pt、Ag、Au、Pd 等），有利于提高溶液中溶解氧的还原速率，其作用原理是沉积的金属可以作为电子陷阱，俘获光生电子用于溶解氧的还原。虽然在 TiO_2 表面沉积金属能明显提高一些有机物的降解速率，但有时沉积同样金属的光催化剂却对另外一些有机物的降解有抑制作用，如在 TiO_2 表面上沉积 0.5% Au + 0.5% Pt（质量分数），可以明显提高 TiO_2 降解水杨酸的速率，但在同样的条件下，Au-Pt/TiO_2 降解乙二醇的速率却明显低于 TiO_2。

金属在 TiO_2 表面的沉积量必须控制在合适的范围内，沉积量过大有可能使金属成为电子和空穴快速复合的中心，从而不利于光催化降解反应。

一些阴离子对半导体光催化降解有机物的速率也有影响。Abdullah 等在研究纳米 TiO_2 光催化降解水杨酸、苯胺、4 - 氯苯酚和乙醇等有机物时发现，当 SO_4^{2-}、Cl^-、CO_3^{2-}、PO_4^{3-} 的浓度大于 10^{-3} mol/L 时，会使光降解速率减小 20% ~ 70%，而 ClO^- 和 NO_3^- 则对降解速率几乎无影响。这说明一些无机离子会同有机物争夺表面活性位，或在颗粒表面上产生一种强极性的环境，使有机物向活性位的迁移被阻断。半导体光催化技术应用中一个更为实际的问题是催化剂的固定问题，这也是开发高效光催化反应器首先需要迫切解决的问题。

在半导体光催化技术的应用中，催化剂的固定是开发高效光催化反应器需要迫切解决的问题。在污水处理体系中，实验中一般使用混合均匀的多相间隙式反应器，在这种光催化反应器中，光降解速率通常随着 TiO_2 含量的增加而增加，当含量达到约为 0.5mg/mL 时，接近极限值。然而由于催化剂颗粒被分散在本体溶液中，催化剂的回收处理比较复杂，运行成本也相应提高。因此在实际的工业中主要应用在流化床和固定床反应器。在两种反应器中，半导体光催化剂一般采用浸渍、干燥、浸渍烧结、溶胶-凝胶、物理与化学气相沉积等方法固定在各种载体上或使用半导体膜的形式，用于连续处理污染物。用于固定催化剂的载体主要有反应器内壁、玻璃或金属网、硅胶、砂粒、玻璃珠、醋酸纤维膜、尼龙薄膜和二氧化硅等。利用 TiO_2 易黏附于玻璃上的特性，使得设计玻璃流动反应器相对简单易行。半导体光催化剂对一些气相化学污染物的光降解活性一般比在水溶液中要高得多，且催化剂的回收处理也较容易。由于在气相中分子的扩散及传递的速率较高且链状反应较易进行，一些气相光催化反应的表观光效率会接近甚至超过 1。Anderson 等曾报道，使用多孔的 TiO_2 丸装填的床反应器光催化降解气相三氯化烯（TCE）时，TCE 降解的表观量子效率高达 0.9。

半导体光催化技术在环境治理领域有着巨大的经济、环境和社会效益，预计它可在以下几个领域得到广泛的应用：（1）污水处理。可用于工业废水、农业废水和生活废水中的有机物及部分无机物的脱毒降解。（2）空气净化。可用于油烟气、工业废气、汽车尾气、氟利昂及氟利昂替代物的光催化降解。（3）保洁除菌。如含有 TiO_2 膜层的自净化玻璃用于分解空气中的污染物；含有半导体光催化剂的墙壁和地板砖可用于医院等公共场所的自动灭菌。

虽然光催化技术的研究已有 20 余年的历史，并在这几年得到了较快的发展，但从总体上看仍处于实验室和理论探索阶段，尚未达到产业化规模，其主要原因是现有的光催化体系的太阳能利用率较低，总反应速度较慢，催化剂易中毒，同时太阳能系统受天气的影响较大，因此研制具有高量子产率、能被太阳光谱中的可见光甚至红外光激发的高效半导体光催化剂是当前光催化技术研究的重点和热点。

思 考 题

3-1　一般情况下，纳米微粒的形状是什么样的？纳米微粒还会具有其他什么样的形状？纳米微粒的形貌与什么有关？

3-2　与宏观材料相比，纳米材料的热学性质在哪些方面具有特殊的性质？纳米材料的热学性质与什么效应有关？为什么？

3-3　试从温度、晶界和热量变化三方面分析纳米材料的熔点降低与热稳定性下降的共同之处。

3-4　电子在纳米结构体系中的运动和散射有什么新的特点及对电学性质的影响是什么？

3-5　纳米材料的光学性质与传统材料有哪些不同？

3-6　纳米材料的磁性随尺寸变化发生什么变化？

3-7　纳米陶瓷的增韧原理是什么？

3-8　纳米微粒的化学特性有哪些？与纳米材料的哪个效应相关？

4 纳米材料的物理制备方法

4.1 概　述

从本章起开始讲述纳米材料的制备技术。本书只涉及纳米粒子、纳米相固体、一维纳米材料等的制备，有关纳米结构材料和纳米组装材料的制备请参考相关书籍和文献。

在自然界中存在着大量的纳米粒子，如烟尘、各种微粒子粉尘、大气中的各类尘埃物等。然而，自然界中存在的纳米粒子都是以有害污染物面目出现的，无法直接加以利用。目前，对人类生活和社会进步直接有益的各类纳米粒子都是人工制造的。事实上，人工制造人们所需的各类纳米粒子都是十分困难的。

从20世纪初开始，物理学家就开始考虑制备金属纳米粒子，其中最早制备金属及其氧化物纳米粒子采用的是蒸发法。它是在惰性或不活泼气体中使物质加热蒸发，蒸发的金属或其他物质的蒸气在气体中冷却凝结，形成极细小的纳米粒子，并沉积在基底上。利用这一方法，人们制得了各种金属及合金化合物等几乎所有物质的纳米粒子。自从人们发现了纳米粒子具有特殊的电、磁、光等特性后，一批有识的科学家开始对纳米粒子进行研究，包括对纳米粒子基本制备方法的探索。其中最先被考虑的粒子细化技术方案并加以实施的是机械粉碎法。通过改进传统的机械粉碎技术，使各类无机非金属矿物质粒子得到了不断细化，并在此基础上形成了大规模的工业化生产。然而，最早的机械粉碎技术还不能使物质粒子足够细，其粉碎极限一般都为数微米。直到近十几年来，用高能球磨、振动与搅拌磨及高速气流磨，使得机械粉碎造粒极限值有所改进。目前，机械粉碎能够达到的极限值一般在0.5μm左右。随着科学与技术的不断进步，人们开发了多种化学和物理方法来制备纳米粒子，如溶液化学反应、气相化学反应、固体氧化还原反应、真空蒸发及气体蒸发等。采用这些方法人们可方便地制备金属、金属氧化物、氮化物、碳化物、超导材料、磁性材料等几乎所有物质的纳米粒子。这些方法有些已经在工业上开始试用。但这类制备方法中尚存在一些技术问题，如粒子的纯度、产率、粒径分布、均匀性及粒子的可控制性等。这些问题无论是在过去还是现在，都是工业化生产中应予以考虑的问题。

近年来，为了制备接近理想的纳米粒子，人们采用各种技术开发了制备纳米粒子的方法。利用激光技术、等离子体技术、电子束技术和离子束技术制备了一系列高质量的纳米粒子。采用高科技手段制备纳米粒子具有很大的优越性，可以制备出粒度均匀、高纯、超细、球状、分散性好、粒径分布窄、比表面积大的优良粉末。然而，这些制备技术也同样面临一个严重的问题，就是如何提高产品产率，实现工业化。

到目前为止，人们已经发展了多种方法制备各类纳米粒子。根据不同的要求或不同的粒子范围，可以选择适当的物理方法、化学方法以及其他综合性的方法。物理方法制备纳米粒子主要涉及蒸发、熔融、凝固、形变、粒径变化等物理变化过程。化学方法制备纳米粒子通常包含着基本的化学反应，在化学反应中物质之间的原子必然进行组排，这种过程决定了物质的存在形态，即这种化学反应有如下特征：（1）固体之间的最小反应单元取决于固体物质粒子的大小；（2）反应在接触部位所限定的区间内进行；（3）生成相对反应的继续进行有重要影响。综合方法制备纳米粒子时通常在制备过程中要伴随一些化学反应，同时又涉及粒子的物态变化过程，甚至在制备过程中要施加一定的物理手段来保证化学反应的顺利进行。显然，制备纳米粒子的综合方法涉及物理理论、方法与手段，也涉及化学基本反应过程。

　　对于纳米粒子的制备方法，目前尚无确切的科学分类标准。按照物质的原始状态分类，相应的制备方法可分为固相法、液相法和气相法；按研究纳米粒子的学科分类，可将其分为物理方法、化学方法和物理化学方法；按制备技术分类，又可分为机械粉碎法、气相蒸发法、溶液法、激光合成法、等离子体合成法、射线辐照合成法、溶胶－凝胶法等。分类方法不同，研究问题的侧重点也不同。例如，在广义上说，进行化学反应的时候，也把纯粹的物质熔融、凝固看做化学反应，而这种物态变化主要呈现出物理变化；喷雾法制备纳米粒子的基本操作显然是物理方法，但为了最终获得所需要的粒子，还必须进行化学反应。在这种情形下，一个重要的问题是应尽可能地了解化学反应和物理变化与操作的相互联系，揭示过程本身所包含的各种机制。同样的道理，在气相反应中、制备过程中的核心技术是反应气体如何生成，在很多情况下，这种生成过程是物理过程，而反应气体的制备中有很大部分又依赖于化学反应。在此，不讨论纳米粒子的制备方法应该如何科学地分类和定义，而着重针对纳米粒子生成机理与制备过程，非常粗略地将制备方法分成物理方法、化学方法和物理化学方法。这样分类的好处是能够抓住问题的主要方面，根据纳米粒子制备的主要原理与主要过程，更明了地阐述其物理机理、化学机理。本书正是在这样的主导思想下对纳米材料的各类制备方法进行阐述和总结的。

4.2　纳米粒子的物理制备方法

　　物理方法制备纳米粒子通常分为粉碎法和构筑法两大类。前者是以大块固体为原料，将块状物质粉碎、细化，从而得到不同粒径范围的纳米粒子。构筑法是由小极限原子或分子的集合体人工合成超微粒子。

4.2.1　机械粉碎法

　　纳米机械粉碎是在传统的机械粉碎技术中发展起来的。这里"粉碎"一词是指固体物料粒子尺寸由大变小过程的总称，它包括"破碎"和"粉磨"。前者是由大料块变成小料块的过程，后者是由小料块变成粉体的过程。固体物料粒子的粉碎过程，实际上就是在粉碎力的作用下固体料块或粒子发生变形进而破裂的过程。当粉碎力足够大时，力的作用又很迅猛，物料块或粒子之间瞬间产生的应力，大大超过了物料的机械强度，因而物料发生了破碎。物料的基本粉碎方式是压碎、剪碎、冲击粉碎和磨碎。工业上采用的粉碎设备，虽然技术设备不同，但粉碎机制大同小异。一般的粉碎作用力都是这几种力的组合，如球磨机和振动磨是磨碎与冲击粉碎的组合；雷蒙磨是压碎、剪碎与磨碎的组合；气流磨是冲击、磨碎与剪碎的组合等。

物料粒子受机械力作用而被粉碎时，还会发生物质结构及表面物理化学性质的变化，这种由机械载荷作用导致粒子晶体结构和物理化学性质的变化称为机械化学。在纳米粉碎加工中，由于粒子微细，而且又承受反复强烈的机械应力作用，表面积首先要发生变化。同时，温度升高、表面积变化还会导致表面能变化。因此，粒子中相邻原子键断裂之前牢固约束的键力在粉碎后形成的新表面上很自然地被激活，表面能的增大和机械激活作用将导致以下几种变化：(1) 粒子结构变化，如表面结构自发地重组，形成非晶态结构或重结晶；(2) 粒子表面物理化学性质变化，如表面电性、物理与化学吸附、溶解性、分散与团聚性质；(3) 在局部受反复应力作用区域产生化学反应，如由一种物质转变为另一种物质释放出气体，外来离子进入晶体结构中引起原物料中化学组成的变化。

此外，对于易燃、易爆物料，其粉碎生产过程中还会伴随有燃烧、爆炸的可能性，这是纳米机械粉碎技术应予以考虑的安全性问题。纳米机械粉碎极限是纳米粉碎面临的一个重要问题。在纳米粉碎中，随着粒子粒径的减小，被粉碎物料的结晶均匀性增加，粒子强度增大，断裂能提高，粉碎所需的机械应力也大大增加。因而粒子粒度越细，粉碎的难度就越大。粉碎到一定程度后，尽管继续施加机械应力，但粉体物料的粒度不再继续减小或减小得相当缓慢，这就是物料的粉碎极限。

理论上，固体粉碎的最小粒径可达 $0.01 \sim 0.05 \mu m$。然而，用目前的机械粉碎设备与工艺很难达到这一理想值。粉碎极限与球磨介质的球径、物料种类、机械应力施加方式、粉碎方法、粉碎工艺条件、粉碎环境等因素有关。随着纳米粉碎技术的发展，物料的粉碎极限将逐渐得到改善。下面介绍几种典型的纳米粉碎技术。

4.2.1.1 搅拌磨

搅拌磨由一个静止的研磨筒和一个旋转搅拌器构成。根据其结构和研磨方式可分为间歇式、循环式和连续式三种类型。在搅拌磨中，一般使用球形研磨介质，其平均直径小于 6mm。用于纳米粉碎时，一般小于 3mm。

4.2.1.2 胶体磨

胶体磨是利用一对固体磨子和高速旋转磨体的相对运动所产生的强大剪切、摩擦、冲击等作用力来粉碎或分散物料粒子的。被处理的浆料通过两磨体之间的微小间隙，被有效地粉碎、分散、乳化、微粒化。在短时间内，处理后的产品粒径可达 $1 \mu m$。

4.2.1.3 纳米气流粉碎气流磨

纳米气流粉碎气流磨是一种较成熟的纳米粉碎技术。它是利用高速气流（$300 \sim 500 m/s$）或热蒸气（$300 \sim 450 ℃$）的能量使粒子相互产生冲击、碰撞、摩擦而被较快粉碎。在粉碎室中，粒子之间碰撞的频率远高于粒子与器壁之间的碰撞。气流磨技术发展较快，20 世纪 80 年代德国 Alpine 公司开发的流化床逆向气流磨可粉碎较高硬度的物料粒子，产品粒度达到了 $1 \sim 5 \mu m$。降低入磨物料粒度后，可得到平均粒度 $1 \mu m$ 的产品，也就是说，产品的粒径下限可达到 $0.1 \mu m$ 以下。除了产品粒度微细以外，气流粉碎的产品还具有粒度分布窄、粒子表面光滑、形状规则、纯度高、活性大、分散性好等优点。因此，气流磨引起了人们的普遍重视，其在陶瓷、磁性材料、医药、化工颜料等领域有广阔的应用前景。

4.2.1.4 球磨

材料的球磨是在矿物加工、陶瓷工艺和粉末冶金工业中所使用的基本方法。球磨工艺的主要作用为减小粒子尺寸、固态合金化、混合或融合，以及改变粒子的形状。

球磨法大部分是用于加工有限制的或相对硬的、脆性的材料，这些材料在球磨过程中断裂、形变和冷焊。氧化物分散增强的超合金是机械摩擦方法的最初应用，这种技术已扩展到生产各种非平衡结构，包括纳米晶、非晶和准晶材料。目前，已经发展了应用于不同目的的各种球磨方法，包括滚转、摩擦磨、振动磨和平面磨等。

普通球磨机是目前广泛采用的纳米磨碎设备。它利用介质和物料之间的相互研磨和冲击使物料粒子粉碎，经几百小时的球磨，可使小于 $1\mu m$ 的粒子达到 20%。采用涡轮式粉碎的高速旋转磨机，也可以比较方便地进行连续生产，其临界粒径为 $3\mu m$。振动球磨利用研磨介质（球或棒）在一定振幅振动的筒体内对物料进行冲击、摩擦、剪切等作用而使物料粉碎。

4.2.1.5　高能球磨法

A　定义

利用球磨机的转动或振动，使硬球对原料进行强烈的撞击、研磨和搅拌，把粉末粉碎为纳米级微粒的方法。如果将两种或两种以上粉末同时放入球磨机的球磨罐中进行高能球磨，粉末颗粒经压延、压合、碾碎、再压合的反复过程（冷焊－粉碎－冷焊的反复进行），最后获得组织和成分分布均匀的合金粉末。由于这种方法是利用机械能达到合金化而不是用热能或电能，所以把高能球磨制备合金粉末的方法称作机械合金化（mechanical alloying）。具体过程是元素粉末与合金粉末原料按一定比例与磨球混合，在高能球磨机中长时间碾磨。在碾磨过程中，由于磨球与磨球、磨球与磨罐之间的高速撞击和摩擦，处于它们之间的粉末受到冲击、剪切和压缩等多种力的作用，发生形变直至断裂，该过程反复进行，复合粉组织结构不断细化并发生扩散和固相反应，从而形成合金粉。显然，在机械合金化过程中，有组分的传输，原料的化学组成发生了变化。

高能球磨与传统筒式低能球磨的不同之处在于磨球的运动速度较大，使粉末产生塑性形变及固相形变，而传统的球磨工艺只对粉末起混合均匀的作用。通过使用高频或小振幅的振动能够获得高能球磨力，用于小批量粉体的振动磨是高能的，而且发生化学反应，比其他球磨机快一个数量级。

B　高能球磨的原理

这是一个无外部热能供给的、干的高能球磨过程，是一个由大晶粒变为小晶粒的过程。在纳米结构形成机理的研究中，认为高能球磨过程是一个颗粒循环剪切变形的过程，在此过程中，晶格缺陷不断在大晶粒的颗粒内部大量产生，从而导致颗粒中大角度晶界的重新组合，使得颗粒内晶粒尺寸可下降 $10^3 \sim 10^4$ 个数量级。在单组元的系统中，纳米晶的形成仅仅是机械驱动下的结构演变，晶粒粒度随球磨时间的延长而下降，应变随球磨时间的增加而不断增大。在球磨过程中，由于样品反复形变，局域应变带中缺陷密度到达临界值时，晶粒开始破碎，这个过程不断重复，晶粒不断细化直到形成纳米结构。

C　高能球磨法的制备工艺过程

高能球磨法的制备工艺过程为：

（1）根据所制产品的元素组成，将两种或多种单质或合金粉末组成初始粉末。（2）选择球磨介质，根据所制产品的性质，在钢球、刚玉球或其他材质的球中选择一种组成球磨介质。（3）把初始粉末和球磨介质一起按一定的比例放入球磨机中球磨。（4）制备工艺过程是：球与球、球与研磨桶壁碰撞使初始粉末混合均匀，并使其产生塑性变形。经长时间的球磨，复合粉末的组织细化，发生扩散和固态反应，形成合金粉。（5）一般需要使用惰性气体 Ar、N_2 等保护。（6）对塑性非常好的粉末往往加入 1% ~ 2%（质量分数）的有机添加剂（甲醇或硬脂酸）以防止粉末过度焊接和粘球。

在此过程中需要控制的参数和条件有：硬球的材质（不锈钢球、玛瑙球、硬质合金球等），原料性状（一般为微米级的粉体或小尺寸条带碎片），球磨温度与时间。

D 高能球磨法制备纳米微粒

a 纳米纯金属的制备

高能球磨可以容易地使具有 bcc 结构（如 Cr、Mo、W、Fe 等）和 hcp 结构（如 Zr、Hf、Ru）的金属形成纳米晶结构，但具有 fcc 结构的金属（如 Cu）则不易形成纳米晶。对于纯金属粉末，如 Fe 粉，纳米晶的形成仅仅是机械驱动下的结构演变。图 4 – 1 表示了纯铁粉在不同球磨时间下晶粒粒度和应变的变化曲线，从图 4 – 1 中可以看出，铁的晶粒粒度随球磨时间的延长而下降，应变随球磨时间的增加而不断增大。纯金属粉末在球磨过程中，晶粒的细化是由于粉末的反复形变，局域应变的增加引起了缺陷密度的增加，当局域切变带中的缺陷密度达到某临界值时，粗晶内部破碎，这个过程不断重复，在粗晶中形成了纳米颗粒或粗晶破碎形成单个的纳米粒子。具有 fcc 结构的金属（如 Cu）不易通过高能球磨法形成纳米晶，而用高能球磨并发生化学反应的方法可以制备。J. Din 等使用机械化学法合成了超细铜粉，将氯化铜和钠粉混合进行机械粉碎，发生固态取代反应，生成铜及氯化钠的纳米晶混合物。清洗去除研磨混合物中的氯化钠，得到超细铜粉。若仅以氯化铜和钠为初始物进行机械粉碎，混合物将发生燃烧，如在反应混合物中加入氯化钠则可避免燃烧，且生成的铜粉较细，粒径在 20 ~ 50nm 之间。

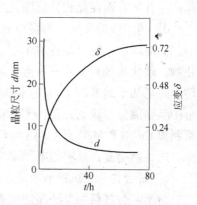

图 4 – 1 纯铁粉在不同球磨时间下晶粒粒度和应变的变化曲线

b 不互溶体系纳米结构材料的制备

众所周知，用常规熔炼方法无法将相图上几乎不互溶的几种金属制成固溶体，但用机械合金化方法很容易做到，因此，机械合金化方法制备新型纳米合金为新材料的发展开辟了新途径。近年来，用该方法已成功地制备了多种纳米固溶体。例如，Fe-Cu 合金粉是将粒径小于或等于 100μm 的 Fe、Cu 粉体放入球磨机中，在氮气保护下，球与粉的质量比为 4∶1，经过 8h 或更长时间球磨，晶粒减小到十几纳米。对于 Ag-Cu 二元体系，在室温下几乎不互溶，但将 Ag、Cu 混合粉经 25h 的高能球磨后，开始出现具有 bcc 结构的固溶体。球磨 400h 后，固溶体的晶粒度减小到 10nm。对于 Al-Fe、Cu-Ta、Cu-W 等用高能球磨也能获得具有纳米结构的亚稳相粉末。Cu-W 体系几乎在整个成分范围内都能得到平均粒径为 20nm 的固溶体，Cu-Ta 体系球磨 30h 后形成粒径为 20nm 左右的固溶体。

c 纳米金属间化合物的制备

金属间化合物是一类用途广泛的合金材料。纳米金属间化合物，特别是一些高熔点的金属间化合物在制备上比较困难。目前，已在 Fe-B、Ti-Si、Ti-B、Ti-Al(-B)、Ni-Si、V-C、W-C、Si-C、Pd-Si、Ni-Mo、Nb-Al、Yi-Zr、Al-Cu、Ni-Al 等 10 多个合金体系中用高能球磨法制备了不同粒径尺寸的纳米金属间化合物。研究结果表明，在一些合金系中或一些成分范围内，纳米金属间化合物往往在球磨过程中作为中间相出现。如在球磨 Nb － 25% Al 时发现，球磨初期首先形成 35nm 左右的 Nb_3Al 和少量的 Nb_2Al，球磨 2.5h 后，金属间化合物 Nb_3Al 和 Nb_2Al 迅速转变成具有纳米结构（10nm）的 bcc 结构固溶体。在 Pd-Si 体系中，球磨首先形成纳米级金属间化合物 Pd_3Si，然后再形成非晶相。对于具有负混合热的二元或二元以上体系，球磨过程中亚稳相的转变取决于球磨体系以及合金成分。如 Ti-Si 合金系，在 Si 的含量为 25% ~60% 成分范围内，金属间化合物的自由能大大低于非晶以及 bcc 结构和 hcp 结构固熔体的自由能，在这个成分范围内球磨容易形成纳米结构的金属间化合物。而在此成分范围之外，因非晶的自由能较低，球磨易形成非晶相。

    d　纳米级的金属－陶瓷粉复合材料的制备

    高能球磨法也是制备纳米复合材料行之有效的方法，它能把金属与陶瓷粉（纳米氧化物、碳化物等）复合在一起，获得具有特殊性质的新型纳米复合材料。例如，日本国防学院把几十纳米的 Y_2O_3 粉体复合到 Co-Ni-Zr 合金中，Y_2O_3 仅占 1% ~5%，它们在合金中呈弥散分布状态，使得 Co-Ni-Zr 合金的矫顽力提高约两个数量级。用高能球磨方法可制得 Cu-纳米 MgO 或 Cu-纳米 CaO 复合材料，这些氧化物纳米微粒均匀分散在 Cu 基体中。这种新型复合材料的电导率与 Cu 基本一样，但强度却大大提高。

    e　聚合物－无机物纳米复合材料的制备

    纳米复合材料为发展高性能新材料及改善现有材料性能提供了一种新途径，利用高能球磨法制备聚合物－无机物纳米复合材料也有报道，现已制备出聚氯乙烯（PVC）-氧化铁纳米复合材料、聚四氟乙烯（PTFE）-铁等纳米复合材料。制备聚氯乙烯（PVC）-氧化铁纳米复合材料，实验材料为化学纯 Fe_3O_4 及微米级聚氯乙烯（PVC）粉末，按质量比 10：1 混合均匀，放入球磨机在空气中球磨，球径为 8mm，球料比为 30：1，转速为 200r/min。在球磨过程中，聚氯乙烯在机械作用下降解，脱除 HCl 或主链断裂，形成双键，然后，在氧气存在的情况下双键氧化，形成活性官能团，它与 Fe_3O_4 作用，生成纳米 $\alpha-Fe_2O_3$。其可能的反应式为：

$$ROOH + Fe^{2+} \longrightarrow RO \cdot + Fe^{3+} + OH^- \tag{4-1}$$

    Fe_3O_4/PVC 在空气中球磨 90h，Fe_3O_4 与 PVC 以一定比例在空气中球磨后，会使复合在 PVC 中的部分 Fe_3O_4 转化为直径为 10nm 左右的 Fe_2O_3 小颗粒。

    聚四氟乙烯（PTFE）-铁纳米复合材料的制备。实验材料为化学纯 Fe 粉（过 200 目筛）和微米级聚四氟乙烯（PTFE）粉末，将其按 10：1 质量比混合均匀，放入球磨机在氮气保护下球磨，球径 8mm，球料比 30：1，转速为 200r/min，PTFE 在机械能量作用下激发所谓高能机械电子，发生如下反应：

$$-CF_2-CF_2-CF_3- \begin{cases} \xrightarrow{e} CF_2- \cdot CF-CF_3 + F \\ \\ \xrightarrow{e} CF_2-CF_2- \cdot CF_2 + F \end{cases} \tag{4-2}$$

这导致 C—F 键断裂，F 原子与 Fe 作用，生成 FeF_2，在球磨过程中，通过反复冷焊、断裂、组织细化，粉末颗粒间发生固态相互扩散反应，可以导致部分铁与聚四氟乙烯一起形成非晶状物质。在铁晶粒周围存在类似非晶状物质的边界，晶粒取向随机分布，没有明显优势取向。同时可以计算出铁晶粒的平均粒径约为 8nm。

E 高能球磨法的特点

高能球磨法制备纳米微粒的优点有：产量高；工艺简单；球磨后所得到的纳米晶粒径小，晶界能高；能制备出用常规方法难以获得的高熔点的金属或合金纳米材料。近年来它已成为制备纳米材料的重要方法之一，被广泛应用于合金，磁性材料，超导材料，金属间化合物，过饱和固溶体材料以及非晶、准晶、纳米晶等亚稳态材料的制备。高能球磨法制备纳米微粒的缺点是晶粒尺寸不均匀，易引入某些杂质。

在使用球磨方法制备纳米材料时，所要考虑的一个重要问题是表面和界面的污染。对于用各种方法合成的材料，如果最后要经过球磨的话，这都是要考虑的一个主要问题。特别是在球磨中由磨球（一般是铁）和气氛（如氮等）引起的污染，可通过缩短球磨时间和采用纯净、延展性好的金属粉末来克服。因为这样磨球可以被这些粉末材料包覆起来，从而大大减少铁的污染。采用真空密封的方法和在手套箱中操作可以降低气氛污染，铁的污染可减少到 1% ~ 2% 以下，氧和氮的污染可以降到 3×10^{-4} 以下。但是耐高温金属长期使用球磨时（30h 以上）铁的污染可达到 10% 原子比。

4.2.2 纳米粒子合成的物理方法——构筑法

构筑法是由小极限原子或分子的集合体人工合成超微粒子。它是利用某种物理过程，如物质的热蒸发或在受到粒子轰击时物质表面原子的溅射等现象，使物质原子从源物质生成纳米粒子。构筑法是气相法制备纳米粒子方法中的一种。所谓气相法是指直接利用气体或者通过各种手段将物质变成气体，使之在气体状态下发生物理变化或化学反应，最后在冷却过程中凝聚长大形成纳米微粒的方法。气相法可分为物理构筑法和化学气相反应法。构筑法最为基本的两种方法是蒸发法和溅射法。

构筑法相对于以后要介绍的化学气相沉积方法而言，具有以下几个特点：（1）需要使用固态的或者熔融态的物质作为制备纳米粒子的源物质；（2）源物质经过物理过程而进入气相；（3）需要相对较低的气体压力环境；（4）在气相中及在衬底表面并不发生化学反应。

上述物理制备方法的几个特点也带来了另外一些特点：在低压环境中，其他气体分子对气相分子的散射作用较小，气相分子的运动路径近似为一条直线；气相分子在衬底上的沉积概率接近 100%。

4.2.2.1 气相蒸发法

利用物质在高温下的蒸发现象，可以制备各种纳米材料。气相蒸发法是在惰性或不活泼气体中将欲制备纳米粒子的原料加热、蒸发，使之成为原子或分子；再使许多原子或分子凝聚，生成极微细的纳米粒子。

A 气相蒸发法过程

整个过程是在高真空室内进行的。通过分子涡轮泵使其达到 0.1kPa 以上的真空度，然后充入低压（约2kPa）的纯净惰性气体（He或Ar，纯度约为99.9996%），欲蒸的物质（例如金属、GaF_2、NaCl等离子化合物，过渡金属氯化物及易升华的氧化物等）置于坩埚内。通过钨电阻加热器或石墨加热器等加热装置逐渐加热蒸发，产生原物质烟雾。由于惰性气体的对流，烟雾向上移动并接近充液氮的冷却棒（冷阱，77K）。在蒸发过程中，由源物质发出的原子由于与惰性气体原子碰撞迅速损失能量而冷却，这种有效的冷却过程在源物质蒸气中造成局域过饱和，这将导致均匀的成核过程。因此，在接近冷却棒的过程中，源物质蒸气首先形成原子簇，然后形成单个纳米微粒。在接近冷却棒表面的区域内，由于单个纳米微粒的聚合而长大，最后在冷却棒表面上积聚起来，用聚四氟乙烯刮刀刮下并收集起来获得纳米粉。

B　元素的蒸发速率

在一定的温度下，处于液态或固态的元素都具有一定的平衡蒸气压。因此，当环境中元素的分压降低到其平衡蒸气压之下时，就会发生元素的净蒸发。

纯元素多是以单个原子，但有时也可能是以原子团的形式蒸发进入气相的。根据物质的蒸发特性，物质的蒸发情况可被划分为两种类型。在第一种情况下，即使是当温度达到了元素的熔点时，其平衡蒸气压也很低。在这种情况下，要想利用蒸发方法进行物理气相沉积，就需要将物质加热到物质的熔点以上。大多数金属的热蒸发属于这种情况。另一类物质，如Cr、Ti、Mo、Fe、Si等，在低于熔点的温度下，元素的平衡蒸气压已经相对较高。在这种情况下，可以直接利用由固态物质升华的现象，实现元素的气相沉积。

C　蒸发法制备的纳米粒子的纯度

纳米粒子的纯度是人们十分关心的问题。在蒸发沉积的情况下，纳米粒子的纯度将取决于蒸发源物质的纯度；加热装置、坩埚等可能造成的污染；真空系统中残留的气体。前面两个因素的影响可以依靠使用高纯物质作为蒸发源以及改善蒸发装置的设计来避免，而后一个因素则需要从改善设备的真空条件入手来加以解决。与溅射法相比，蒸发法的一个显著特点是其较高的背底真空度。在较高的真空度条件下，不仅蒸发出来的物质原子或分子具有较长的平均自由程，可以直接沉积到衬底表面上，而且还可以确保所制备的材料具有较高的纯净程度。

D　蒸发法制备的纳米粒子的特点

气相蒸发法可通过调节惰性气体压力，蒸发物质的分压即蒸发温度或速率，或惰性气体的温度，来控制纳米微粒的大小。随蒸发速率的增加（等效于蒸发源温度的升高），粒子变大；随着原物质蒸气压力的增加，粒子变大；随惰性气体压力的增大，粒子近似地成比例增大；相对原子质量大的惰性气体将导致产生大粒子。

气体蒸发法制备的纳米微粒的特点有表面清洁、粒度齐整、粒径分布窄、粒度容易控制。

E　真空蒸发装置

真空蒸发法所采用的设备根据其使用目的不同可能有很大的差别，从最简单的电阻加热蒸发装置到极为复杂的分子束外延设备，都属于真空蒸发装置的范畴。在蒸发装置中，最重要的组成部分就是物质的蒸发源，按原料加热蒸发技术手段不同，又可将蒸发法分为电阻蒸发、高频感应蒸发、电子束蒸发、等离子体蒸发、激光束蒸发等几类。不同的加热方法制备出的超微粒的量、品种、粒径大小及分布等存在一些差别。

a 电阻式蒸发装置

应用最为普遍的一种蒸发加热装置是电阻式蒸发装置。对于加热用的电阻材料，要求其具有使用温度高、在高温下的蒸气压较低、不与被蒸发物质发生化学反应、无放气现象或造成其他污染、具有合适的电阻率等特点。这导致了在实际中使用的电阻加热材料一般均是一些难熔金属，如 W、Mo、Ta 等。蒸发源采用的是通常真空蒸发中使用的螺旋纤维或者舟状的电阻发热体。将 W 丝制成各种等直径或不等直径的螺旋状，即可作为物质的电阻加热装置。在熔化以后，被蒸发物质或与 W 丝形成较好的浸润，靠表面张力保持在螺旋状的 W 丝之中，或与 W 丝完全不浸润，被 W 丝的螺旋所支撑。显然，W 丝一方面起着加热器的作用，另一方面也起着支撑被加热物质的作用。对于不能使用 W 丝装置加热的被蒸发物质，如一些材料的粉末等，可以考虑采用难熔金属板制成的舟状加热装置。

因为蒸发原料通常是放在 W、Mo、Ta 等的螺线状载样台上的，所以有两种情况不能使用这种方法进行加热和蒸发：两种材料（发热体与蒸发原料）在高温熔融后形成合金；蒸发原料的蒸发温度高于发热体的软化温度。目前使用这一方法主要是进行 Ag、Al、Cu、Au 等低熔点金属的蒸发。

选择加热装置需要考虑的问题之一是被蒸发物质与加热材料之间发生化学反应的可能性。很多物质会与难熔金属发生化学反应。在这种情况下，可以考虑使用表面涂有一层 Al_2O_3 的加热体。用 Al_2O_3 等耐火材料将 W 丝进行包覆，使得熔化了的蒸发材料不与高温的发热体直接接触，可以在加热了的氧化铝坩埚中进行比上述银等金属具有更高熔点的 Fe、Ni 等（熔点在 1500℃左右）金属的蒸发。另外，还要防止被加热物质的放气过程可能引起的物质飞溅。

虽然发热体的功率在 1.5kW 左右就已经足够了，但在一次蒸发中，放上 1～2g 的原料，而蒸发后从容器内壁等处所能回收的纳米微粒也只不过数十毫克；如果需要更多的纳米微粒，只有进行多次蒸发。因此，该方法只是一种应用于研究中的纳米微粒制备方法。但是由于这种方法只要在常见的实验设备添加很少的一些部件就可以制备纳米微粒，所以它对那些刚刚开展纳米微粒研究工作的人来说，仍不失为一种有意义的方法。

为了保证物质加热所需要的足够能量，又要使原料蒸发后快速凝结，就要求热源温度场分布空间范围尽量小，热源附近的温度梯度大，这样才能制得粒径小、粒径分布窄的纳米粒子。从这一前提出发，人们改进了电阻蒸发技术，研究了多种新技术手段来实现原料蒸发。主要有等离子体蒸发、激光束加热蒸发、电子束加热蒸发、电弧放电加热蒸发、高频感应电流加热蒸发、太阳炉加热蒸发等。

b 高频感应加热方法

应用各种材料，如高熔点氧化物、高温裂解 BN、石墨、难熔金属等制成的坩埚也可以作为蒸发容器。这时，对被蒸发物质的加热可以采取两种方法，即普通的电阻加热法和高频感应法。前者依靠缠绕在坩埚外的电阻丝实现加热，而后者依靠感应线圈在被加热的物质中或在坩埚中感生出感应电流来实现对蒸发物质的加热。显然，在后者的情况下，需要被加热的物质或坩埚本身具有一定的导电性。

高频感应加热方法的原理是利用高频感应的强电流产生的热量使金属物料被加热、熔融，再蒸发而得到相应的纳米粒子。利用这种方法，同样可以制备各种合金纳米粒子。在高频感应加热过程中，由于电磁波的作用，熔体会发生由坩埚的中心部分向上、向下以及向边缘部分的流动，使熔体表面得到连续的搅拌，这使熔体温度保持相对均匀恒定，熔体内合金的均匀性好。采用高频感应加热蒸发法制备纳米粒子具有很多优点，如生成粒子粒径比较均匀、产量大、便于工业化生产等。

所制备的纳米微粒的粒径可以通过调节蒸发空间的压力、熔体温度（加热源的功率）和不同种类的气体来进行控制。这一加热法的特征是规模越大（使用大坩埚），纳米微粒的粒度越趋于均匀。对于高频感应加热方法，高熔点低蒸气压物质的纳米微粒（如 W、Ta、Mo 等）很难制备。

c　电子束加热蒸发法

电阻加热装置的缺点之一是来自坩埚、加热元件以及各种支撑部件的可能污染。另外，电阻加热法的加热功率或加热温度也有一定的限制。因此电阻加热法不适用于高纯或难熔物质的蒸发。电子束蒸发装置正好克服了电阻加热法的上述两个不足。

电子束加热通常用于熔融、焊接、溅射以及微细加工等方面。利用电子束加热各类物质，使其蒸发、凝聚，同样可以制备出各类纳米粒子。如图 4-2 所示，在电子束加热装置中，被加热的物质被放置于水冷的坩埚中，电子束只轰击到其中很少的一部分物质，而其余的大部分物质在坩埚的冷却作用下一直处于很低的温度，即后者实际上变成了被蒸发物质的坩埚。因此，电子束蒸发方法可以做到避免坩埚材料的污染。在同一蒸发沉积装置中可以安置多个坩埚，这使得人们可以同时或分别蒸发多种不同的物质。

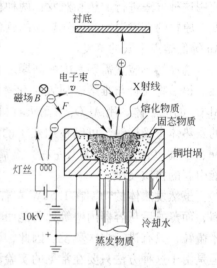

图 4-2　电子束加热装置

在图 4-2 所示的装置中，由加热的灯丝发射出的电子束受到数千伏偏置电压的加速，并经过横向布置的磁场偏转 270° 后到达被轰击的坩埚处。磁场偏转法的使用可以避免灯丝材料的蒸发对制备过程可能造成的污染。

电子束蒸发方法的一个缺点是电子束的绝大部分能量要被坩埚的水冷系统所带走，因而其热效率较低。另外，过高的加热功率也会对整个薄膜沉积系统形成较强的热辐射。

电子束加热蒸发法的主要原理是：在加有高速电压的电子枪与蒸发室之间产生差压，使用电子透镜聚焦电子束于待蒸发物质表面，从而将物质加热、蒸发、凝聚为细小的纳米粒子。用电子束作为加热源可以获得很高的投入能量密度，特别适合用于蒸发 W、Ta、Pt 等高熔点金属，制备出相应的金属、氧化物、碳化物、氮化物等纳米粒子。对于 W、Mo、Ta、Nb 等高熔点金属，以及 Zr、Ti 等活性大的金属的蒸发，除等离子体加热法外，现在还无法避免这些熔融金属与坩埚间的反应（还没有发现不与这些熔融金属反应的坩埚）。如果将飞行到蒸发室来的电子束对准纤维状原料的尖端部，根据该处熔融、蒸发的速度连续地供给原料，则不需要坩埚，防止了与坩埚反应而引起的杂质混入。

蒸发法制备纳米粒子通常需要将原料加热到相当高的温度，使物质蒸发，并在低温下凝结。为了保证物质加热所需要的足够能量，又要使原料蒸发后快速凝结，就要求热源温度场分布空间范围尽量小，热源附近的温度梯度大，这样才能制得粒径小、粒径分布窄的纳米粒子。

下面介绍利用电子束加热蒸发，采用特殊收集产品的装置获得粒径小于10nm的纳米粒子的方法，即流动油面上的真空蒸发沉积法（VEROS）。

VEROS法是将物质在真空中连续地蒸发到流动油面上，然后把含有纳米粒子的油回收到贮存器内，再经过真空蒸馏、浓缩，从而在短时间制备大量纳米粒子。在高真空下的蒸发使用电子束加热，将原料加热、蒸发，然后将上部挡板打开，让蒸发物沉积在旋转圆盘的下表面，由该盘的中心向下表面供给的油，在圆盘旋转的离心力作用下，沿下表面形成一层很薄的流动油膜，然后被甩在容器侧壁上（见图4-3）。

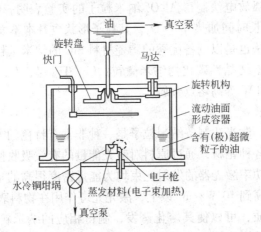

图4-3 流动油面上真空蒸发沉积法（VEROS）制备极超微粒的装置图

我们知道，在高真空下的蒸发沉积过程中，首先在基板上形成一种粒度与纳米粒子差不多的均匀附着物。随着沉积继续，这些附着物将连成一片，形成薄膜，最后生长成厚膜。这是高真空下蒸发物质的普遍现象。VEROS法正是抓住了真空蒸发形成薄膜初期的关键，在成膜前利用流动油面在非常短的时间内将极细微粒子加以收集，因此，解决了极细纳米粒子的制备问题。这是普通气体蒸发法制备纳米粒子所实现不了的。因为普通的气体蒸发要长期蒸发物质方能生成大量的纳米粒子，因而粒子粒径分布范围必然较宽。

采用VEROS法制备纳米粒子的特点是可以得到平均粒子粒径小于10nm的各类金属纳米粒子，粒子分布窄，而且彼此相互独立地分散于油介质中，为大量制备纳米粒子创造了条件。但是VEROS法制备的纳米粒子太细，所以从油中分离这些粒子比较困难。此方法的优点有：（1）可制备Ag、Au、Pd、Cu、Fe、Ni、Co、Al、In等超微粒，平均粒径约3nm，而用惰性气体蒸发法是难获得这样小的微粒的；（2）粒径均匀，分布窄；（3）超微粒分散地分布在油中；（4）粒径的尺寸可控，即通过改变蒸发条件来控制粒径的大小，例如蒸发速度，油的黏度，圆盘转速等。圆盘转速高、蒸发速度快、油的黏度高均使粒子的粒径增大，最大可达8nm。

　　d　电弧放电加热蒸发法

与电子束加热方式相类似的一种加热方式是电弧放电加热法。它也具有可以避免电阻加热材料或坩埚材料的污染，加热温度较高的特点，特别适用于熔点高，同时具有一定导电性的难熔金属、石墨等的蒸发。同时，这一方法所用的设备比电子束加热装置简单，因而是一种较为廉价的蒸发装置。

在电弧蒸发装置中，使用欲蒸发的材料制成放电的电极。在制备纳米粒子时，依靠调节真空室两块块状内电极间距的方法来点燃电弧，而瞬间的高温电弧将使电极端部的表面熔融、产生蒸发从而实现纳米粒子的制备。

电弧加热方法既可以采用直流加热法，又可以采用交流加热法。这种方法的缺点之一是在放电过程中容易产生微米量级大小的电极颗粒的飞溅。

电弧放电加热蒸发法是蒸发法制备纳米粒子的一种新尝试。这种方法特别适合于制备 Al_2O_3 一类的金属氧化物纳米粒子，因为将一定比例的氧气混于惰性气体中更有利于电极之间形成电弧。采用电弧放电法制得 Al_2O_3 纳米粒子的实验表明，粒子的结晶性非常好。即使在 1300℃ 的高温下长时间加热 γ-Al_2O_3，其粒子形状也基本不发生变化。

电弧放电加热蒸发法也是以制备优秀的陶瓷材料 SiC 的纳米微粒为主要目的而使用的一种方法。它还可以制备结晶性碳化物纳米微粒：Cr、Ti、V、Zr，以及非晶质的纳米微粒：Hf、Mo、Nb、Ta 和 W 等高熔点金属。

　　e　激光加热蒸发法

作为光学加热方法，激光法制备纳米粒子是一种非常有特色的方法。激光法是采用大功率激光束直接照射于各种靶材，通过原料对激光能量的有效吸收使物料蒸发，从而制备各类纳米粒子。一般大功率激光器的发射光束均为能量密度很高的平行光束，经过透镜聚焦后，功率密度通常提高到 $10^4\,W/cm^2$ 以上，激光光斑作用在物料表面区域温度可达几千度。对于各类高熔点物质，可以使其熔化蒸发，制得相应的纳米粒子。由于在蒸发过程中，高能激光光子可在瞬间将能量直接传递给被蒸发物质的原子，因而激光蒸发法产生的粒子能量一般显著高于普通的蒸发方法。

采用 CO_2 和 YAG 等大功率激光器，在惰性气体中照射各类金属靶材，可以方便地制得 Fe、Ni、Cr、Ti、Zr、Mo、Ta、W、Al、Cu 以及 Si 等纳米粒子。在各种活泼性气体中进行同样的激光照射，也可以制备各种氧化物、碳化物和氮化物等陶瓷纳米粒子。激光加热方法特别适用于蒸发那些成分比较复杂的合金或化合物材料，比如近年来研究比较多的高温超导材料 $YBa_2Cu_3O_7$，以及铁电陶瓷、铁氧体薄膜等。这是因为高能量的激光束可以在较短的时间内将物质的局部加热至极高的温度并产生物质的蒸发，在此过程中被蒸发出来的物质仍能保持其原来的元素比例。

激光加热蒸发法制备纳米粒子具有很多优点，如激光光源可以独立地设置在蒸发系统外部，可使激光器不受蒸发室的影响即不会受蒸发物质的污染；由于加热温度高，材料的蒸发速率快，蒸发过程容易控制。物料通过对入射激光能量的吸收，可以迅速被加热；激光束能量高度集中，周围环境温度梯度大，有利于纳米粒子的快速凝聚，从而制得粒径小、粒径分布窄的高品质纳米粒子。同样，调节蒸发区的气氛压力，可以控制纳米粒子的粒径。此外，激光加热法还适合于制备各类高熔点的金属和化合物的纳米粒子。

在激光加热方法中，需要采用特殊的窗口材料将激光束引入真空室中，并要使用透镜或凹面镜等将激光束聚焦至被蒸发的材料上。针对不同波长的激光束，需要选用具有不同光谱透过特性的窗口和透镜材料。

　　f　等离子体加热方法

等离子体是物质存在的第四种状态。它由电离的导电气体组成，其中包括六种典型的粒子，即电子、正离子、负离子、激发态的原子或分子、基态的原子或分子以及光子。事实上等离子体就是由上述大量正负带电粒子和中性粒子组成的，并表现出集体行为的一种准中性气体。等离子体是一种高温、高活性、离子化的导电气体。

产生等离子体的技术有直流电弧等离子体、射频等离子体、混合等离子体、微波等离子体等。按等离子体火焰温度分类，可将等离子体分为热等离子体和冷等离子体。区分标准一般是按照电场强度与气体压强之比 E/p，即将该比值较低的等离子体称为热等离子体，该比值高的称为冷等离子体。无论是热离子体，还是冷等离子体，相应火焰温度都可以达到 3000K 以上，这样高的温度都可以应用于材料切割、焊接、表面改性，甚至材料合成。

等离子体加热法制备纳米材料是在惰性气氛或反应性气氛下通过直流放电使气体电离产生等离子体，利用等离子体的高温而实现对原料的加热蒸发的。当高温等离子体以约 100~500m/s 的高速到达金属或化合物原料表面时，可使其熔融并大量迅速地溶解于金属熔体中，在金属熔体内形成溶解的超饱和区、过饱和区和饱和区。这些原子、离子或分子与金属熔体对流与扩散，使金属蒸发。同时，原子或离子又重新结合成分子，从金属熔体表面溢出。蒸发出的金属原子蒸气遇到周围的气体就会被急速冷却或发生反应形成纳米粒子。在惰性气氛中，由于等离子体温度高，几乎可以制取任何金属的微粒。

采用等离子体加热蒸发法可以制备出金属、合金或金属化合物纳米粒子。其中金属或合金可以直接蒸发、急冷而形成原物质的纳米粒子，其制备过程为纯粹的物理过程；而金属化合物，如氧化物、碳化物、氮化物的制备，一般需经过金属蒸发→化学反应→急冷，最后形成金属化合物纳米粒子。

采用等离子体加热蒸发法制备纳米粒子的优点在于产品收得率高，特别适合制备高熔点的各类超微粒子。目前采用等离子体加热方式制备纳米粒子的方法有直流电弧等离子体法、直流等离子体射流法、射频等离子体法、混合等离子体法等。

4.2.2.2 溅射法

溅射法的原理是在惰性气氛或活性气氛下在阳极和阴极蒸发材料间加上几百伏的直流电压，使之产生辉光放电，放电中的离子撞击阴极的蒸发材料靶，靶材的原子就会从其表面蒸发出来，蒸发原子被惰性气体冷却而凝结或与活性气体反应而形成纳米微粒。

在这种成膜过程中，蒸发材料（靶）在形成膜的时候并没有熔融。不像其他方法那样，诸如真空沉积，要在蒸发材料被加热和熔融之后，其原子才由表面放射出去；它与这种所谓的蒸发现象是不同的。

如图 4-4 所示，将两块金属板（Al 板作阳极和蒸发材料靶作阴极）平行放置在 Ar（40~250Pa）中，在两极板间加上几百伏的直流电压，使之产生辉光放电。两极板间辉光放电中的离子撞击在阴极的蒸发材料靶上，靶材的原子就会从其表面蒸发出来。这时，放电的电流、电压以及气体的压力都是影响生成纳米微粒的因素。使用 Ag 靶的时候，制备出了粒径 5~20nm 的纳米微粒。蒸发速度基本上与靶的面积成正比。

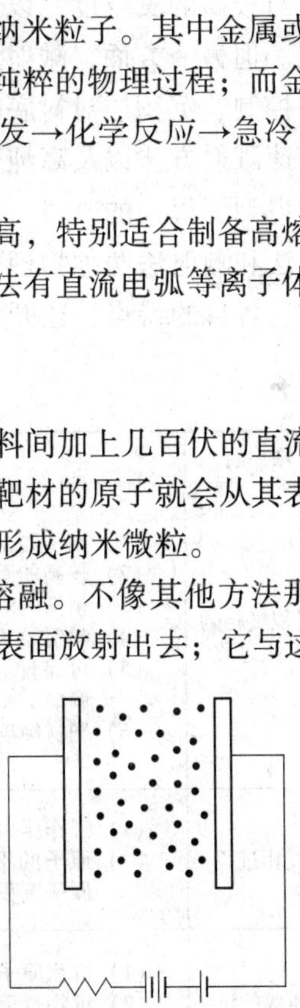

当在更高的压力空间使用溅射法时，也同样制备出了纳米微

图 4-4 溅射法制备纳米材料的装置

粒。在这一方法中,由于靶的温度较高,表面熔融了。以环状的蒸发材料为阴极,在它和与此相对的阳极之间,在 $15\% \text{H}_2 + 85\% \text{He}$ 混合气体气氛和 13kPa 的压力下加上直流电压,产生放电,由熔化了的蒸发材料(靶)表面开始蒸发。蒸发生成的纳米微粒通过上部的空心阳极到达黏附面。

生成的纳米微粒的平均粒径可控制在 10~40nm 范围内。以平均粒径为 11nm 的情形为例,其粒度分布很窄,全部颗粒的 90% 左右处在最可几粒径值的 50% 以内的粒径范围内。可以认为该方法是产物粒度很整齐的一种纳米微粒制备方法。至于纳米微粒的生成速度,对 Fe、Cr 和 Ag 分别为 $50\text{mg}/(\text{min} \cdot \text{kW})$、$34\text{mg}/(\text{min} \cdot \text{kW})$ 和 $28\text{mg}/(\text{min} \cdot \text{kW})$。

在这一方法中,如果将蒸发材料靶做成几种元素(金属或者化合物)的组合,还可以制备复合材料的纳米微粒。

溅射法制备纳米粒子具有很多优点,如不需要坩埚;蒸发材料(靶)放在什么地方都可以(向上、向下都行);靶材料蒸发面积大,粒子收率高;制备的粒子均匀、粒度分布窄,适合于制备高熔点金属型纳米粒子;可形成纳米颗粒薄膜等。此外,利用反应性气体的反应性溅射,还可以制备出各类复合材料和化合物的纳米粒子。总之,溅射法制备纳米粒子是研究与开发阶段的可行方法。

在最初阶段,由于蒸发法相对于溅射法具有一些明显的优点,包括较高的沉积速度、相对较高的真空度,以及由此导致的较高的材料纯度等,因此蒸发法受到了相对较多的重视。但另一方面,溅射法也具有自己的一些特点,包括在沉积多元合金材料时化学成分容易控制、沉积层对衬底的附着力较好等。同时,现代技术对合金材料的需求也促进了各种高速溅射方法以及高纯靶材、高纯气体制备技术的发展。这些都使得溅射法制备的薄膜质量得到了很大的改善。表 4-1 给出了蒸发法和溅射法的原理及特性比较。如今,不仅蒸发法和溅射法两种物理气相方法已经大量应用于各个技术领域,而且为了充分利用这两种方法各自的特点,还开发出了许多介于上述两种方法之间的新的材料制备技术。

表 4-1　溅射与蒸发方法的原理及特性比较

项　目	溅　射　法	蒸　发　法
沉积气相的产生过程	(1) 离子轰击和碰撞动量转移机制; (2) 较高的溅射原子能量 (2~30eV); (3) 稍低的溅射率; (4) 溅射原子运动具有方向性; (5) 可保证合金成分,但有的化合物有分解倾向; (6) 靶材纯度随材料种类而变化	(1) 原子的热蒸发机制; (2) 低的原子动能(温度 1200K 时约为 0.1eV); (3) 较高的蒸发速率; (4) 蒸发原子运动具有方向性; (5) 蒸发时会发生元素贫化或富集,化合物有分解倾向; (6) 蒸发源纯度较高
气相过程	(1) 工作压力稍高; (2) 原子的平均自由程小于靶与衬底的间距,原子沉积前要经过多次碰撞	(1) 高真空环境; (2) 蒸发原子不经碰撞直接在衬底上沉积
薄膜的沉积过程	(1) 沉积原子具有较高能量; (2) 沉积过程会引入部分气体杂质; (3) 薄膜附着力较高; (4) 多晶取向倾向大	(1) 沉积原子能量较低; (2) 气体杂质含量低

4.2.3　纳米相固体的物理制备方法

纳米相固体材料是由大量的纳米尺度的颗粒构成的固体材料。包括纳米金属材料和纳米陶瓷材料。纳米金属材料的主要制备方法有惰性气体蒸发原位加压法，高能球磨法，非晶晶化法。纳米陶瓷材料的主要制备方法有无压烧结，热压烧结，微波烧结。

惰性气体原位加压法是由 Gleiter 等提出的，已成功地制备了 Fe、Cu、Au、Pd 等纳米金属块体材料。该法是制粉和成型一步完成。包括：制备纳米颗粒，颗粒收集和压制成块体三步。

图 4－5 给出了用惰性气体蒸发法（凝聚）、原位加压法制备纳米金属和合金装置的示意图。这个装置主要由 3 个部分组成：第一部分为纳米粉体的获得；第二部分为纳米粉体的收集；第三部分为粉体的压制成型。其中第一和第二部分与用惰性气体蒸发法制备纳米金属粒子的方法基本一样，前面已进行了详细地描述，这里着重介绍一下原位加压制备纳米结构块体的部分。由惰性气体蒸发制备的纳米金属或合金微粒在真空中由聚四氟乙烯刮刀从冷阱上刮下，经漏斗直接落入低压压实装置，粉体在此装置中经轻度压实后由机械手将它们送至高压原位加压装置压制成块状试样，压力为 1～5GPa，温度为 300～800K。由于惰性气体蒸发冷凝形成的金属和合金纳米微粒几乎无硬团聚体存在，因此，即使在室温下压制也能获得相对密度高于 90% 的块体，最高密度可达

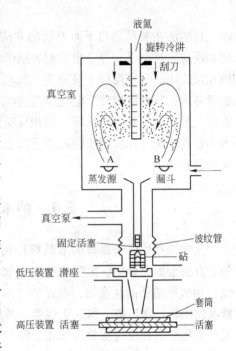

图 4－5　惰性气体蒸发法（凝聚）、原位加压法制备纳米金属和合金装置的示意图

97%。因此，此种制备方法的优点是纳米微粒具有清洁的表面，很少团聚成粗团聚体，因此块体纯度高，相对密度也较高。

思 考 题

4－1　纳米材料制备方法的分类是什么？

4－2　物理法合成纳米粒子的方法有哪些？粉碎法和构筑法的原理是什么？

4－3　气体蒸发法的原理是什么？气体蒸发法中的加热方法有哪些？各有什么主要特点？

4－4　溅射法的原理及特点是什么？

4－5　纳米相金属材料合成的主要方法是什么？

4－6　高能球磨法可以制备哪几种纳米材料？

5　化学气相法制备纳米材料

化学法主要是"自下而上"的方法，即是通过适当的化学反应，包括液相、气相和固相反应，从分子、原子出发制备纳米颗粒物质。化学法包括气相反应法、液相反应法和固相反应法。气相反应法可分为：气相分解法、气相合成法及气－固反应法等。液相反应法可分为：化学沉淀法、电化学沉淀法、溶剂热法、溶胶－凝胶法、化学还原法、反相胶束法、超声波法和微波法等。固相反应法可分为：热分解法、固相反应法、火花放电法。本书着重介绍气相反应法和液相反应法。固相反应法用得很少，在此不做介绍，请参考相关书籍和文献。

5.1　纳米粒子的气相反应法

化学气相反应法制备纳米微粒是利用挥发性的金属化合物（金属卤化物、羰基化合物、有机金属化合物、氢氧化物和金属盐）的蒸气，通过化学反应（热分解、合成或其他）生成所需要的化合物，在保护气体环境下快速冷凝，从而制备各类物质的纳米微粒。涉及使用氧、氢、氨、氮、甲烷等一系列进行氧化还原反应的反应性气体。按体系反应类型可将化学气相反应法分为气相分解和气相合成两类方法。

5.1.1　化学气相反应法的类型

5.1.1.1　气相分解法

气相分解法又称单一化合物热分解法。一般是对待分解的化合物或经前期预处理的中间化合物进行加热、蒸发、分解，得到目标物质的纳米粒子。气相分解法制备纳米微粒要求原料中必须具有制备目标纳米微粒物质所需的全部元素，热分解一般具有下列反应形式：

$$A(气) \longrightarrow B(固) + C(气) \uparrow \tag{5-1}$$

气相热分解的原料通常是容易挥发、蒸气压高、反应活性高的有机硅、金属氯化物或其他化合物，如：

$$Fe(CO)_5(g) \xrightarrow{\triangle} Fe(s) + 5CO(g) \uparrow \tag{5-2}$$

$$SiH_4(g) \xrightarrow{\triangle} Si(s) + 2H_2(g) \uparrow \tag{5-3}$$

$$3[Si(NH)_2] \xrightarrow{\triangle} Si_3N_4(s) + 2NH_3(g) \uparrow \tag{5-4}$$

$$(CH_3)_4Si \xrightarrow{\triangle} SiC(s) + 3CH_4(g) \uparrow \tag{5-5}$$

$$2Si(OH)_4 \xrightarrow{\triangle} 2SiO_2 + 4H_2O(g) \uparrow \tag{5-6}$$

5.1.1.2 气相合成法

气相合成法通常是利用两种或两种以上物质之间的气相化学反应，在高温下合成出相应的化合物，再经过快速冷凝，从而制备各类物质的纳米粒子。一般的反应形式为：

$$A(气) + B(气) \longrightarrow C(固) + D(气) \uparrow \tag{5-7}$$

利用气相合成法可以进行多种微粒的合成，具有灵活性和互换性。在激光诱导气相合成微粒中，存在选择对激光束具有吸收能力的反应原料问题，如 $SiCl_4$、NH_3、C_2H_4、BCl_3 等，对 CO_2 激光光子均有强吸收性，对于某些反应，还应考虑是否存在光化学反应，下面是几个典型的气相合成反应：

$$3SiH_4(g) + 4NH_3(g) \xrightarrow[10.6\mu m]{h\nu} Si_3N_4(s) + 12H_2(g) \uparrow \tag{5-8}$$

$$3SiCl_4(g) + 4NH_3(g) \xrightarrow[10.6\mu m]{h\nu} Si_3N_4(s) + 12HCl(g) \uparrow \tag{5-9}$$

$$2SiH_4(g) + C_2H_4(g) \xrightarrow[10.6\mu m]{h\nu} 2SiC(s) + 6H_2(g) \uparrow \tag{5-10}$$

$$BCl_3(g) + \frac{3}{2}H_2(g) \xrightarrow[10.6\mu m]{h\nu} B(s) + 3HCl(g) \uparrow \tag{5-11}$$

依靠气相化学反应合成微粒，经过气相下均匀核生成及核生长的过程，反应气需要形成较高的过饱和度，反应体系要有较大的平衡常数。表 5-1 中列出了几类典型的反应体系及相应的平衡常数。

表 5-1 几类典型反应体系的平衡常数

化学反应方程	平衡常数（lgK_p）		产物粒径/nm
	1000℃	1500℃	
$SiCl_4 + 4/3NH_3 = 1/3Si_3N_4 + 4HCl$	6.3	7.5	10 ~ 1000
$SiH_4 + 4/3NH_3 = 1/3Si_3N_4 + 4H_2$	15.7	13.5	< 200
$SiCl_4 + CH_4 = SiC + 4HCl$	1.3	4.7	5 ~ 50
$CH_3SiCl_3 = SiC + 3HCl$	4.5	6.3	< 30
$SiH_4 + CH_4 = SiC + 4H_2$	10.7	10.7	10 ~ 100
$(CH_3)_4Si = SiC + 3CH_4$	11.1	10.8	10 ~ 200
$TiCl_4 + NH_3 + 1/2H_2 = TiN + 4HCl$	4.5	5.8	10 ~ 400
$TiCl_4 + CH_4 = TiC + 4HCl$	0.7	4.1	10 ~ 200
$TiI_4 + CH_4 = TiC + 4HI$	0.8	4.2	10 ~ 150
$TiI_4 + 1/2C_2H_4 + H_2 = TiC + 4HI$	1.6	3.8	10 ~ 200
$ZrCl_4 + NH_3 + 1/2H_2 = ZrN + 4HCl$	1.2	3.3	10 ~ 200
$MoCl_3 + 1/2CH_4 + 1/2H_2 = 1/2Mo_2C + 3HCl$	1.2	3.3	< 100
$MoO_3 + 1/2CH_4 + 2H_2 = 1/2Mo_2C + 3H_2O$	11.0	8.0	10 ~ 30
$WCl_6 + CH_4 + H_2 = WC + 6HCl$	22.5	22.0	20 ~ 300

5.1.2 气相合成纳米粒子的生成条件

纯粹的物理气相合成与化学反应基本无关，只有简单的蒸发–冷凝过程，其热力学总是应该允许的。化学气相合成涉及不同物料之间或物料与环境气相之间的化学反应过程，涉及形成纳米粒子的化学反应自由能变化，自由能变化大，反应平衡常数 k 值越大，就有利于纳米粒子合成的反应进行。

气相合成中的化学反应、成核、粒子生长和凝聚四个基本过程，它们与温度的依赖关系是不同的，其中碰撞频率与温度的关系较小，高温对气相合成十分有利，短时间内即可迅速完成反应、成核、初期粒子生长和原料分子消失等一系列过程，而可以完全忽略碰撞问题，只是在后期阶段，碰撞凝聚才起支配地位。

此外，各种化学反应（包括气相反应、粒子表面反应、与反应器管壁的反应等）不可忽视，当然其前提是必须考虑超微粉末生成反应本身是否发生。

5.1.3 气相化学反应制备纳米粒子的特点

用气相反应法制备纳米微粒具有很多优点，如颗粒均匀、纯度高、粒度小、分散性好、化学反应活性高、工艺可控和过程连续等。可广泛应用于特殊复合材料、原子反应堆材料、刀具和微电子材料等多个领域。化学气相反应法适合于制备各类金属、金属化合物以及非金属化合物纳米微粒，如各种金属、氯化物、碳化物、硼化物等。

5.1.4 纳米微粒形态控制技术

纳米微粒形态是指颗粒的尺寸、形貌、物相、晶体组成与结构等。反应器的结构与反应器中温度分布、反应气的混合方式、冷却方式等装置条件对生成颗粒的性质会产生重要影响。反应器结构参数一定时，生成颗粒的粒径主要由反应条件来控制，在纳米微粒制备过程中，颗粒的外形和颗粒集合体的形态受到各种因素的影响，如温度，压力，反应气流量和配比，载气和保护气流量，冷却方式和冷却速率等。

一般来说颗粒的外形与颗粒的尺寸有关。当颗粒尺寸在 $1 \sim 10nm$ 范围时，粒子呈球状或椭球状；而当颗粒尺寸在 $10 \sim 100nm$ 之间时，粒子具有不规则的晶态；对于 $100nm$ 以上的颗粒，粒子通常表现为规则的晶态。因此，控制纳米微粒形态特征的首要条件是控制颗粒的尺寸。其次，在制备过程中根据需要人为引入杂质或采用表面氧化技术也可以明显改变颗粒的形状。例如，在超高真空或超纯稀有气体中的粒子易生成多面体，而微量的氧气掺杂在稀有气体中时会使粒子变成球状。

在制备过程中，采用不同的稀有气体或不同的冷却速率也可以改变粒子的外形和晶体的状态。例如在 Ar 和 N_2 气氛中，Fe 粒子一般呈 α 相，其形貌分别为菱形十二面体和准球形，而在 Xe 气氛中，往往又呈针状的 γ-Fe。当颗粒冷却速率足够快时，颗粒通常为非晶态或不同的亚稳相状态。

此外，颗粒的外形还与其本身的化学组成有关。制备工艺与粒子的化学组成、外形等因素还会改变粒子的聚集行为。

5.1.5 气相化学反应物系活化的方式——几种加热技术

既然是进行化学反应，那么必须给体系一定的能量，反应才能够发生，即要使反应物活化。活化方式最简单的是加热，还有射线辐照给予能量。加热和射线辐照方式包括电阻炉加热、化学火焰加热、等离子体加热、激光诱导、X射线辐射等。

5.1.5.1　热管炉加热化学气相反应法

热管加热技术属于传统式的热工技术。至今仍普遍地应用于化工、材料工程及科学研究的各个领域。它的特点是结构简单、成本低廉、适合于工业化生产，特别适用于从实验室技术到工业化生产的放大。热管炉加热化学气相反应合成纳米微粒的过程主要包括原料处理、反应操作参量控制、成核与生长控制、冷凝控制等。其实验装置系统如图5-1所示。

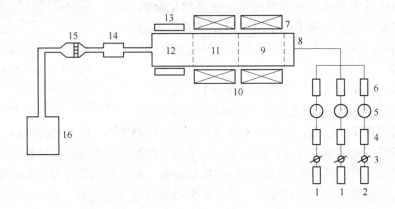

图5-1　热管炉加热化学气相反应合成纳米微粒实验系统

1—反应气；2—保护气与载气；3—气体阀；4—稳流稳压器；5—压力表；6—质量流量计；
7—管式炉；8—反应器；9—预热区；10—热电偶；11—混气区；12—成核生长区；
13—冷凝器；14—抽集器；15—绝对捕集器；16—尾气处理器

热管炉加热化学气相反应法是由电炉加热的，这种技术虽然可以合成一些材料的颗粒，但由于反应器内温度梯度小，合成的粒子不但粒度大，而且易团聚和烧结，这也是该法合成纳米微粒的最大局限。

5.1.5.2　激光诱导化学气相反应法

激光法就是利用激光光子能量加热反应体系，从而制备纳米微粒的一种方法。其原理是利用大功率激光器的激光束照射反应气体，反应气体通过对入射激光光子的强吸收，气体分子或原子在瞬间得到加热、活化，在极短时间内反应气体分子或原子获得化学反应所需要的温度后，迅速完成反应、成核凝聚、生长等过程，从而制得相应物质的纳米微粒。如采用激光热解法制备微粒，还要考虑到原料要对相应的激光束具有较强的吸收，如 $SiCl_4$ 对 CO 的 $10.6\mu m$ 波段具有很强的吸收能力。

激光法与普通电阻炉加热法制备纳米微粒的区别为：（1）由于反应器壁是冷的，因此无潜在的污染；（2）原料气体分子直接或间接吸收激光光子能量后迅速进行反应；（3）反应具有选择性；（4）反应区条件可以精确地被控制；（5）激光能量高度集中，反应区与周围环境之间温度梯度大，有利于生成的核粒子快速凝结。

采用激光法可以制备均匀、高纯超韧、粒度分布窄的各类微粒。如纳米的硅、氮化硅和碳化硅粉末；金属粉末：铁、镍、铝、钛、锆、铬、钼、钽等；金属化物粉末：氧化铁

（Fe_2O_3）、氧化镍（NiO）、氧化铝（Al_2O_3）、氧化锆（Zr_2O_3）、氧化铬（Cr_2O_3）、氧化钛（TiO_2）、氧化钽（Ta_2O_5）、氧化钨（WO_3）、氧化钼（MoO_3）、氮化钛（TiN）、氮化锆（ZrN）、氮化铬（Cr_2N）、氮化钽（Ta_2N）和氮化铝（AlN）等纳米陶瓷粉末。

5.1.5.3 等离子体加强化学气相反应法

等离子体法制备纳米微粒的基本原理是等离子体高温焰流中的活性原子、分子、离子、电子以高速射到各种金属或化合物原料表面时就会大量溶入原料中，使原料瞬间熔融，并伴随有原料蒸发。蒸发的原料与等离子体或反应性气体发生相应的化学反应，生成各类化合物的核粒子，核粒子脱离等离子体反应区后，就会形成相应化合物的纳米微粒。图5-2给出了等离子体法制备纳米微粒的原理。

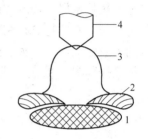

图5-2 等离子体法制备
纳米微粒的原理

1—熔融原料；2—原料蒸气；
3—等离子体或反应气体；4—电极

等离子体加强化学气相反应合成纳米微粒的主要过程是先将反应室抽成真空，充入一定量纯净的惰性气体；然后接通等离子体电源，同时导入各路反应气与保护气体。在极短时间内，反应体系被等离子体高温焰流加热，并达到引发相应化学反应的温度，迅速完成成核反应；生成的粒子在真空泵抽运下，迅速脱离反应区被收集器捕集。相应的制备过程主要有等离子体产生、原料蒸发、化学反应、冷却凝聚、颗粒捕集和尾气处理等过程。图5-3给出了等离子体制备纳米微粒的实验流程图。

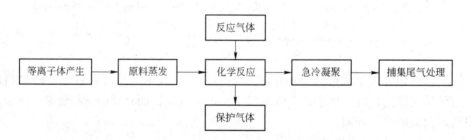

图5-3 等离子体制备纳米微粒的实验流程图

利用等离子体直接蒸发金属化合物，在很高的温度下使金属热分解，从而得到相应的金属纳米微粒。采用反应性等离子体蒸发法，在输入金属或各种化合物气体和保护性气体的同时，输入相应的各种反应性气体，可以合成出各种化合物的纳米微粒。例如，将Si_3N_4原料（液体状）以4g/min的速度输入混合等离子体空间，导入H_2进行热解，再在等离子体焰的尾部用NH_3气体进行反应性淬火，而制成Si_3N_4纳米微粒。这种Si_3N_4纳米微粒为白色无定形粉末，粒径在30nm以下，N含量为30%～37%（质量分数），Si含量为58%～62%（质量分数），其晶化温度高达1550℃，这表明它的纯度相当高。

处于等离子体状态下的物质微粒通过相互作用可以很快地获得高温、高焰、高活性。这些微粒将具有很高的化学活性和反应性，在一定的条件下获得比较完全的反应产物。因此，利用等离子体空间作为加热、蒸发和反应空间，可以制备出各类金属、金属氧化物以及各类化合物的纳米微粒。由于该方法的气氛容易控制，可以得到很高纯度的纳米微粒，也适合制备多组分、高熔点的化合物（如 $Si_3N_4 + SiC$、$Ti(N,C)$ 和 $TiN + TiB_2$ 等）。

等离子体具有较高的电离度和解离度，可以得到多种活性组分，有利于各类化学反应进行。等离子体反应空间大，可使相应物质化学反应完全。与激光法相比，等离子体技术更容易实现工业化生产，这是等离子体法制备纳米颗粒的一个明显优势。

直流与射频混合式的等离子体技术，或采用微波等离子体技术，可以实现无极放电。这样可以在一定程度上避免由电极材料污染而造成的杂质引入，制备出高纯度的纳米微粒。

5.2 化学气相沉积

5.2.1 化学气相沉积技术介绍

5.2.1.1 化学气相沉积的定义

化学气相沉积是利用气态或蒸气态的物质在气相或气固界面上反应生成固态沉积物的技术。化学气相沉积的英文原意是化学蒸气沉积（chemical vapor deposition，CVD），这是因为很多反应物质在通常条件下是液态或固态，经过汽化成蒸气再参与反应的。

5.2.1.2 化学气相沉积的由来

化学气相沉积的古老原始形态可以追溯到古人类在取暖或烧烤时熏在岩洞壁或岩石上的黑色碳层。它是木材或食物加热时释放出的有机气体，经过燃烧、分解反应沉积生成岩石上的碳膜。因此考古学家发现的古人类烧烤遗址也是原始的化学气相沉积最古老的遗迹。但这是古人类无意识的遗留物，当时的目的只是取暖、防御野兽或烧烤食物；随着人类的进步，化学气相沉积技术也曾得到有意识的发展。特别是在古代的中国，当时从事炼丹术的"术士"或"方士"为了寻找"成仙"和"长生不老"之药，很普遍采用"升炼"的方法，实际上"升炼"技术中很主要的就是早期的化学气相沉积技术。

正如我国的著名学者陆学善在为《晶体生长》一书所写的前言中所说："关于银朱的制造也值得我们注意。银朱就是人造辰砂，李时珍引胡演《丹药秘诀》说：'升炼银朱，用石亭脂二斤，新锅内熔化。次下水银一斤，炒作青砂头，炒不见星，研末罐盛。石板盖住，铁线缚定，盐泥固济，大火锻之，待冷取出。贴罐者为银朱，贴口者为丹砂'。这里的石亭脂就是硫黄。这里所描写的是汞和硫通过化学气相沉积而形成辰砂的过程，这一过程古时候被称为'升炼'。在气相沉积的输运过程中，因沉积位置不同，所形成的晶体颗粒有大小的不同，小的叫银朱，大的叫丹砂。"

化学气相沉积这一名称是在 20 世纪 60 年代初期由美国 John M Blocher Jr 等在《Vapor Deposition》一书中首次提出的。由于他对 CVD 国际学术交流的积极推动，被尊称为 CVD 先生。

现在生长砷化镓一类电光晶体，基本上用的就是"升炼"方法，这种方法我国在炼丹术时代已普通使用了。李时珍引胡演《丹药秘诀》中对汞（即水银）和硫作用生成硫化汞的一段论述是人类历史上对化学气相沉积技术迄今发现的最古老的文字记载，对于这一点，Blocher 在 1989 年第 7 届欧洲 CVD 学术会议开幕式上也曾向国际同行作了介绍。

作为现代 CVD 技术发展的开始阶段，20 世纪 50 年代主要着重于刀具涂层的应用。

这方面的发展背景是由于当时欧洲机械工业和机械加工业的强大需求。以碳化钨作为基材的硬质合金刀具经过 CVD 方法进行 Al_2O_3、TiC 及 TiN 复合涂层处理后，切削性能明显地提高，使用寿命也成倍地增加，取得非常显著的经济效益，因此得到推广和实际应用。由于金黄色的 TiN 层常常是复合涂层的最外表一层，色泽金黄，因此复合涂层刀具又常被称为"镀黄刀具"。德国 Willy Ruppert 是欧洲 CVD 领域的先驱研究工作者之一。从 20 世纪六七十年代以来由于半导体和集成电路技术发展和生产的需要，CVD 技术得到了更迅速和更广泛的发展。CVD 技术不仅成为半导体级超纯硅原料——超纯多晶硅生产的唯一方法，而且也是硅单晶外延、砷化镓等Ⅲ-Ⅴ族半导体和Ⅱ-Ⅵ族半导体单晶外延的基本生产方法。在集成电路生产中更广泛地使用 CVD 技术沉积各种掺杂的半导体单晶外延薄膜、多晶硅薄膜、半绝缘的掺氧多晶硅薄膜；绝缘的二氧化硅、氮化硅、磷硅玻璃、硼硅玻璃薄膜以及金属钨薄膜等。在制造各类特种半导体器件时，采用 CVD 技术在生长发光器件中的磷砷化镓、氮化镓外延层等，硅锗合金外延层及碳化硅外延层等也占有很重要的地位。前苏联 Deryagin、Spitsyn 和 Fedoseev 等在 20 世纪 70 年代引入原子氢开创了激活低压 CVD 金刚石薄膜生长技术，80 年代在全世界形成了研究热潮，也是 CVD 领域的一项重大突破。

化学气相沉积是近来发展起来制备无机材料的新技术，广泛用于提纯物质、研制新晶体，沉积各种单晶、多晶或玻璃态无机薄膜材料。最近几年 CVD 技术在纳米材料的制备中也大显身手，成为一种有力的制备工具。

5.2.2　化学气相沉积的反应类型

化学气相沉积的反应类型有热分解反应，化学合成反应，化学输运反应和物理方法激励反应过程。

5.2.2.1　热分解反应

最简单的沉积反应是化合物的热分解。热解法一般在简单的单温区炉中进行，于真空或惰性气氛下加热衬底至所需温度后，导入反应性气体使之发生热分解，最后在衬底上沉积出固体材料层。热解法已用于制备金属、半导体、绝缘体等各种材料。这类反应体系的主要问题是源物质和热解温度的选择。在选择源物质时，既要考虑其蒸气压与温度的关系，又要特别注意在不同热解温度下的分解产物，保证固相仅仅为所需要的沉积物质，而没有其他夹杂物。比如，用金属有机化合物沉积半导体材料时，就不应夹杂碳的沉积。因此，化合物中各元素间有关键强度的资料（离解能 D^0 或键能 E）往往是需要考虑的。目前，已有多种类型的化合物用热解法实现。

（1）氢化物。氢化物 M—H 键的离解能、键能都比较小，热解温度低，唯一副产物是没有腐蚀性的氢气。

$$CH_4 \xrightarrow{600 \sim 1000℃} C + 2H_2 \tag{5-12}$$

（2）金属有机化合物。金属烷基化合物的 M—C 键能一般小于 C—C 键能（$E(M—C) < E(C—C)$），可广泛用于沉积高附着性的金属膜。如用三丁基铝和三异丙基苯铬（$Cr[C_6H_4CH(CH_3)_2]_3$）热解，则分别得到金属铝膜和铬膜，如式（5-13）所示。至于元素的氧烷，由于 $E(M—O) > E(O—C)$，所以可用来沉积氧化物。

$$Cr[C_6H_4CH(CH_3)_2]_3 \longrightarrow Cr \tag{5-13}$$

（3）氢化物和金属有机化合物体系。氢化物或有机烷基化合物不稳定，经过热分解后立即在气相中和其他原料气反应生成固态沉积物。利用这类热解体系可在各种半导体或绝缘衬底上制备化合物半导体。这方面的工作相当活跃。热解金属有机化合物和氢化物已成功地制备出许多种Ⅲ–Ⅴ族和Ⅱ–Ⅵ族化合物，例如：

$$Ga(CH_3)_3 + AsH_3 \xrightarrow{630\sim675℃} GaAs + 3CH_4 \tag{5-14}$$

（4）其他气态配合物。这一类化合物中的羰基化物和羰基氯化物多用于贵金属（铂族）和其他过渡金属的沉积。单氨配合物已用于热解制备氮化物。

$$Pt(CO)_2Cl_2 \xrightarrow{600℃} Pt + 2CO + Cl_2 \tag{5-15}$$

$$GaCl_3 \cdot NH_3 \xrightarrow{800\sim900℃} GaN + 3HCl \tag{5-16}$$

5.2.2.2 化学合成反应

绝大多数沉积过程都涉及两种或多种气态反应物在热衬底上相互反应，这类反应称为化学合成反应。

与热解法相比，化学合成反应的应用更为广泛。因为可用于热解沉积的化合物并不很多，而任意一种无机材料原则上都可以通过合适的反应合成出来。除了制备各种单晶薄膜以外，化学合成反应还可用来制备多晶态和玻璃态的沉积层。如二氧化硅、氧化铝、氮化硅、硼硅玻璃、磷硅玻璃及各种金属氧化物、氮化物和其他元素间化合物等。下面是一些有代表性的反应体系。

A 氧化还原反应

氢还原反应是制取高纯金属膜的好方法，工艺温度低，操作简单，因此有很大使用价值。其中最普遍的一种类型是用氢气还原卤化物来沉积各种金属和半导体，以及选用合适的氢化物、卤化物或金属有机化合物沉积绝缘膜。这里，举一个很普通的例子，如电子工业中三氯硅烷的氢还原反应是目前工业规模生产半导体级超纯硅（>99.9999999%，简称九个9或九个N（nine））的基本方法。

$$SiHCl_3 + H_2 \xrightarrow{1100\sim1150℃} Si + 3HCl \tag{5-17}$$

该反应与硅烷热分解不同，在反应温度下其平衡常数接近于1。因此，如果调整反应器内气流的组成，例如加大氯化氢浓度，则反应就会逆向进行。在硅外延工艺中，一般应用这个逆反应进行外延生长前的气相腐蚀清洗，在腐蚀过的新鲜单晶表面上外延生长，则可以得到缺陷少、纯度高的外延层。另外，如果在混合气体中加入三氯化磷或三溴化硼这样的卤化物，它们也能为氢所还原，这样磷或硼则可分别作为N型和P型杂质进入硅外延层，这就是所谓的掺杂过程。

卤素通常是负一价的，许多金属卤化物是气态或易挥发的物质，因此在CVD技术中广泛地将之作为原料气。要得到相应的某元素薄膜，就常常需采用氢还原的方法。

一些元素的氢化物或有机烷基化合物常常是气态的或者是易于挥发的液体或固体，便于使用在CVD技术中。如果同时通入氧气，在反应器中发生氧化反应时就沉积出相应于该元素的氧化物薄膜。

$$SiH_4 + 2O_2 \xrightarrow{325\sim475℃} SiO_2 + 2H_2O \tag{5-18}$$

B 其他化学反应

在 CVD 技术中使用最多的反应类型是两种或两种以上的反应原料气在沉积反应器中相互作用合成得到所需要的无机薄膜或其他材料形式。

$$3SiH_4 + 2N_2H_4 \xrightarrow{700 \sim 780℃} Si_3N_4 + 10H_2 \qquad (5-19)$$

同一种材料可以用不同的源物质以及多种不同的化学合成反应来制备。例如，合成氮化镓材料可用式（5-20）~式（5-22）所示的各种反应体系：

$$GaCl + NH_3 \xrightarrow{1000 \sim 1050℃} GaN + HCl + H_2 \qquad (5-20)$$

$$Ga + NH_3 \longrightarrow GaN + 3/2H_2 \qquad (5-21)$$

$$Gs(CH_3)_3 + NH_3 \longrightarrow GaN + 3CH_4 \qquad (5-22)$$

5.2.2.3 化学输运反应

把所需要的物质当做源物质，借助于适当的气体介质与之反应而形成一种气态化合物，这种气态化合物经化学迁移或物理载带（用载气）输运到与源区温度不同的沉淀区，再发生逆向反应，使得源物质重新沉淀出来，这样的过程称为化学输运反应。上述气体介质叫做输运剂。

在源区（温度为 T_2）发生输运反应（向右进行），源物质 ZnS 与 I_2 作用生成气态的 ZnI_2；在沉积区（温度为 T_1）则发生沉积反应（向左进行），ZnS 重新沉积出来。其中 I_2 是输运剂，在反应过程中没有被消耗，只是对 ZnS 起一种反复运输的作用，ZnI_2 则称为输运形式。随输运剂（一般为各种卤素、卤化物和水汽，最常用的是碘）和反应装置的不同，输运反应体系可以是多种多样的。

$$2ZnS(s) + 2I_2(g) \underset{T_1}{\overset{T_2}{\rightleftharpoons}} 2ZnI_2(g) + S_2(g) \qquad (5-23)$$

$$W(s) + 3I_2(g) \underset{\approx 3000℃}{\overset{1400℃}{\rightleftharpoons}} WI_6(g) \qquad (5-24)$$

Ⅱ-Ⅵ族化合物单晶生长多采用封管法。图 5-4 是制备 ZnSe 单晶装料封管的示意图。反应管是一根锥形石英管（$\phi 25mm \times 100mm$），其锥形端连接一根实心棒，另一端放置高纯 ZnSe 原料。盛碘的安瓿用液氮冷却。烘烤反应管（200℃左右）并同时抽真空（约 $1.33 \times 10^{-3}Pa$），在虚线 1 处以氢氧焰熔封。随后除去液氮冷阱，待碘升华并转入反应管后（预先计算好所需碘量，使反应管中碘浓度适当，例如 $5mg/cm^2$），再在虚线 2 处熔断。然后，将反应管置于温度梯度炉的适当位置上（用石英棒调节），使 ZnSe 料端处于高温区，$T_2 = 850 \sim 860℃$；锥端（生长端）位于较低温度区，$T_1 = T_2 - \Delta T$，$\Delta T = 13.5℃$，生长端温度梯度约 $2.5℃/cm$。在精确控制的温度范围内（$\pm 0.5℃$）进行 ZnSe 单晶生长。其反应式如下：

$$2ZnSe(固) + 2I_2(气) \Longrightarrow 2ZnI_2(气) + Se_2(气) \qquad (5-25)$$

在 ZnSe 源区（T_2）反应向右进行，ZnSe 进入气相，形成的 ZnI_2 和 Se_2 气体运动到生长端，在较低温度下（T_1）发生逆反应，重新形成 ZnSe 的单晶体。用这种尺寸的封管，经 150h 曾获得 $20mm \times 7mm \times 10mm$ 的 ZnSe 单晶体。

这类输运反应中通常是 $T_2 > T_1$，即生成气态化合物的反应温度 T_2 往往比重新反应沉

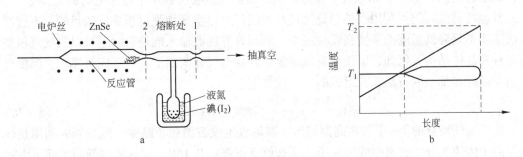

图 5 – 4　碘封管化学输运生长硒化锌单晶

a—装料和封管；b—炉温分布和晶体生长

积时的温度 T_1 要高一些。但是这不是固定不变的。有时候沉积反应反而在较高温度的地方发生。例如碘钨灯（或溴钨灯）管工作时不断发生的化学输运过程就是由低温向高温方向进行的。为了使碘钨灯（或溴钨灯）灯光的光色接近于日光的光色，就必须提高钨丝的工作温度。提高钨丝的工作温度（2800～3000℃）就大大加快了钨丝的挥发，挥发出来的钨冷凝在相对低温（约 1400℃）的石英管内壁上，使灯管发黑，也相应地缩短钨丝和灯的寿命。如在灯管中封存着少量碘（或溴），灯管工作时气态的碘（或溴）就会与挥发到石英灯管内壁的钨反应生成四碘化钨（或四溴化钨）。四碘化钨（或四溴化钨）此时是气体，就会在灯管内输运或迁移，遇到高温的钨丝就会热分解，把钨沉积在那些因为挥发而变细的部分，使钨丝恢复原来的粗细。四碘化钨（或四溴化钨）在钨丝上热分解沉积钨的同时也释放出碘（或溴），使碘（或溴）又可以不断地循环工作。由于非常巧妙地利用了化学输运反应沉积原理，碘钨灯（或溴钨灯）的钨丝温度得以显著提高，而且寿命也大幅度地延长。

5.2.2.4　物理方法激励反应过程

在低真空条件下，利用直流电压、交流电压、射频、微波或电子回旋共振等方法实现气体辉光放电，在沉积反应器中产生等离子体。由于等离子中的正离子、电子和中性反应分子相互碰撞，可大大降低沉积温度。

例如硅烷和氨气在通常条件下约在 850℃ 反应并沉积氮化硅，但是在等离子体增强反应的情况下，只需要 350℃ 左右就可以生成氮化硅。这样就可以拓宽 CVD 技术的应用范围，特别是在集成电路芯片的最后表面钝化工艺中，800℃ 的高温会使已经有电路的芯片损坏，而 350℃ 左右沉积氮化硅不仅不会损坏芯片，反而使芯片得到钝化保护，提高了器件的稳定性。

$$SiH_4 + xN_2O \xrightarrow{\approx 350℃} SiO_x（或 SiO_xH_y）+ \cdots$$

$$SiH_4 + xNH_3 \xrightarrow{\approx 350℃} SiO_x（或 SiO_xH_y）+ \cdots$$

$$SiH_4 \xrightarrow{\approx 350℃} \alpha\text{-}Si(H) + 2H_2 \tag{5-26}$$

随着高新技术的发展，采用激光来增强化学气相沉积也是常用的一种方法：

$$W(CO)_6 \xrightarrow{激光束} W + 6CO \tag{5-27}$$

通常这一反应发生在 300℃ 左右的衬底表面。采用的激光束平行于衬底表面，激光束与衬底表面距离约 1mm，结果处于室温的衬底表面上就会沉积出一层光亮的钨膜。

其他各种能源例如利用火焰燃烧法或热丝法都可以实现增强沉积反应的目的。不过燃烧法主要不是降低温度而是增强反应速率。利用外界能源输入能量有时还可以改变沉积物的品种和晶体结构。例如，甲烷或有机碳氢化合物蒸气在高温下裂解生成炭黑，炭黑主要是由非晶碳和细小的石墨颗粒组成的，反应如下：

$$CH_4 \xrightarrow[]{800\sim1000℃} C(炭黑) + 2H_2 \qquad (5-28)$$

把用氢气稀释的 1% 甲烷在高温低压下裂解也生成石墨和非晶碳，但是同时利用热丝或等离子体使氢分子解离生成氢原子，那么就有可能在 0.1MPa 左右或更低的压强下沉积出金刚石而不是石墨，反应如下：

$$CH_4 \xrightarrow[800\sim1000℃]{热丝或等离子体} C(金刚石) + 2H_2 \qquad (5-29)$$

甚至在沉积金刚石的同时石墨被腐蚀掉，实现了过去认为似乎不可能实现的在低压下从石墨到金刚石的转变，反应如下：

$$C(石墨) + H_2 \xrightarrow[800\sim1000℃]{等离子体} CH_4 + C_2H_2 + \cdots \xrightarrow[800\sim1000℃]{等离子体} C(金刚石) + 2H_2 \qquad (5-30)$$

气相沉积反应选定了以后，为了具体实施这一反应，首要的问题是选定源物质和设置源区反应。常见的源物质有气态源、液态源和固态源。气态源是指那些在室温下为气态的源物质。这对气相沉积过程最为方便，因为它们的流量调节方便、测量准确、流速恒定，又无须控制其温度，这就使得沉积系统大为简化。

用液、固态物质为源向沉积区提供气态组分可以有两种情况。一种是有些元素或其化合物在室温或稍高一点的温度下有可观的蒸气压，因而就可用载气将其携带进入系统，进行沉积生长。例如 $AsCl_3$、PCl_3、$SiCl_4$、H_2O 等，一般可用载气（如氢、氦等）流过液体表面或在液体内部鼓泡，然后携带这种物质的饱和蒸气进入反应系统。另一种是源物质的蒸气压即使在相当高的温度下也很低，这就必须通过一定的气体与之发生气-固或气-液反应，形成适当的气态组分向沉积区输运。例如第Ⅲ族元素铝、镓、铟、铊等就往往采取这种方式。用 HCl 气体和金属 Ga 反应形成气态组分 GaCl，并以 GaCl 形式向沉积区输运就是典型的例子。

5.2.3　化学气相沉积装置

一般来讲，CVD 装置往往包括以下几个基本部分：（1）气源控制部件：反应气体和载气的供给和计量装置；（2）沉积反应室；（3）沉积温控部件必要的加热和冷却系统；（4）真空排气和压强控制部件：反应产物气体的排出装置或真空系统。

针对不同的薄膜材料和使用目的，化学气相沉积装置可以具有各种不同的形式。其分类的方法可以是按照沉积过程中的温度（低温、高温）、压力（常压、低压）、加热方式（冷壁、热壁式）等。并且，在 CVD 装置中也可以辅助以各种物理手段，如等离子体或热蒸发技术等。在此只介绍两种最基本的 CVD 装置。

5.2.3.1　开管气流法

开管工艺的特点是能连续地供气及排气，物料的输运一般是靠外加的不参加反应的中性气体来实现的。由于至少有一种反应产物可以连续地从反应区排出，故反应总是处于非平衡状态而有利于形成沉积物。在绝大多数情况下，开管操作是在一个大气压或稍高于一个大气压下进行的（以使废气从系统中排出）。但也可以在减压或真空下连续地或脉冲地供气及不断抽出副产物，这种系统有利于沉积层的均匀性，对薄层沉积也是有益的。开管法的优点是试样容易放进和取出；同一装置可以反复多次使用；沉积工艺条件易于控制，结果易于重现。若装置设计和加工适当，还可以消除氧气或水的污染，这对制备对氧敏感的材料是十分重要的。

砷化镓的气相外延装置是一种典型的开管气流系统，如图 5-5 所示。它主要由双温区开启式电阻炉及控温设备、石英反应管、载气净化及 $AsCl_3$ 载带导入系统三大部分组成。当携带有 $AsCl_3$ 的氢气从高温区吹入时，$AsCl_3$ 跟氢气反应形成 HCl 和 As_4，被 850℃下的熔镓所吸收，直至饱和并形成 GaAs 壳层。此后，在下游低温区（750℃左右）插入一 GaAs 衬底片，继续供给 $AsCl_3$，则 $AsCl_3$ 与氢气反应形成氯化氢，与熔镓表面的 GaAs 壳反应然后生成的 As_4 又不断地熔入镓内，以保持熔镓面上总留有 GaAs 的壳层。当 GaCl 和 As_4 被氢气携带到衬底区时，固态 GaAs 部分地以式（5-34）的逆反应方式沉积，部分地以歧化反应方式沉积。

$$2AsCl_3 + 3H_2 \xrightarrow{850℃} 1/2As_4 + 6HCl \qquad (5-31)$$

$$GaAs(壳) + HCl \longrightarrow GaCl + 1/4As_4 + 1/2H_2 \qquad (5-32)$$

$$6GaCl + As_4 \longrightarrow 4GaAs + 2GaCl_3 \qquad (5-33)$$

$$AsCl_3 + GaCl + 2H_2 \xrightarrow{750℃} GaAs + 4HCl \qquad (5-34)$$

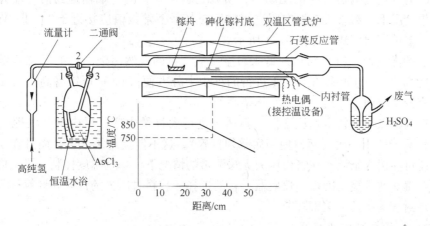

图 5-5 砷化镓气相外延装置示意图

CVD 装置常用的几种加热方法，包括普通电阻加热法、射频感应加热法以及红外灯加热法等，也曾有辐射外加热（如碘钨灯）的报道。其中感应加热一般是将基片放置在石墨架上，感应加热仅加热石墨，使基片保持与石墨同一温度。射频辅助化学气相沉积装置见图 5-6。红外辐射加热是近年来发展起来的一种加热方法，采用聚焦加热可以进一步强化热效应，使基片或托架局部迅速加热升温。激光加热是一种非常有特色的加热方法，其特点是使保持在基片上微小的局部温度迅速升高，通过移动光束斑来实现连续扫描加热的目的，对衬底的局部进行快速的加热，以实现 CVD 薄膜的选择性沉积。最近几年，等离子体激活气相沉积技术发展得很快，它是在等离子体状态下（宏观低温、微观高温）

使反应剂分子被激活，再撞击到温度较低（一般是数百度）的衬底上沉积下来的。这一工艺有许多独特的优点，已用于生产光学玻璃纤维（SiO_2），并在集成电路工艺中沉积 Si_3N_4 薄膜，在其他方面也正得到越来越广泛的应用。

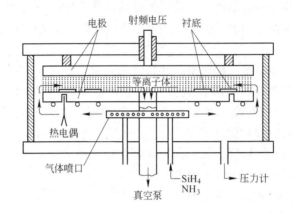

图 5-6   射频辅助化学气相沉积装置

5.2.3.2 封管系统

把一定量的反应剂和适宜的衬底分别放在反应管中的两端，管内抽真空后充入一定的输运剂，然后熔封。再将管置于双温区炉内，使反应管中形成一温度梯度。由温度梯度造成的负自由能变化是输运反应的驱动力，所以物料从封管的一端输运到另一端并沉积下来。在理想情况下，封管反应器中所进行的反应其平衡常数值应接近于1。Ⅱ-Ⅵ族化合物单晶生长多采用封管法，如图 5-4 所示。

封管法的优点是：（1）可以降低来自空气或气氛的偶然污染；（2）不必连续地抽气也可以保持真空，对于必须在真空下进行的沉积十分方便；（3）可以将高蒸气压物质限制在管内充分反应而不外逸，原料转化率高。

封管法的缺点是材料生长速率慢，不适于进行大批量生产；反应管（一般为高纯石英玻璃管）只能使用一次（每次使用后都须打碎），这不但提高了成本，而且在反应管封拆过程中还可能引入杂质；在管内压力无法测量的情况下，一旦温度控制失灵，内部压力过大，就有爆炸的危险。因而，反应器材料的选择、装料时压力的计算和计算过程中温度的控制等是封管法的几个关键环节。

5.2.3.3 排气处理系统

CVD 反应气体大多有毒性或强烈的腐蚀性，因此需要经过处理才可以排放。通常采用冷水吸收，或通过淋水水洗后，经过中和反应后排放处理。随着全球环境的恶化和环境保护的要求，排气处理系统在先进 CVD 设备中已成为一个非常重要的组成部分。

5.2.4 化学气相沉积的特点

化学气相沉积是利用气态物质在一固体表面进行化学反应，生成固态沉积物的过程。因此，所用反应体系要符合一些基本要求，即反应原料是气态或易于挥发成蒸气的液态或固态物质；反应易于生成所需的沉积物，而其他副产物保留在气相排出或易于分离；整个操作较易于控制。

CVD 技术用于无机合成和材料制备时具有以下特点：（1）沉积反应如在气固界面上发生则沉积物将按照原有固态基底（又称衬底）的形状包覆一层薄膜。这一特点也决定了 CVD 技术在涂层刀具上的应用，而且更主要地决定了在集成电路和其他半导体器件制造中的应用。按照原有衬底形状包覆薄膜的特性又称为保形性。这一特性在超大规模集成电路制造工艺中特别重要，能否在当今 $0.28\mu m$ 线条宽度和 $1\sim 2\mu m$ 左右深度的图形上得到令人满意的保形特性，对集成电路产品特性有至关重要的影响。也正是由于 CVD 技术在保形性方面的优越性，因而比物理气相沉积（PVD）技术更广泛地用于集成电路制造中。从这个意义上来看，CVD 技术是无机合成和材料制备中一项极为精细的工艺技术。它不仅要得到所希望的无机合成物质，而且要求得到的无机材料要严格按照要求的几何形貌来分布。（2）采用 CVD 技术也可以得到单一的无机合成物质，并用以作为原材料制备。例如气相分解硅烷（四氢化硅 SiH_4）或者采用三氯硅烷（$SiHCl_3$）氢还原时都可以得到锭块状的半导体超纯多晶硅。这时通常采用和沉积物相同的物质作为最初的基底材料，经过长时期的一再包覆，在气体中生长成粗大的锭条或锭块。这样得到的通常是多晶材料，提供进一步拉制单晶或直接作为多晶材料来使用。（3）如果采用某种基底材料，在沉积物达到一定厚度以后又容易与基底分离，这样就可以得到各种特定形状的游离沉积物器具。碳化硅器皿和金刚石膜部件均可以用这种方式制造。（4）在 CVD 技术中也可以沉积生成晶体或细粉状物质，例如生成银朱或丹砂；或者使沉积反应发生在气相中而不是在基底的表面上，这样得到的无机合成物质可以是很细的粉末，甚至是纳米尺度的微粒，称为纳米超细粉末，这也是一项新兴的技术。纳米尺度的材料往往具有一些新的特性或优点，例如生成比表面极大的二氧化硅（俗称白炭黑），用作硅橡胶的优质增强填料，或者生成比表面大、具有光催化特性的二氧化钛超细粉末等。

5.2.5 化学气相沉积的机理

沉积过程研究的出发点和最终目的是获得高质量的沉积层。沉积层质量的好坏主要表现在化学组成及纯度、晶格结构完整性和物理化学性能三个方面。沉积物的生长速率和质量由沉积过程的物理化学本质及沉积条件所决定。材料质量完全由沉积反应机理的内在联系、反应条件（如反应混合物的供应、系统内总压和气体总流速及沉积温度等）、衬底、原料、载气和装置等各种因素所决定。材料研制的任务就在于精心选择、严格控制这些因素，以获得具有一定化学组成、纯度高、结构完整、物理性能优良和均匀的材料层。当然也要求操作简便，成本低，能实现工艺的重现性。

这个技术的动力学过程包括了两个阶段：（1）气体传输、气相反应的阶段；（2）表面吸附、表面反应的阶段，如图 5-7 所示。

在前一个阶段中，主要涉及了气体的宏观流动、气体分子的扩散以及气相内的化学反应三个基本过程；在后一个阶段中，涉及了气体分子的表面吸附与脱附、表面扩散以及表面化学反应并形成薄膜微观结构三个微观过程。

化学气相沉积本质上是一种气-固表面多相化学反应（图 5-8）。它可以分为下面几个步骤：（1）气体分子的扩散，气相分子撞击到生长表面；（2）被吸附或被反射回气相；（3）吸附物之间或吸附物与气态物种之间在表面上或表面附近发生反应，形成成晶粒子和气体副产物；（4）成晶粒子经表面扩散排入晶格点阵；（5）副产物分子从表面上解吸、

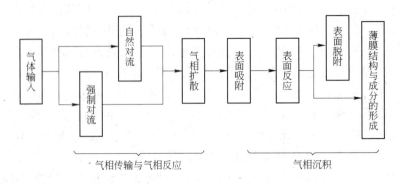

图 5-7 化学气相沉积过程中的各个环节

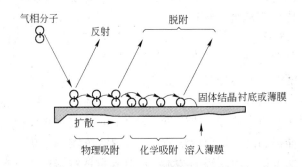

图 5-8 化学气相沉积的表面过程

扩散、从系统中排出。这些步骤是依次接连发生的，最慢的一步决定着总的沉积过程的速率，这个最慢的步骤称为"速率控制步骤"。应当指出，这里最慢的步骤并非在实际沉积过程中速率最慢的，因为当单晶外延达到稳态生长时，各步速率相等，只不过其他步骤有能力以更快的速率进行。

在化学动力学中，所谓"机理"是指从原子的结合关系中来描绘化学过程。对于化学气相沉积，有两种机理，一是传统的成核机制，二是气-液-固生长机制。

5.2.5.1 传统的成核机制

人们发现，晶体生长并非从一开始就是成晶粒子向完全定向的结晶学格点上附加，而总是经过"成核"这一过程。例如，在超高真空条件下，关于硅同质外延初期阶段的所有研究都表明，最初总要经过一个无沉积物产生的诱导期，诱导期后在衬底表面随机位置上形成了一些离散的生长中心，它们具有确定的结晶学形状，称为晶核。生长继续进行时，没有新的晶核产生，直到最初形成的三维晶岛逐渐长大，展开成层为止。前苏联学者在研究开管卤化物输运法生长 GaAs 的成核过程时也发现，外延层的生长是按逐步成层方式进行的。生长开始的数秒钟内首先在衬底表面形成若干无序的三维晶核，这些晶核由少变多，由小变大，逐渐出现边缘，形成顶部平整的台面，然后再进一步长大。在数十秒钟内形成表面光滑的一层。此后在新的表面上再一次重复成核、长大、毗联成层的过程。所谓成核，就是指诱导期到小晶核出现这一阶段。

在气相过饱和度比较小的情况下，成核是特别重要的；而 CVD 的过程特点决定了它的气相过饱和度比较小：一方面成核速率可以成为整个沉积过程的控制因素；另一方面晶核是否按特定取向生长是生长纳米材料的关键。

众所周知，新相的出现总是在一定的过饱和度下才会发生。如图 5 – 9 所示的 p – T 相图中，压力为 p_1 的蒸气不是在固相线的 1 点（T_1）而是在 2 点（T_2）开始固相成核。相应于开始成核的过饱和比 p_1/p_2 称为临界过饱和度，相应的 $\Delta T = T_1 - T_2$ 称为临界过冷度。成核作用需要一定的过饱和度的理论是 Gibbs 在 1876 年首先提出的，但当时未被注意，直到 1920 年经 Volmer 再次发现，按 Gibbs 的观点，形成新的固相核表面是需要能量的，这一能量只能从处于过冷态（过饱和）的体系中得到，这个观点已成为成核理论的基本思想。

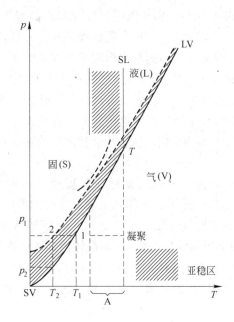

图 5 – 9　压力 – 温度相图

（表示临界过饱和曲线（成核相界）和饱和曲线（热力学相界）的关系）

形成一个核所需要的功 W 等于形成晶核表面和晶核核体所需能量的代数和：

$$W = \sigma S - \Delta p V \qquad (5-35)$$

式中，S，σ 分别为一个核的表面积和比表面能；V、Δp 分别为形成一个核所需要的蒸气体积和由凝聚而引起的压力减小量。式右端两项的相互关系控制着成核过程。

按照气相中形成球形的简单情况，当热力学平衡时，可得：

$$kT\ln p_r/p_e = 2\sigma V_m/r_{临界} \qquad (5-36)$$

式中，V_m 为凝聚温度下该物种的分子体积；p_r 和 p_e 分别为半径为 r 的微滴的表面蒸气压和平衡蒸气压，而 p_r/p_e 为过饱和比；$r_{临界}$ 为临界核的半径。这是蒸气压的增加和物质颗粒半径之间的经典关系。在成核的特定情况下，它也是临界过饱和度与临界核半径的关系。该式定性地指出，过饱和度越高，形成的晶胚尺寸越小。

在固体表面上的气相沉积成核称为异相成核，固体表面的存在大大降低了成核自由能，从而强化了成核作用。晶格缺陷是表面成核的有效活化中心，当过饱和度较小时这种效应特别明显。实践中常发现，衬底表面的划痕周围往往形成多晶堆积，这是快速成核的结果。

气相单晶生长时，石英器壁的某些位置上总是重复出现成核现象，也基本是由于这一原因。反之，人们总是有意地造成这种有利的成核位置，使得在低过饱和度下能够定域成核以获得大块单晶，而平整表面上的螺旋位错则往往是低过饱和度下成核生长的理想机构。点缺陷也会影响成核，由 X 射线辐射和电子轰击形成的表面点缺陷，不仅增加了成核密度，而且也影响到外延关系，因为它们促进了选择性成核，相对地抑制了表面上的随机成核。

5.2.5.2　气－液－固（VLS）生长机制

VLS 是 vapor-liquid-solid 的缩写。VLS 机制是反应物在高温下蒸发，在温度降低时与催化剂形成低共熔体小液滴，小液滴互相聚合形成大液滴，并且共熔体液滴作为端部不断吸收粒子和小的液滴，最后因为过饱和而凝固形成纳米线或纳米管。

所谓的 VLS 机理是在蒸气相和生长的晶体之间存在有液相。气相还原物首先溶于液相，然后由液相析出固相使晶体生长。在表面上加一些不挥发性液体即催化剂，它们不跟反应物或生产物作用，但能形成中间相溶解这些元素。在这流动的液相中，得到的蒸气压几乎比同样条件下不加催化剂时高 100 倍。这就是液相催化的基本原理，它包含了气－液－固生长机制的基本思想。

研究镉单晶的气相生长时发现，金属铋存在时形成了前所未见的六方柱状镉单晶（直径 $100\mu m$ 以上），其顶部呈半球形，很像是液滴固化时的形状。经电子探针定量分析，球表面含有 $(57.7 \pm 1.2)\%$（质量分数）的铋，这一数字非常接近 Bi-Cd 低共熔合金中铋的含量（144℃时，含 60% 质量分数的铋），而晶体内部和侧面则含 0.1% 左右的铋。

这一结果只能用 VLS 机制进行解释：晶体半球形顶面上的 Bi-Cd 合金液相层催化了轴向生长速率，使晶体呈现六方柱状的外形。反过来，这一结果又是 VLS 机制的一个有力的实验证明。

Wagner 和 Ellis 发现了硅晶须的生长速率由于生长面上存在着一个 Si-Au 液相合金层而显著增大，又重新提出了可能通过 VLS 机制生长晶体的问题。这种液相催化和所谓 VLS 机制的确是一个相当普遍的现象，对此 Kaldis 进行了广泛的评述。

化合物晶须生长时也发现有类似的证据，当气相中（Ga）/[As] $\geqslant 1$ 时，砷化镓晶须的生长速率才骤然增大。电子探针检测指出，在生长过程中晶须尖顶存在着一个镓的液滴，证实了砷化镓晶须的生长也是通过 VLS 机制。

图 5－10 给出了硅晶须的生长机理的示意图。如图 5－10a 所示，加热硅基板上的金的小颗粒，硅就溶于金生成 Au-Si 合金熔融体系。图 5－10c 是 Au-Si 体系的相图，由图 5－10c 可看出，当将体系温度加热到高于 Au-Si 体系的共熔点 T_L 时，便生成具有平衡组成 C_{L_2} 的 Au-Si 熔融合金。此时使输运气体 H_2-$SiCl_4$ 流过，还原生成的硅便溶于 Au-Si 熔融合金中，熔融合金便成为硅的过饱和相。当硅的过饱和度达到在液－固界面上硅析出的临界值（C_{LS}）时，硅就在熔融合金和基板间析出。VLS 机理就是如此分两步生长晶体的，即构成晶体成分向熔融合金中的溶解和在 LS 界面的析出。对硅而言，C_{LS} 的平均值非常接近于 C_{L_2}。在析出的初始阶段，析出的硅用于补偿由于生成 Au-Si 熔融合金而消耗的基体硅的再生长上，由于继续地析出，液滴将处于生长晶体的顶端，如图 5－10b 所示。然后，

晶体继续向与 LS 界面垂直的方向生长。

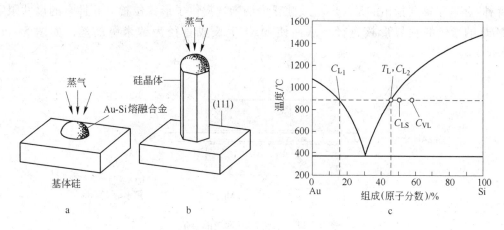

图 5 – 10　硅晶须的生长和 Au-Si 体系的相图

为了稳定进行 VLS 的生长，控制温度和输运气体的流速至关重要。当体系温度急剧下降，熔体中硅的过饱和度超过均匀核化的临界值时，在熔体中便发生硅的析出，熔体表面生长出呈放射状的小晶须。而当体系温度急剧上升时，液滴向 VLS 晶体侧面扩展，则会生长出分支和弯曲的晶体。温度梯度的控制也很重要，当基体温度比熔体相高时，则熔体相向高温移动，将导致熔体相被埋入基体中的结果。横向的温度梯度同样会导致熔体相的横向移动。设正常状态的液滴表面硅的浓度为 C_{VL}，则 $\Delta C = C_{VL} - C_{LS}$ 成为硅从 VL 界面向 LS 界面扩散的驱动力。因此，向液滴供硅的速度越大，晶体生长的速度也越大。不过 ΔC 也有上限，当液滴的过饱和度超过硅的均匀核化所需要的数值时，在液滴内便开始析出硅晶体，液滴就被破坏。

此外，VLS 晶体的大小由液相生成剂的用量和生长温度所决定。温度效应包括改变熔体液滴体积及 LS 界面体积效应和改变在晶体侧面的 VS 析出速度的效应。在一定的温度下，生成剂的用量越多，晶体越大。当生成剂的用量不变时，温度越高，晶体越大。

VLS 生长解决了晶体生长中最困难的问题之一，使"在希望的地点长出希望大小的晶体"成为可能。因此只要适当地选择熔融金属的种类、熔融温度及物质输运的方法等生长条件，就有可能在指定的场所按希望生长出所需大小的晶体。

5.2.6　化学气相沉积法制备纳米材料

5.2.6.1　气 – 固生长法

1996 年美国哈佛大学 Yang 用改进的晶体气 – 固生长法制备了定向排列的 MgO 纳米丝。方法如下：用 1:3 质量比混合的 MgO 粉（200 目）与碳粉（300 目）作为原材料，放入管式炉中部的石墨舟内，在高纯流动 Ar 保护下将混合粉末加热到约 1200℃，则生成的 Mg 蒸气被流动的 Ar 传输到远离混合粉末的纳米丝"生长区"，在生长区放置了提供纳米丝生长的 MgO（001）衬底材料，如图 5 – 11 所示。该 MgO（001）衬底材料预先用 0.5mol/L 的 $NiCl_2$ 溶液处理 1～30min，在其表面上形成了许多纳米尺度的凹坑或蚀丘，Mg 蒸气被输运到这里后，首先在纳米级凹坑或蚀丘上形核，再按晶体的气 – 固生长机制在衬底上垂直于表面生长，形成了直径为 7～40nm、高度达 1～3μm 的 MgO 纳米丝"微型森林"，这里需要指出的是，凹坑或蚀丘为纳米丝提供了形核位置，并且它的尺寸限定了 MgO 纳米丝的临界形核直径，从而使 MgO 生长成直径为纳米级的丝，如图 5－12 所示。

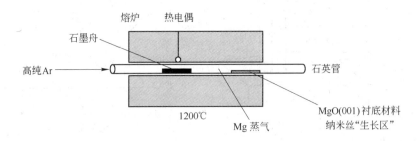

图 5－11　氧化镁纳米线的合成

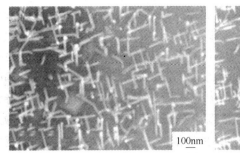

图 5－12　氧化镁纳米线

这里穿插讲一个溶液－液相－固相（SLS）法制备纳米线的方法，因为这种方法与化学气相沉积方法的机理非常相似。

美国华盛顿大学 Buhro 等采用溶液－液相－固相（SLS）法，在低温下（165～203℃）合成了Ⅲ-Ⅴ族化合物半导体（InP、InAs，GaP、GaAs）纳米线。这种方法生长的纳米线为多晶或近单晶结构，纳米线的尺寸分布范围较宽，其直径为 20～200nm、长度约为 10μm。分析表明，这种低温 SLS 生长方法的机理类似于上述的 VLS 机理，生长过程如图 5－13 所示。与 VLS 机制的区别仅在于，按 VLS 机制生长过程中，所需的原材料由气相提供，而按 SLS 机制生长过程中所需的原材料是由溶液提供的。

5.2.6.2　激光烧蚀法

图 5－14 为 Lieber 等提出的用纳米团簇催化法制备纳米线的方案。液态催化剂纳米团簇限制了纳米线的直径，并通过不断吸附反应物，使之在催化剂－纳米线界面上生长，纳米线一直生长，直到液态催化剂变成固态。

需要注意的是，由于平衡热力学的限制，液态金属团簇有一个最小半径：

$$r_{min}^2 = 2\sigma_{LV}V_L/(RT\ln\sigma) \tag{5-37}$$

式中，σ_{LV} 为液－气表面自由能；V_L 为摩尔体积；R 为摩尔气体常数；T 为绝对温度；σ 为气相过饱和度。

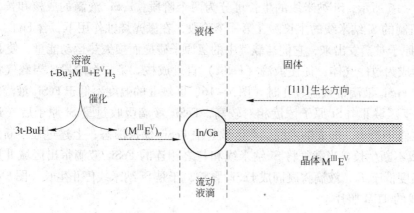

图 5-13 用 SLS 法生长 Ⅲ-Ⅴ族化合物半导体纳米线的示意图

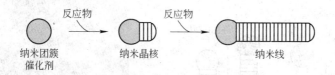

图 5-14 纳米团簇催化法制备纳米线

把典型值代入公式可得到最小半径的数量级为 $0.2\,\mu m$。由此可以看出，在平衡条件下不可能得到直径很小的纳米线。事实上，传统的气－液－固（VLS）方法合成晶须时正是由于这一限制而只能得到直径为微米级的晶须。利用激光烧蚀法（也有人称为激光沉积法）可以克服这一限制。现在利用该技术已成功地制备出了直径为几纳米的 Si 纳米线、Ge 纳米线、GaAs 纳米线及 SiO_2 纳米线。

这一方案的一个重要之处在于它蕴含了一种具有预见性的选择催化剂和制备条件的手段。首先，可以根据相图选择一种能与纳米线材料形成液态合金的催化剂；然后，再根据相图选定液态合金和固态纳米线材料共存的配比和制备温度。

A Fe 催化剂制备 Si 纳米线

Fe-Si 二元相图（图 5-15）在富硅区有一共晶反应，反应温度为 1207℃，反应产物为 $FeSi_2$。富硅区 1207℃以上，液态 $FeSi_x$ 和固态 Si 平衡共存。

按照上述制备方案，用激光蒸发放置于石英管内的组成为 $Si_{0.11}Fe_{0.1}$ 的靶材，石英管由外面的炉子加热，当石英管内达到一定真空度（如 3Pa）后，充入 Ar 载气，经长时间（20h）的高温去气后，将激光束聚焦成一个小光斑（1mm×3mm）照射在靶上，使靶的温度不低于 1200℃，被激光束蒸发的材料通过流动的载气输运到石英管尾部，经过冷凝而沉积下来。在低于 1207℃的温度下，观察到 Si 纳米线的生长是合理的，因为纳米线颗粒的熔点明显低于大块固体的熔点。

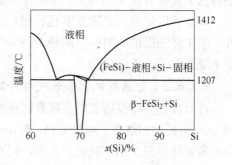

图 5-15 Fe-Si 二元相图的富 Si 区

如图 5-16 所示，Si 纳米线的生长可分为两个阶段：$FeSi_2$ 液滴的成核和长大；以及基于 VLS 机制的 Si 纳米线的生长。在第一个阶段，在激光烧蚀作用下，含 Fe 的 Si，靶中的 Si 和 Fe 原子被蒸发出来，它们与载气中的氢原子碰撞而损失热运动能量，使 Fe、Si 蒸气迅速冷却成为过冷气体，促使液滴（$FeSi_2$）自发成核。第二个阶段，当载气将在区域 I 中形成的 $FeSi_2$ 液滴带入区域 II 时（图 5-16，区域 II 的温度不低于 $FeSi_2$ 液滴的凝固温度 T_2），由于区域 II 中 Si 原子浓度相对较高，$FeSi_2$ 液滴吸收过量 Si 原子后（过饱和状态）将从液滴中析出，形成纳米线。在区域 II 中 $FeSi_2$ 保持液态，上述过程不断发生，维持 Si 纳米线不断生长。当载气将 Si 纳米线和与之相连的 $FeSi_2$ 液滴带出区域 II 后，由于区域 III 的温度低于 T_2，液滴将凝固成 $FeSi_2$ 颗粒，于是 Si 纳米线停止生长。图 5-17 给出了 Si 纳米线的 TEM 照片。

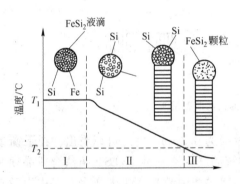

图 5-16   Si 纳米线生长示意图
T_1—恒温区温度；T_2—$FeSi_2$ 液滴的凝固温度

图 5-17   Si 纳米线的透射电镜图片

B   Au 催化剂制备 Si 纳米线

为验证上述方案的通用性，Lieber 等改用 Au 催化剂制备 Si 纳米线。首先，他们先考察 Au-Si 二元相图。可以迅速得出在 363℃ 以上就可以生长出 Si 纳米线，且留在 Si 纳米线顶端的是金属 Au 而不是 Au-Si 合金，实验结果（370~500℃ 下制得直径可小至 3nm 的 Si 纳米线）与此完全一致。

另外，基于 Fe-Ge 二元相图，运用上述方案，也成功地在低共熔温度附近（820℃）制备出了直径只有 3~11nm 的 Ge 纳米线。利用 Au 催化剂制备了半导体 GaAs 纳米线。

以上可以看出，上述方案具有很广的普适性和预见性。相图预示了催化剂和生长条件，激光烧蚀提供了制备不同种类纳米线所需原子团簇（蒸气）的手段，这就为制备新纳米线提供了一条途径。

5.2.6.3   金属有机化合物气相外延与晶体的气-液-固生长法相结合

日本日立公司报道了用金属有机化合物气相外延法（MOVPE）与晶体的气-液-固（VLS）生长法相结合，生长 GaAs 和 InAs 纳米线，其中 GaAs 纳米线生长工艺中的实质部分可简要地用图 5-18 表示。首先，用真空蒸镀法将 Au 沉积在 GaAs 衬底的表面，如图 5-18a 所示，Au 沉积层的平均厚度不超过 0.1nm；然后，以三甲基镓和 AsH_3 为原料，将表面沉积有 Au 层的 GaAs 衬底置于金属有机化合物气相外延装置中，在合适的条件下就可在 GaAs 衬底上生长 GaAs 的纳米线。用这种方法获得的 GaAs 纳米线长 1~5μm、直径10~200nm。

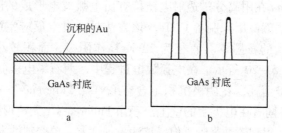

图 5 - 18　GaAs 纳米线生长工艺示意图
a—沉积 Au 层；b—用 MOVPE 法生长 GaAs 纳米线

InAs 纳米线的生长过程与 GaAs 纳米线的类似，其主要区别是：（1）衬底既可用 GaAs，也可用 InAs；（2）原材料中用三甲基铟 TMI 代替三甲基镓 TMG。这种方法获得的 InAs 纳米线最细可达 20nm。分析表明，这种方法之所以能生长出纳米线，是因为沉积在表面的 Au 对纳米线的形成具有催化作用。以在 InAs 衬底上生长 InAs 纳米线为例，图 5 - 19 示出了沉积在表面的 Au 原子可作为液相形成剂，它在 InAs 纳米线的生长过程中具有催化作用，并使 InAs 纳米线按 VLS 机制生长。其详细过程可表述为，当单层 Au 原子沉积在 InAs 衬底表面以后，Au 原子就在 InAs（111）的表面形成团簇，在 AsH$_3$ 气氛中于 500℃退火时，Au 与 InAs 衬底中的 In 形成 Au/In 合金（其共晶温度为 450℃）液滴。当在具有 TMI 和 AsH$_3$ 气氛的 MOPVE 系统中加热到 420℃时，Au/In 合金液滴吸收周围气氛中的 In 和 As，沉积出的 InAs 继续生长，则形成细而长的 InAs 纳米线。

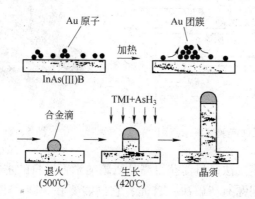

图 5 - 19　在 Au 催化作用下 InAs 纳米线按 VLS 机理生长的示意图

5.2.7　碳纳米管（CNTs）的制备

自从 Iijima 首次在电弧放电法生产富勒烯（Fullerene）的阴极沉积物中发现多壁碳纳米管（MWNTs）以来，为了获得产量高、管径均匀、结构缺陷少、杂质含量低、成本相对低廉、操作方便的制备方法，人们进行了多方向的研究并发现了许多制备 CNTs 的新方法，归纳起来主要有电弧法、催化法、微孔模板法、等离子体法、激光法、电解合成法等。下面是几种比较典型的制备方法。

5.2.7.1　电弧法

石墨电弧法实际上是传统的生产 Fullerene 的方法。本来 MWCNTs 就是在电弧法生产 Fullerene 过程中，Iijima 在用高分辨透射电镜检查由电弧放电形成的阴极沉积物时偶然发现的，很自然地该方法就被用来制备 CNTs。该方法是在真空反应室中充以一定压力的惰性气体，采用面积较大的石墨棒（直径为 20mm）作阴极，面积较小的石墨棒（直径为 10mm）为阳极，如图 5-20 所示。在电弧放电过程中，两石墨电极间总是保持 1mm 的间隙，阳极石墨棒不断被消耗，在阴极沉积出含有 CNTs、Fullerenes、石墨微粒、无定形碳和其他形式的碳微粒，同时在电极室的壁上沉积由 Fullerenes、无定形碳等碳微粒组成的烟灰（soot）。经过纯化，得到碳纳米管。但是该法重现性差，单壁碳纳米管的含量比较低。

5.2.7.2　激光烧蚀法

1996 年，Smalley 研究小组在 1200℃ 下用激光蒸发石墨棒（使用镍、钴为催化剂）得到了纯度高达 70% 的、直径均匀的单壁碳纳米管束。激光蒸发法制备单壁纳米碳管的基本装置如图 5-21 所示，它是将一根金属催化剂/石墨混合的石墨靶放置于一长形石英管中间，该管则置于一加热炉内。当炉温升至 1473K 时，将惰性气体充入管内，并将一束激光聚焦于石墨靶上。由激光束蒸发石墨靶，石墨靶在激光照射下将生成气态碳，这些气态碳和催化剂粒子被气流即流动的氢气从高温区带向低温区，使产物沉积到水冷铜柱上。在催化剂的作用下生长成单壁纳米碳管。但是该法设备昂贵，能耗大，投资成本高，不能大量制备。

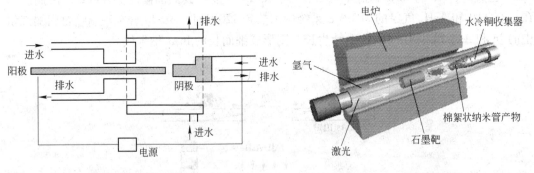

图 5-20　石墨电弧法实验装置示意图　　　　　图 5-21　激光烧蚀法

电弧放电法和激光蒸发法是目前获得高品质碳纳米管材料的主要方法。然而，这两种方法还存在一些关键性问题有待解决。首先，它们需要在 3000℃ 以上的高温条件下将固态的碳源蒸发成碳原子，这便限制了可合成的碳纳米管的数量，而且利用蒸发的方法也很难使碳纳米管的生产规模扩大到千克（kg）的水平。其次，蒸发方法生长的碳纳米管形态高度纠缠，并与碳的其他存在形式及催化剂金属元素相互混杂。对这样的碳纳米管进行提纯、操纵和组装，从而构建碳纳米管器件结构，将是十分困难的事情。

5.2.7.3　化学气相沉积法

碳氢化合物在金属催化剂上的化学气相沉积是制备各种碳纤维和多壁碳纳米管的经典方法。其生长温度通常为 500~1000℃。与前两种方法相比，碳氢化合物催化分解法制备的 CNTs 长度可达 50μm，产量大，一次生产量可达克量级，生产方法简单，便于控制，重复性好。

CVD 过程的第一步是过渡金属（Fe、Ni、Co 等）催化剂颗粒吸收和分解碳氢化合物的分子。碳原子扩散到催化剂的内部后形成金属－碳的固溶体，随后，碳原子从过饱和的催化剂颗粒中析出，形成了碳管结构，详细的机理现在已经得到了实验上的验证。为便于碳纳米管的合成，金属纳米催化剂颗粒通常应由具有较大表面积的材料（如 Al_2O_3 和 SiO_2）来承载。通过 CVD 方法合成多壁或单壁的碳纳米管有赖于催化剂颗粒的尺寸、作为碳源的碳氢化合物类型以及生长的条件。

生成 CNTs 的关键步骤是碳氢化合物在金属的活性晶面上吸附并分解，生成碳原子簇，这些碳原子簇溶解在（液体）金属中并从活性晶面通过金属粒子体相扩散至对应的另一端晶面，在对应的另一端晶面上沉积并形成 CNTs 或碳纤维。

发展可控合成技术以获得碳纳米管的有序结构体系，对研究碳纳米管的基本性质和探索碳纳米管的潜在应用是一条非常重要又切实可行的途径。碳纳米管合成的最终目标是要实现对碳纳米管生长的位置和方向以及其螺旋度、直径和形态缺陷等原子结构的控制。

近来，采用化学气相沉积方法，在衬底上控制生长多壁碳纳米管的工作取得了显著进展。人们已经可以在大尺寸的衬底上制备出较长的、有着良好取向的 MWCNTs。

B. Q. Wei 等在二氧化硅和硅的表面进行图形设计和构筑多种纳米碳管结构。基片是由硅（100）晶须构成的，其上覆盖有 100nm 厚的二氧化硅或厚度达 8.5μm 的化学气相沉积的氧化硅层。Si/SiO_2 的图形通过照相印刷和其后的干湿法刻蚀相结合的技术制得。图 5－22 为这些生长在预先选择好的基片上有组织的纳米碳管阵列模型，图 5－22a 是生

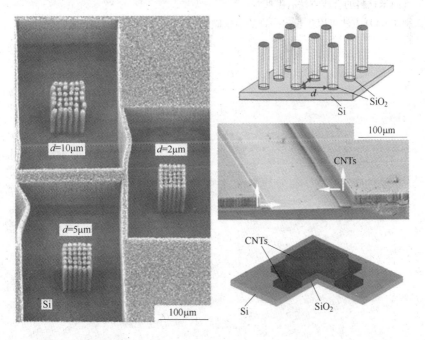

图 5－22　生长在 SiO_2 模板上的三块微米尺寸的纳米碳管束（a）及
周期性垂直和水平定向生长的纳米碳管阵列（b）

长在 SiO_2 模板上的三块微米尺寸的纳米碳管束；图 5 – 22b 展示的是周期性垂直和水平定向生长的纳米碳管阵列。

据预测，基于硅基 CMOS 集成电路的微电子技术在未来十年左右将趋近于发展的极限，发展后摩尔时代的纳电子技术已迫在眉睫。2009 年，国际半导体路线图委员会推荐将基于碳纳米管和石墨烯的碳基电子学技术作为未来 10 ~ 15 年可能显现商业价值的新一代电子技术。材料是碳基电子学发展的基础和关键，然而迄今人们仍没有办法实现碳纳米管的结构可控生长，这已经成为制约碳基电子学发展的瓶颈问题。

北京大学李彦教授课题组经过 12 年的潜心研究，逐步深化了对碳纳米管的生长机制和催化剂作用的认识，在此基础上提出了一种实现单壁碳纳米管结构/手性可控生长的方案。他们发展了一类钨基合金催化剂，其高熔点的特性确保了单壁碳纳米管在高温环境下的生长过程中保持晶态结构，其独特的原子排布方式可用来调控生长的碳纳米管的结构，从而实现了单壁碳纳米管的结构/手性可控生长。

思 考 题

5 – 1   化学方法合成纳米粒子的原理和分类是什么？

5 – 2   纳米粒子的气相反应法的原理是什么？

5 – 3   与液相法相比，纳米粒子的气相合成法特别适合制备哪种纳米材料？

5 – 4   纳米微粒形态及控制技术是什么？

5 – 5   化学气相沉积的基本原理、特点是什么？

5 – 6   化学气相沉积中典型的化学反应类型有哪些？

5 – 7   化学气相沉积成核机理和 VLS 机理是什么？

5 – 8   常见一维纳米材料的合成方法有哪些？

5 – 9   为什么利用 CVD 方法可以生长出一维的单壁碳管？

6 沉淀法制备纳米材料

前面介绍了气相法制备纳米材料。与液相法相比，气相法通过控制参数可以制备出液相法难以制得的金属碳化物、氮化物、硼化物等非氧化物纳米材料。从本章开始介绍液相法制备纳米材料。液相法制备纳米微粒的特点是该法以均相的溶液为出发点，通过各种途径使溶质与溶剂分离，溶质形成一定形状和大小的颗粒，得到所需粉末的前驱体，热解后得到纳米微粒。主要的制备方法分为两类：一是溶剂蒸发法，即水溶液中的盐类迅速析出，如冷冻干燥法、喷雾热分解法、溶剂干燥法和喷雾干燥法等；二是通过溶液反应生成沉淀，主要有沉淀法、溶剂热法、溶胶－凝胶法、化学还原法和反相胶束法等。

6.1 沉淀法的定义

沉淀法是以沉淀操作作为其关键和特殊步骤的制造方法，是无机化学合成中常用的方法之一，广泛用于制备金属氧化物、复合氧化物、含氧酸盐、硫化物等。

6.1.1 沉淀的定义及原理

沉淀是指在液相中发生化学反应生成难溶物质，并形成新固相从液相中沉降出来的过程。即通过金属盐溶液与沉淀剂发生复分解反应，生成难溶的金属盐或金属水合氧化物（氢氧化物），从溶液中沉降出来，经洗涤、干燥、焙烧后，制得纳米粒子。

从化学角度来看，在难溶盐溶液中，当其浓度大于它在该温度下的溶解度时就出现沉淀，或者说在难溶电解质溶液中，如果溶解的正、负离子的离子数的浓度乘积（简称离子积）大于该难溶物的溶度积，这种物质就会沉淀出来。即存在于溶液中的离子 A^+ 和 B^-，当它们的离子浓度积超过其溶度积 $c(A^+) \cdot c(B^-)$ 时，A^+ 和 B^- 之间就开始结合，进而形成晶核。随着晶核生长和在重力的作用下发生沉降，形成沉淀物。一般而言，当颗粒粒径达到 $1\mu m$ 以上时就形成沉淀。

溶度积可由有关手册查阅。由不同金属离子浓度可计算出开始生成氢氧化物沉淀的 pH 值。表 6-1 为常见金属氢氧化物沉淀的 pH 值。

表 6-1 常见金属氢氧化物沉淀的 pH 值

氢氧化物	溶度积	开始沉淀时的 pH 值 (0.1mol/L)	沉淀完全的 pH 值 ($<10^{-5}$ mol/L)
$Al(OH)_3$	1.3×10^{-33}	3.37	4.71
$Co(OH)_2$	1.6×10^{-15}	7.1	9.1

6.1.2 沉淀法的定义

大多数均相沉淀过程都是在离子型溶液中进行的。通常是在溶液状态下将不同化学成分的物质混合，在混合溶液中加入适当的沉淀剂制备纳米粒子的前驱体沉淀物，再将此沉淀物进行干燥或煅烧，从而制得相应的纳米粒子。化学沉淀法的过程是向含有一种或多种离子的可溶性盐溶液中加入沉淀剂（如 $NH_3 \cdot H_2O$、OH^-、$C_2O_4^{2-}$、CO_3^{2-} 等）后，形成不溶性的水合氧化物、氢氧化物或盐，再经过滤、洗涤后，在一定温度下热解或脱水即得到所需的产物。沉淀过程中的制备参数是多变的，例如，初始物质既可以是氧化物也可以是盐，溶解性酸可以是硝酸、柠檬酸或氢卤酸，沉淀温度一般在 0 ~ 80℃，溶剂可以是水、醇或水和醇的混合物。

6.2　沉淀法的分类

沉淀法可分为多类，已由直接沉淀法（单组分沉淀法）发展到共沉淀法（单相共沉淀和多相共沉淀）、均匀沉淀法、超均匀共沉淀法、水解沉淀法等。

6.2.1　单组分沉淀法（直接沉淀法）

单组分沉淀法是通过沉淀剂与一种待沉淀溶液作用以制备单一组分沉淀物的方法。它可以用来制备单组分化合物。以氧化铝为例，氧化铝晶体可以形成 8 种变体，如 α-Al_2O_3，γ-Al_2O_3 和 η-Al_2O_3 等。各类氧化铝变体通常由相应的水合氧化铝加热失水而获得。文献报道的水合氧化铝制备实例甚多，但其中属单组分沉淀法的占绝大多数，并被分为酸法与碱法两大类。酸法以碱为沉淀剂，从酸化铝盐溶液中沉淀水合氧化铝。

$$Al^{3+} + OH^- \longrightarrow Al_2O_3 \cdot nH_2O \qquad\qquad (6-1)$$

碱法则以酸为沉淀剂，从偏铝酸盐溶液中沉淀水合物，所用的酸包括 HNO_3、HCl、CO_2 等。

$$AlO_2^- + H_3O^+ \longrightarrow Al_2O_3 \cdot nH_2O \qquad\qquad (6-2)$$

6.2.2　共沉淀法（多组分共沉淀法）

共沉淀法是将两个或两个以上组分同时沉淀的一种方法。其特点是一次可以同时获得几个组分，而且各个组分之间的比例较为恒定，分布也比较均匀。如果组分之间能够形成固溶体，那么分散度和均匀性则更为理想。共沉淀法的分散性和均匀性好，这是它较之于固相混合法等的最大优势。

向含多种阳离子的溶液中加入沉淀剂后，所有离子完全沉淀的方法称共沉淀法。它又可分成单相共沉淀和混合物共沉淀。

6.2.2.1　单相共沉淀

沉淀物为单一化合物或单相固溶体时，称为单相共沉淀，亦称化合物沉淀法。溶液中的金属离子是以具有与配比组成相等的化学计量化合物形式沉淀的。因而，当沉淀颗粒的金属元素之比就是产物化合物的金属元素之比时，沉淀物具有在原子尺度上的组成均匀性。但是，对于由两种以上金属元素组成的化合物，当金属元素之比按倍比法则，是简单的整数比时，保证组成均匀性是可以的，而当要定量地加入微量成分时，保证组成均匀性常常很困难。如果是利用形成固溶体的方法，就可以收到良好效果。不过，形成固溶体的系统是有限的，适用范围窄，仅对有限的草酸盐沉淀适用。如：$BaSn(C_2O_4)_2 \cdot 1/2H_2O \rightarrow BaSnO_3$、$CaZrO(C_2O_4)_2 \cdot 2H_2O \rightarrow CaZrO_3$。再者，固溶体沉淀物的组成与配比组成一般是不一样的，所以能利用形成固溶体方法的情况相当有限。而且要得到产物微粉，还必须注重溶液的组成控制和沉淀组成的管理。图 6-1 所示的是利用草酸盐进行化合物沉淀的合成装置。作为化合物沉淀法的合成例子，已经对草酸盐化合物做了很多试验，例如在 Ba、Ti 的硝酸盐溶液中加入草酸沉淀剂后，形成了单相化合物 $BaTiO(C_2H_4)_2 \cdot 4H_2O$ 沉淀。经高温分解，可制得 $BaTiO_3$ 的纳米粒子。

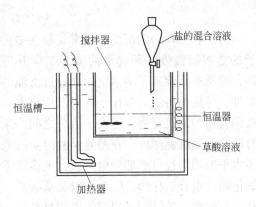

图 6-1 利用草酸盐进行化合物
沉淀的合成装置

需要指出的是，沉淀法是一种能够得到均匀组成的微粉的方法，不过，要得到最终的粉体产物，还要将这些微粉进行加热处理。在热处理之后，微粉是否一定保持其组成的均匀性尚有争议。例如，在 Ba、Ti 的硝酸盐溶液中加入草酸沉淀剂后，形成了单相化合物 $BaTiO(C_2O_4)_2 \cdot 4H_2O$ 沉淀；在 $BaCl_2$ 和 $TiCl_4$ 的混合水溶液中加入草酸后也可得到单一化合物 $BaTiO(C_2O_4)_2 \cdot 4H_2O$ 沉淀。由 $BaTiO(C_2O_4)_2 \cdot 4H_2O$ 合成 $BaTiO_3$ 微粉，$BaTiO(C_2O_4)_2 \cdot 4H_2O$ 沉淀在煅烧时，发生热解：

$$BaTiO(C_2O_4)_2 \cdot 4H_2O \longrightarrow BaTiO(C_2O_4)_2 + 4H_2O \tag{6-3}$$

$$BaTiO(C_2O_4)_2 + 1/2O_2 \longrightarrow BaCO_3(无定形) + TiO_2(无定形) + CO + 2CO_2 \tag{6-4}$$

$$BaCO_3(无定形) + TiO_2(无定形) \longrightarrow BaCO_3(结晶) + TiO_2(结晶) \tag{6-5}$$

$BaTiO_3$ 并不是由沉淀物 $BaTiO(C_2O_4)_2 \cdot 4H_2O$ 微粒的热解直接合成，而是分解为碳酸钡和二氧化钛之后，再通过它们之间的固相反应来形成的。因为由热解得到的碳酸钡和二氧化钛是微细颗粒，具有很高的活性，所以这种合成反应在 450℃ 时就开始了，如果要得到完全单一相的钛酸钡，需加热到 750℃。在这期间的各种温度下，很多中间产物参与钛酸钡的生成，而且这些中间产物的反应活性也不同。所以，原先 $BaTiO(C_2O_4)_2 \cdot 4H_2O$ 沉淀所具有的良好的化学计量性就丧失了。几乎所有利用化合物沉淀法来合成微粉的过程中，都伴随有中间产物的生成，因此，中间产物之间的热稳定性差别越大，所合成的微粉组成的不均匀性就越大。

6.2.2.2 混合物共沉淀（多相共沉淀）

沉淀产物为混合物时，称为混合物共沉淀。现以共沉淀法制备四方氧化钇或全稳定立方氧化锆为例。将 Y_2O_3 用盐酸溶解得到 YCl_3，然后将 $ZrOCl_2 \cdot 8H_2O$ 和 YCl_3 配成一定浓度的混合溶液，在其中加入 NH_4OH 后便有 $Zr(OH)_4$ 和 $Y(OH)_3$ 的沉淀形成，经洗涤、脱水、煅烧可制得 $ZrO_2(Y_2O_3)$ 的纳米粒子。混合物共沉淀过程是非常复杂的。溶液中不同种类的阳离子不能同时沉淀。各种离子沉淀的先后顺序与溶液的 pH 值密切相关。例如，Zr、Y、Mg、Ca 的氯化物溶入水中形成溶液，随 pH 值的逐渐增大，各种金属离子发生沉淀的 pH 值范围不同，如图 6-2 所示。上述各种离子分别进行沉淀，形成了水、氢氧化锆和其他氢氧化物微粒的混合沉淀物，反应如下：

$$ZrOCl_2 + 2NH_4OH + H_2O \longrightarrow Zr(OH)_4 \downarrow + 2NH_4Cl \tag{6-6}$$

$$YCl_3 + 3NH_4OH \longrightarrow Y(OH)_3\downarrow + 3NH_4Cl \qquad (6-7)$$

为了获得均匀的沉淀，通常是将含多种阳离子的盐溶液慢慢加到过量的沉淀剂中并进行搅拌，使所有沉淀离子的浓度大大超过沉淀的平衡浓度，尽量使各组分按比例同时沉淀出来，从而得到较均匀的沉淀物。但由于组分之间产生沉淀时的浓度及沉淀速度存在差异，故溶液的原始原子水平的均匀性可能部分地失去，沉淀通常是氢氧化物或水合氧化物，但也可以是草酸盐、碳酸盐等。此法的关键在于如何使组成材料的多种离子同时沉淀。一般通过高速搅拌、加入过量沉淀剂以及调节 pH 值来得到较均匀的沉淀物。

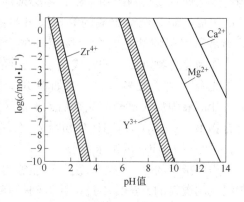

图 6-2　水溶液中锆离子和稳定剂离子的浓度与 pH 值的关系

6.2.3　均匀沉淀法

以上两种沉淀法，在其操作过程中，难免会出现沉淀剂与待沉淀组分的混合不均匀、沉淀颗粒粗细不等、杂质带入较多等现象，均匀沉淀法则能克服此类缺点。均匀沉淀法不是把沉淀剂直接加入待沉淀溶液中，也不是加沉淀剂后立即产生沉淀，而是首先使待沉淀金属盐溶液与沉淀剂母体充分混合，预先造成一种十分均匀的体系，然后调节温度和时间，逐渐提高 pH 值，或者在体系中逐渐生成沉淀剂等方式，创造形成沉淀的条件，使沉淀缓慢进行，以制得颗粒十分均匀而且比较纯净的沉淀物。例如，为了制取氢氧化铝沉淀，可在铝盐溶液中加入尿素溶化其中，混合均匀后，加热升温到 90~100℃，此时溶液中各处的尿素同时水解，释放出 OH⁻ 离子，反应如下：

$$(NH_2)_2CO + 3H_2O \longrightarrow 2NH_4^+ + CO_2 + 2OH^- \qquad (6-8)$$

于是氢氧化铝沉淀即在整个体系内均匀而同步地形成。尿素的水解速度随温度的改变而改变，调节温度可以控制沉淀反应在所需要的 OH⁻ 离子浓度下进行。

一般的沉淀过程是不平衡的，但如果控制溶液中的沉淀剂浓度，使之缓慢地增加，则使溶液中的沉淀处于平衡状态，且沉淀能在整个溶液中均匀地出现，这种方法称为均匀沉淀法。通常是通过溶液中的化学反应使沉淀剂慢慢地生成，从而克服了由外部向溶液中加沉淀剂而造成沉淀剂的局部不均匀性，结果沉淀不能在整个溶液中均匀出现的缺点。例如，随尿素水溶液的温度逐渐升高至 70℃ 附近，尿素会发生分解，即由此生成的沉淀剂 NH₄OH 在金属盐的溶液中分布均匀，浓度低，使得沉淀物均匀地生成。

粒度分布均匀是超微粉体材料所必须具备的基本特征之一。通过控制溶液的过饱和度，均匀沉淀过程可以较好地控制粒子的成核与生长，得到粒度可控、分布均匀的超微粉体材料。正因如此，均匀沉淀法在超微粉体材料制备中正逐渐显示出其独特的魅力。

均匀沉淀不限于利用中和反应，还可以利用酯类或其他有机物的水解、配合物的分解或氧化还原等方式来进行。除尿素外，均匀沉淀法常用的类似沉淀母体列于表 6-2 中。

当使用过量氢氧化铵作用于镍、铜或钴等离子时，在室温条件下，会发生沉淀重新溶解形成可溶性金属配合物的现象。而配合物离子溶液加热或 pH 值降低时，又会产生沉淀。这种配合沉淀的方法，也可归于均匀沉淀一类，使用也较广泛。

表6-2 均匀沉淀法使用的部分沉淀剂母体

沉淀剂	母 体	化 学 反 应
OH^-	尿 素	$(NH_2)_2CO + 3H_2O \longrightarrow 2NH_4^+ + 2OH^- + CO_2$
PO_4^{3-}	磷酸三甲酯	$(CH_3)_3PO_4 + 3H_2O \longrightarrow 3CH_3OH + H_3PO_4$
$C_2O_4^{2-}$	尿素与草酸二甲酯或草酸	$(NH_2)_2CO + 2HC_2O_4^- + H_2O \longrightarrow 2NH_4^+ + 2C_2O_4^{2-} + CO_2$
SO_4^{2-}	硫酸二甲酯	$(CH_3)_2SO_4 + 2H_2O \longrightarrow 2CH_3OH + 2H^+ + SO_4^{2-}$
SO_4^{2-}	磺酰胺	$NH_2SO_3H + H_2O \longrightarrow NH_4^+ + H^+ + SO_4^{2-}$
S^{2-}	硫代乙酰胺	$CH_3CSNH_2 + H_2O \longrightarrow CH_3CONH_2 + H_2S$
S^{2-}	硫 脲	$(NH_2)_2CS + 4H_2O \longrightarrow 2NH_4^+ + 2OH^- + CO_2 + H_2S$
CrO_4^{2-}	尿素与 $HCrO_4^-$	$(NH_2)_2CO + 2HCrO_4^- + H_2O \longrightarrow 2NH_4^+ + CO_2 + 2CrO_4^{2-}$

在均匀沉淀法制备超微粉体材料的过程中，沉淀剂的选择及沉淀剂释放过程的控制非常重要。现以尿素法制备铁黄（FeOOH）粒子为例加以说明。其基本原理为：在含 Fe^{3+} 的溶液中加入尿素，并加热至 90～100℃时尿素发生水解反应。随反应的缓慢进行，溶液的 pH 值逐渐上升。Fe^{3+} 和 OH^- 反应并在溶液不同区域中均匀地形成铁黄粒子，尿素的分解速率直接影响形成铁黄粒子的粒度。图 6-3 为不同浓度下尿素的水解速率。图 6-4 为利用均匀沉淀法制备的超微铁黄粒子的透射电镜照片，可见铁黄粒子针形好，且粒度分布非常均匀。

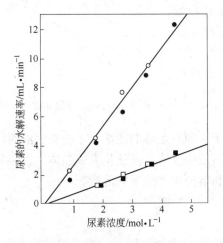

图 6-3 尿素的水解速率与其浓度的关系
（$FeCl_3$ 浓度：○，□—0.1mol/L；●，■—0.2mol/L
反应温度：□，■—75℃；○，●—85℃）

图 6-4 利用均匀沉淀法制备的
超微铁黄粒子的透射电镜照片

均匀沉淀法目前已用于制备 Fe_3O_4、Al_2O_3、TiO_2、SnO_2、$MgAl_2O_4$ 等多种体系的超微粉体材料。

可以用与控制释放沉淀阴离子来制备单分散金属氧化物或氢氧化物微粒相同的方法来制备硫化物颗粒。用该方法制备硫化物粒子时常选用 CH_3CSNH_2（TAA）作为沉淀剂。高温时 TAA 与水反应生成 H_2S，H_2S 水解释放出 S^{2-}。例如通过 TAA 在酸性溶液中的热分解制备 ZnS 沉淀的过程如下：

$$CH_3CSNH_2 + H_2O \longrightarrow CH_3CONH_2 + H_2S \tag{6-9}$$

$$H_2S \Longleftrightarrow HS^- + H^+ \tag{6-10}$$

$$HS^- \Longleftrightarrow S^{2-} + H^+ \tag{6-11}$$

$$Zn^{2+} + S^{2-} \longrightarrow ZnS \tag{6-12}$$

TAA 与 H_2O 反应生成 H_2S 的反应为速率控制步骤。S^{2-} 的聚集速率由反应温度、溶液的 pH 值以及 TAA 初始浓度决定。

6.3 沉淀的过程和机理

沉淀是溶解的逆过程。固体在溶剂（水）中不断溶解，在一定温度下，当溶液达到饱和时，固体与溶液呈平衡状态，此时溶液中的溶质浓度称为饱和浓度，却没有固体沉淀出来。仅当溶质在溶液中的浓度超过饱和浓度时才有可能析出固体沉淀物。溶质浓度超过其饱和浓度的溶液称为过饱和溶液，常用溶液过饱和度来衡量其超过饱和的程度。用溶解度曲线来表示析出沉淀与溶液过饱和度的关系，见图 6-5。AB 为正常溶解度曲线或称为饱和曲线。在较高浓度，差不多是平行于 AB 的一条曲线 CD，即所谓过饱和曲线。在曲线 AB 下方 P 点处，溶液浓度尚未达到饱和，不能析出沉淀，溶液是稳定区。在曲线 CD 上方 S 点处，溶液已超过临界过饱和度，能自动析出沉淀，称为不稳定区。两个区域之间称为介稳区，在区域中 Q 点处，如存在外加晶种，将会有沉淀物生成，但不会自发沉淀。

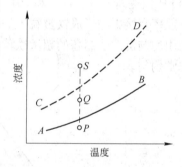

图 6-5　溶液过饱和度示意图

产生沉淀物就会形成新相，这是因为溶质分子必须有足够的能量，才能克服液固相界面阻力，碰撞聚集生成新的固相晶核，同时为使溶液中生成的晶核长大成晶体，也必须有一定的浓度差作为扩散的推动力，所以只有在饱和溶液中才能形成沉淀。

6.3.1 成核

从溶液中制备粒子，成核对最终产物的粒径分布起重要作用。一般有三种成核过程：均相成核、多相成核和二次成核。均相成核是在高过饱和度下，溶液自发地生成晶核的过程。无固相界面存在时易发生均相成核。均相成核的经典理论认为，对于过饱和溶液，溶质分子相互结合生成晶胚。总的自由能变化 ΔG 为生成新体积的自由能和新表面自由能的总和，对于球形颗粒，有：

$$\Delta G = (-4/V)\pi r^3 k_B T \ln S + 4\pi r^2 \gamma \tag{6-13}$$

式中，V 为沉淀物的分子体积；r 为晶胚半径；k_B 为玻耳兹曼常数；S 为饱和比；γ 为单位表面积的表面自由能。

当 $S>1$，粒径为临界尺寸 r^* 时，ΔG 有一正的最大值。这个最大的自由能就是成核的活化能。如果晶胚大于 r^*，将通过形成稳定的晶核（生长为颗粒）而进一步降低自由能。临界成核尺寸 r^* 可由 $\mathrm{d}\Delta G/\mathrm{d}r=0$ 求得：

$$r^* = 2V\gamma/(3k_\mathrm{B}T\ln S) \tag{6-14}$$

对于给定的 S，所有 $r>r^*$ 的颗粒均可以生成，而 $r<r^*$ 的则会溶解。

溶液处于过饱和介稳态中，由于分子或离子不断碰撞运动，在局部区域分子聚集成簇团，聚集不仅是由于溶液中运动粒子间发生碰撞，通过弱作用力（范德华力）相互黏附，还通过晶体生成化学键，聚集体固化。分子或离子的一次碰撞不一定就排列在晶格中，常是几个分子先形成松散的簇团，这种簇团的构型在不同程度上接近于所生成新相的结构，它与周围介质处于平衡状态，在溶液局部过饱和度较小的地方它们可能分解消失，在局部过饱和度较大的地方不断地碰撞聚集更多的分子而长大，两种趋势的概率相同。在晶核形成过程中分子或离子聚集通常不是无序的，而是按照固相晶格有序排列。簇团不太稳定，通过多次反复的有效碰撞，才能逐渐聚集成一定数量的分子，在过饱和溶液中簇团形成速率大于分解速率，它就随时间而长大，当簇团达到临界粒度，体积达到相当程度后，它能稳定地发展而不会消失，这时称它为晶核。

6.3.2 晶核生长

形成晶核后，溶质在晶核上不断地沉积，晶粒不断长大。晶粒长大过程类似于化学反应的传质过程，分两步进行，一是溶质分子向晶粒的扩散过程；二是溶质分子在晶粒表面的沉淀反应过程。

除了通过分子加成（溶质沉积在固体表面）增大颗粒的尺寸外，颗粒还可以通过与其他固体粒子聚集而变大。分子加成使固体粒子的总质量增加，而聚集作用则不引起固体质量的变化。所以如果以聚集作为主要的生长机理的话，导致固相成核的化学反应必须持续进行以提供新的固相物质。

图 6-6 为通过成核以及聚集作用生成的单分散球形颗粒的形成过程示意图（粒子成核、生长及聚集过程示意图）。最初，随着反应的进行，均相成核在整个溶液中发生。随着溶液温度的升高，形成越来越多的核，其中一些核通过聚集生长机理相互结合生成初级球形颗粒，经老化后最终生成了大量的球形颗粒物，一些颗粒聚集在一起形成了柔软的块状物。

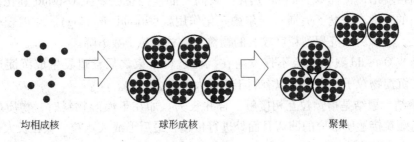

均相成核　　　　球形成核　　　　聚集

图 6-6　粒子成核、生长及聚集过程示意图

　　沉淀物的粒径取决于沉淀过程的动力学因素，即核形成与核成长的相对速度。核形成速度低于核成长，那么生成的颗粒数就少，单个颗粒的粒径就变大。

6.3.3　晶型沉淀和无定形沉淀形成的条件

　　Haber 认为晶核聚集速率是离子聚集成晶核的速率。聚集速率取决于沉淀条件、沉淀物质过饱和度。过饱和度大，聚集速率较快，离子、分子可能来不及有序地排列（定向速率），而是生成非晶态粒子，在沉淀物老化过程中再逐渐地转变为有序排列的晶体。定向速率是离子按一定晶格定向排列成晶体的速率。定向速率取决于沉淀物质的本性。极性分子或离子 AgCl、ZnS、CuS、HgS 等分子小、极性大，具有较大的定向速率，易形成晶型沉淀或具有晶体结构的胶粒。硅胶、硅铝胶等结合羟基多（还有水分子结合在其中），结构复杂，分子极性较小，溶解度极小，故其聚集速率远大于定向速率，因而易生成无定形的凝胶状沉淀。可是，$Fe(OH)_3$、$Al(OH)_3$ 等也是结合羟基多，定向排列困难，定向速率小，一开始很难形成晶型沉淀，而经过一段时间的老化，晶型会逐渐完善，发生晶型转化。因此晶型沉淀形成的条件是晶核聚集速率小于定向速率；无定形沉淀形成的条件是晶核聚集速率大于定向速率。

6.3.4　沉淀的陈化（老化）

　　在沉淀形成以后往往有所谓陈化（或熟化、老化）的工序，晶形沉淀尤其如此。沉淀在其形成之后发生的一切不可逆变化称为沉淀的陈化。最简单的陈化操作是沉淀形成后并不立即过滤，而是将沉淀物与其母液一起放置一段时间。从形成沉淀直到干燥除去水分为止这段时间（包括沉淀物的洗涤与过滤）都可看做老化阶段。这阶段主要发生颗粒长大、晶型完善和凝胶脱水收缩等变化。

6.3.4.1　颗粒长大

　　按颗粒长大的机理可分为再凝结（再结晶）与聚结两种。

　　（1）再凝结。同样物质微小颗粒的溶解度要比大颗粒的大，小颗粒的溶解促使大颗粒的成长。由开尔文（Kelvin）公式相关形式 $\ln(c/c^*) = 2\sigma M/\rho rRT$ 可看出，颗粒越细，溶解度越大。在大颗粒和细颗粒沉淀粒子同时存在的情况下，若大颗粒沉淀处于饱和状态，则小颗粒沉淀必然不饱和，其结果是小颗粒沉淀物溶解增大了溶液的浓度。由于溶液浓度超过了大颗粒沉淀物的饱和浓度，溶质又可以在大颗粒表面上沉淀出来，从而使大颗粒继续长大。这种通过溶解－再沉淀，物质由小颗粒转移到大颗粒表面上而使沉淀粒子成长的现象叫再凝结，又称为 Ostwald 熟化。在同一晶体内也会发生 Ostwald 熟化现象。由于粒度之间的差别，诱发了奥斯特沃尔德熟化作用（Ostwald ripening）。粒度较小的颗粒的溶解度大，溶解后又沉积到粒度较大的颗粒上，总的粒子数下降。

　　再凝结或 Ostwald 熟化现象不仅发生在沉淀过程结束之后，也发生成沉淀进行过程中。它促使沉淀物粒子长大，所以有利于生成大颗粒沉淀物。

　　（2）聚结。聚结是指颗粒互相接触，合并长大。如在干燥湿物料时，物质从球形颗粒的凸面向颗粒接触所形成的凹弯月面处进行传递，最后形成大颗粒。颗粒长大速率取决于溶解度的大小，当溶液中存在杂质时，溶解度增大，容易得到大的颗粒。

6.3.4.2　晶型完善及晶型转变

制备重整催化剂载体采用三氯化铝与氨水生产湃铝石和诺水铝石混合晶相 Al(OH)$_3$，新生成的沉淀物，其 X 射线衍射图谱不出现明显峰线，经过老化 14 h 才能得到结晶完整的湃铝石和诺水铝石，见图 6-7。

即初生的沉淀不一定具有稳定的结构，例如草酸钙在室温下沉淀时得到的是 CaC$_2$O$_4$·2H$_2$O 和 CaC$_2$O$_4$·3H$_2$O 的混合沉淀物，它们与母液在高温下一起放置，将会变成稳定的 CaC$_2$O$_4$·H$_2$O。某些新鲜的无定形或胶体沉淀，在陈化过程中逐步转化而结晶也是可能的，例如分子筛、水合氧化铝等的陈化，即是这种转化最典型的实例。

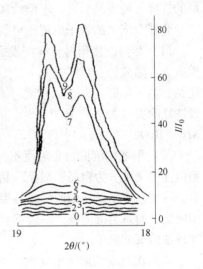

图 6-7　洗涤、老化对
三水合物变化的影响
0 ~ 6—压滤次数；7—老化 14h；
8—老化 31h；9—老化 48h

像氢氧化铝、氢氧化铁这类多晶态的沉淀物常利用不同的老化条件来得到不同晶型的物质。如：

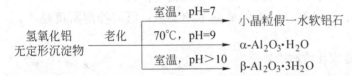

氢氧化铝无定形沉淀物 ── 老化 ──
室温，pH=7 → 小晶粒假一水软铝石
70℃，pH=9 → α-Al$_2$O$_3$·H$_2$O
室温，pH>10 → β-Al$_2$O$_3$·3H$_2$O

这样，陈化的时间、温度及母液的 pH 值等便会成为陈化所应考虑的几项影响因素。另外，在老化过程中，沉淀物的孔隙结构和表面积也会发生相应的变化。

6.4　沉淀法的操作技术要点和影响因素

沉淀法的关键步骤是配制金属盐溶液、中和沉淀、过滤洗涤和干燥焙烧。一般而言，沉淀法的生产流程包括溶解、沉淀、洗涤、干燥、焙烧等各个步骤。

操作步骤多，过程控制因素也很多，沉淀剂种类、沉淀方法、温度、时间、溶液浓度、沉淀剂浓度、阴离子的种类、pH 值、溶剂、加料方式和搅拌强度、老化、焙烧和添加剂等都会影响沉淀的效果。影响因素复杂常使沉淀法的制备重复性欠佳，这是沉淀法存在的一个问题。因此，控制好沉淀条件是保证沉淀物质量的关键。

金属盐溶液的配制一般采用硝酸盐、硫酸盐和少量金属氯化物、有机酸盐及金属复盐。工业上用沉淀法制催化剂大多采用硝酸溶解金属形成硝酸盐的方法，即由硝酸盐来提供无机材料所需要的阳离子，因为绝大多数硝酸盐都可溶于水，并可方便地由硝酸与对应的金属或其氧化物、氢氧化物、碳酸盐等反应制得。两性金属铝除可由硝酸溶解外，还可由氢氧化钠等强碱溶解。

金、铂、钯、铱等贵金属不可溶于硝酸，但可溶于王水。溶于王水的这些贵金属，在加热驱赶硝酸后，得到相应氯化物。这些氯化物的浓盐酸溶液，即为对应的氯金酸、氯铂酸、氯钯酸和氯铱酸等，并以这种特殊的形态，提供对应的阳离子。

最常用的沉淀剂是 NH$_3$、NH$_4$OH 以及 (NH$_4$)$_2$CO$_3$ 等铵盐。因为它们在沉淀后的洗涤和热处理时易于除去而不残留。使用 NaOH 或 Na$_2$CO$_3$ 来提供 OH$^-$、CO$_3^{2-}$，一般也是较好的选择。特别是后者，不但价廉易得，而且常常形成晶型沉淀，易于洗净。

此外，下列的若干原则亦可供选择沉淀剂时参考：

（1）尽可能使用易分解挥发的沉淀剂。前述常用的沉淀剂如氨气、氨水和铵盐（如碳酸铵、醋酸铵、草酸铵）、二氧化碳和碳酸盐（如碳酸钠、碳酸氢铵）、碱类（如氢氧化钠、氢氧化钾）以及尿素等，在沉淀反应完成之后，经洗涤、干燥和焙烧，有的可以被洗涤除去（如 Na^+ 离子、SO_4^{2-} 离子），有的能转化为挥发性的气体而逸出（如 CO_2、NH_3、H_2O）。

（2）形成的沉淀物必须便于过滤和洗涤。沉淀可以分为晶型沉淀和无定形沉淀，晶型沉淀中又细分为粗晶和细晶。晶型沉淀带入的杂质少，也便于过滤和洗涤，特别是粗晶粒。可见，应尽量选用能形成晶型沉淀的沉淀剂。上述那些盐类沉淀剂原则上可以形成晶型沉淀。而碱类沉淀剂，一般都会生成无定形沉淀，无定形沉淀难于洗涤过滤，但可以得到较细的沉淀粒子。

（3）沉淀剂的溶解度要大。溶解度大的沉淀剂，可能被沉淀物吸附的量较少，洗涤脱除残余沉淀剂等也较快。这种沉淀剂可以制成较浓溶液，沉淀设备利用率高。

（4）沉淀物的溶解度应很小。这是制备沉淀物最基本的要求。沉淀物溶解度越小，沉淀反应越完全，原料消耗量越少。

（5）沉淀剂必须无毒，不应造成环境污染。

6.5　沉淀法的特点及缺点

沉淀法在工业及研究领域被广泛用来合成硫化物、氧化物及复合氧化物，如 $BaTiO_3$、$YBa_2Cu_3O_7$、$LiFePO_4$ 和 Y_2O_3:Eu 等。化学沉淀法突出的优点就是操作简便，不需要高温条件就可以生成接近化学计量比的产物；与固相反应法相比，产物更容易达到组成均匀性。其缺点为：（1）沉淀为胶状物，水洗、过滤困难；（2）沉淀剂（氢氧化钠、氢氧化钾）容易作为杂质混入沉淀物；（3）如果使用能够分解除去的氢氧化铵、碳酸铵作为沉淀剂，则 Cu^{2+} 和 Ni^{2+} 形成可溶性络离子；（4）沉淀过程中各种组分的分离；（5）水洗时，有的沉淀物发生部分溶解。

思　考　题

6-1　沉淀法的概念和原理是什么？

6-2　沉淀法的特点有哪些？

6-3　直接沉淀法和单相共沉淀法的区别是什么？

6-4　单相共沉淀法和混合物共沉淀法的共同点和区别有哪些？

6-5　均匀沉淀法的概念是什么？

6-6　水解沉淀法的概念和特点是什么？

6-7　沉淀过程的机理是什么？

6-8　晶型沉淀和无定形沉淀形成的条件有哪些？

6-9　沉淀物粒径的控制因素是什么？

6-10　金属盐类和沉淀剂选择原则是什么？

6-11　影响沉淀物形貌的因素有哪些？各因素会对形貌的哪些方面产生影响？

7 溶剂热法制备纳米材料

7.1 水热法的历史回顾

"水热"一词大约出现在 150 年前，原本用于地质学中描述地壳中的水在温度和压力联合作用下的自然过程，以后发展到沸石分子筛和其他晶体材料的合成，因此越来越多的化学过程也广泛使用这一词汇。水热与溶剂热合成是无机合成化学的一个重要分支。水热合成研究从最初模拟地矿生成开始到合成沸石分子筛和其他晶体材料已经有一百多年的历史。直到 20 世纪 70 年代，水热法才被认识到是一种制备粉体的先进方法。

无机晶体材料的溶剂热合成研究是近 20 年发展起来的，主要指在非水有机溶剂热条件下的合成，用于区别水热合成。水热与溶剂热合成的研究工作近百年来经久不衰并逐步演化出新的研究课题，如水热条件下的生命起源问题以及与环境友好的超临界氧化过程。在基础理论研究方面，从整个领域来看，其研究重点仍然是新化合物的合成，新合成方法的开拓和新合成理论的建立。人们开始注意到水热与溶剂热非平衡条件下的机理问题以及对高温高压条件下合成反应机理进行研究。由于水热与溶剂热合成化学在技术材料领域的广泛应用，特别是高温高压水热与溶剂热合成化学的重要性，世界各国都越来越重视对这一领域的研究。

超细（纳米）粉末可用水热法制备，目前处在研究阶段的品种不下几十种，除了铜、钴、镍、金、银、钯等几种金属粉末外，主要集中在陶瓷粉末上。基本处于扩大试验阶段，近期可望开发成功的有氧化锆、氧化铝等氧化物，钛酸铅、锆钛酸铅等压电陶瓷粉末，规模从几公斤/天到几百吨/年。

7.2 水热法的基本概念

对于任一未知的合成化学反应，首先必须考虑的问题是要通过热力学计算其推动力，只有那些净推动力大于零的化学反应在理论上才能够进行；其次还必须考虑该反应的速率甚至反应的机理问题。前者属于化学热力学问题，后者则属于化学动力学问题，两者是相辅相成的，如某一化学反应在热力学上虽是可能的，而反应速率过慢也无法实现工业化生产，还必须通过动力学的研究来降低反应的阻力，加快其反应速率；而对那些在热力学上不可能的过程就没有必要再花力气进行动力学方面的研究了，除非是先通过条件的改变来使其在热力学上成为可能的过程。

水热和溶剂热合成化学与溶液化学不同，它是研究物质在高温和密闭或高压条件下溶液中的化学行为与规律的化学分支。引申为常温常压难进行的反应。

最初，水热法主要是合成水晶，因此水热法的定义为：水热法是在特制的密闭反应容器（高压釜）里，采用水溶液作为反应介质，通过加热反应容器，创造一个高温（100~1000℃）、高压（1~100MPa）的反应环境，使得通常难溶或不溶的物质溶解并重结晶。现在，水热法已被广泛地用于材料制备、化学反应和处理，并成为十分活跃的研究领域。其定义为：水热过程是指在高温、高压下在水、水溶液或蒸气等流体中所进行的有关化学反应的总称。水热法制备纳米材料可定义为：水热法是在高压釜里的高温、高压反应环境中，采用水作为反应介质，使得通常难溶或不溶的物质溶解，进行化学反应而制备纳米材料的方法。

7.3　水热合成中主要反应类型

在常温常压下一些从热力学分析看可以进行的反应，往往因反应速度极慢，以至于在实际生产中没有价值。但在水热条件下却可能使反应得以实现，因为水热条件能加速离子反应和促进水解反应。水热法用来制备各种单晶及超细、无团聚或少团聚的粉体材料，完成某些有机反应或对一些危害人类生存环境的有机废弃物质进行处理，以及在相对较低的温度下完成某些陶瓷材料的烧结等。

水热法按反应温度分类可分为低温水热法，即在100℃以下进行的水热反应；中温水热法，即在100~300℃下进行的水热反应；高温高压水热法，即在300℃以上，0.3GPa下进行的水热反应。水热法按设备的差异分类，可分为"普通水热法"和"特殊水热法"。所谓"特殊水热法"是指在水热条件反应体系上再添加其他作用力场，如直流电场、磁场（采用非铁电材料制作的高压釜）和微波场等。根据研究对象和目的的不同，水热法可分为水热晶体生长、水热合成、水热反应、水热处理、水热烧结等，典型的反应有如下类型：水热氧化、水热沉淀、水热合成、水热还原、水热分解、水热晶化。

（1）水热氧化。水热氧化是以金属单质为前驱体，经水热反应，得到相应的金属氧化物粉体。典型反应可用下式表示：

$$mM + nH_2O \longrightarrow M_mO_n + nH_2 \qquad (7-1)$$

如以金属钛粉为前驱物，以水为反应介质，在一定的水热条件（温度：高于450℃；压力：100MPa；反应时间：3h）下，得到锐钛矿型、金红石型二氧化钛晶粒和钛氢化物TiH_x（$x=1.924$）的混合物；将反应温度提高到600℃以上，得到的是金红石和TiH_x（$x=1.924$）的混合物；反应温度高于700℃，产物则完全是金红石TiO_2晶粒。

（2）水热沉淀。水热沉淀是水热与溶剂热条件下生成沉淀得到新化合物的反应。水热沉淀的一个典型例子是采用$ZrOCl_2$和尿素$CO(NH_2)_2$混合水溶液为反应前驱物，经水热反应得到了立方相和单斜相ZrO_2晶粒混合粉体，晶粒线度为十余纳米。在水热反应过程中，首先尿素受热分解，使溶液pH值增大，从而形成$Zr(OH)_4$，进而生成ZrO_2，如图7-1所示。

（3）水热合成。水热合成可理解为以一元金属氧化物或盐在水热条件下反应合成二元甚至多元化合物。例如选用TiO_2粉体和$Ba(OH)_2 \cdot 8H_2O$粉体为前驱体，经水热反应即可制得钙钛矿$BaTiO_3$晶粒。又如，以Bi_2O_3和GeO_2粉体为前驱物，水热法可制得$Bi_4Ge_3O_{12}$微晶粒（晶粒线度为数个微米）。再如，以在$Cr(NO_3)_3$水溶液里加入氨水制得的$Cr(OH)_3$和La_2O_3为前驱物，并在体系里加入一定量的金属铬（金属铬与水反应，生

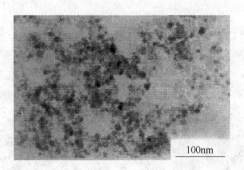

图 7 - 1　水热法制备四方/立方相 ZrO_2 晶粒的 TEM 照片

成 Cr_2O_3 和 H_2，从而在体系里创造一个还原气氛），在一定的水热反应条件下（温度 400℃以上；压力：100MPa；反应时间：3~24h），生成结晶良好的 $LaCrO_3$ 晶粒。又如：

$$Nd_2O_3 + H_3PO_4 \longrightarrow NdP_5O_{14}$$

$$CaO \cdot nAl_2O_3 + H_3PO_4 \longrightarrow Ca_5(PO_4)_3OH + AlPO_4$$

$$La_2O_3 + Fe_2O_3 + SrCl_2 \longrightarrow (La, Sr)FeO_3$$

$$FeTiO_3 + KOH \longrightarrow K_2O \cdot nTiO_2 (n = 4, 6) \qquad (7-2)$$

（4）水热还原。反应如下：

$$Me_xO_y + yH_2 \longrightarrow xMe + yH_2O \qquad (7-3)$$

陶昌源等报道，用碱式碳酸镍及氢氧化镍水热还原工艺可成功地制备出最小粒径为 30nm 的镍粉。

（5）水热分解。水热分解是在水热与溶剂热条件下分解化合物得到结晶的反应。天然钛铁矿的主要成分是（%）：TiO_2 53.61；FeO 20.87；Fe_2O_3 20.95；MnO 0.98。在 KOH（10mol/L）溶液里，温度为 500℃，压力 25~35MPa 下，经 63h 水热处理，天然钛铁矿可完全分解，产物是磁铁矿 $Fe_{3-x}O_3$ 和 $K_2O \cdot 4TiO_2$。检测表明在此条件下得到的磁铁矿晶胞参数（$a = 0.8467nm$）大于符合化学计量比的纯磁铁矿的晶胞参数（$a = 0.8396nm$），这是由于 Ti^{4+} 在晶格里以替位离子形式存在，形成 $Fe_{3-x}O_3 \cdot Fe_2TiO_4$ 固溶体。在温度 800℃，压力 30MPa 下，水热处理 24h，则可得到符合化学计量比的纯磁铁矿粉体。又如：

$$FeTiO_3 \longrightarrow FeO + TiO_2$$

$$ZrSiO_4 + NaOH \longrightarrow ZrO_2 + NaSiO_3$$

$$FeTiO_3 + K_2O \longrightarrow K_2O \cdot nTiO_2 + FeO \quad (n = 4, 6) \qquad (7-4)$$

（6）水热晶化。水热晶化指所采用无定形前驱物经水热反应后形成结晶完好的晶粒。比如：

$$Al(OH)_3 \longrightarrow Al_2O_3 \cdot H_2O \qquad (7-5)$$

用新配置的 $Al(OH)_3$ 胶体为前驱物，以水为反应介质，经水热反应和相应的后处理，可得到长针状的 Al_2O_3 晶粒；但以醇水混合溶液为反应介质，得到的是板状 Al_2O_3 晶粒，如图 7-2 所示。以 $ZrOCl_2$ 水溶液中加沉淀剂（氨水、尿素等）得到的 $Zr(OH)_4$ 胶体为前驱物，水热法制备 ZrO_2 晶粒是水热晶化的一个典型例子。

此外，还有水热脱水反应、水热离子交换反应、水热转晶反应、水热提取反应和水热烧结反应等制备技术。

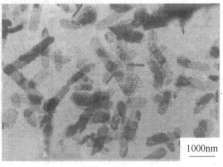

图 7-2　水热法制备的 Al$_2$O$_3$ 晶粒的 TEM 照片

a—长针状；b—板状

7.4　水热法的基本原理

水热与溶剂热合成研究的特点之一是由于研究体系一般处于非理想非平衡状态，因此应用于非平衡热力学研究合成化学问题。在高温高压条件下，水或其他溶剂处于临界或超临界状态，反应活性提高。物质在溶剂中的物性和化学反应性能均有很大改变，因此溶剂热化学反应与常态化学反应不同。

7.4.1　临界状态和超临界状态

任何一种物质都存在三种相态——气相、液相、固相。三相呈平衡态共存的点叫三相点。液、气两相呈平衡状态的点叫临界点。在临界点时的温度和压力称为临界温度和临界压力（水的临界温度和临界压力分别为 374℃ 和 21.7MPa）。不同的物质其临界点所要求的压力和温度各不相同。

高于临界温度和临界压力而接近临界点的状态称为超临界状态。处于超临界状态时，气液两相性质非常接近，以至于无法分辨，所以超临界水是非协同、非极性溶剂。

超临界水的性质具有下述特点：（1）完全溶解有机物；（2）完全溶解空气或氧气；（3）完全溶解气相反应的产物；（4）对无机物溶解度不高。

超临界是指物质的温度与压力处于它的临界温度和压力以上时的一种特殊流体状态。图 7-3 为单组分物质相图。把处于气液平衡的物质升温升压时（图中沿 TC 线变化），热膨胀引起液体密度减少，压力升高使气相密度增大。当物质的温度和压力达某一点（C 点）时，气-液分界面消失，体系的性质变得均一而不再分气体与液体，C 点就称为临界点，该点对应的温度与压力分别称为临界温度 T_c 和临界压力 p_c，在临界温度之上，加压不能使物质再呈现出液体状态，而只能成为超临界流体。图中高于临

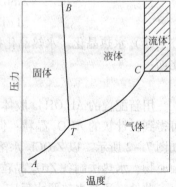

图 7-3　单组分物质的相图

界温度和临界压力的阴影线区域就属于超临界流体状态。

超临界流体兼有气体和液体的特点，其黏度小，扩散系数较大，密度大，具有良好的溶解性能和传质性能。超临界流体既是良好的分离介质，又是良好的反应介质。临界点附近微小的温度和压力变化就能导致其特性的改变。因此，对选择性的分离和特定条件下的反应非常敏感。

水热与溶剂热合成的另一特点是水热条件下，水可以作为一种化学组分起作用并参与化学反应，既是溶剂又是膨化促进剂，同时还可以作为压力传递介质；通过加速渗析反应和控制其过程的物理化学因素，实现无机化合物的形成与改性。

7.4.2　水热条件下水的状态、性质

在高温高压水热密闭条件下，物质的化学行为与该条件下水的物化性质有密切关系，因此有关水的物化性质基础数据的积累是十分必要的，以便了解高温高压水及与水共存的气相的性质，确定高温高压水热条件下各相（氧化物、氢氧化物、流体）间相的稳定范围，寻找并确定合成单晶体的最佳条件，明确水热条件下合成产物的性质，以及测定固相在水热条件下的溶解度及稳定性等。

在高温高压的水热体系中，水的性质将产生下列变化：蒸气压变高，密度变低，表面张力变低，黏度变低，离子积变高，即类似水蒸气的性质。

水热介质 – 水的特性是指在水热条件下水的黏度、介电常数和膨胀系数的变化。图 7 – 4 给出了水的黏度与水的密度和温度的关系。从图 7 – 4 可看到，在稀薄气体状态，水的黏度随温度的升高而增大；但被压缩成稠密液体状态时，其黏度却随温度的升高而降低；而黏度随温度的升高而降低的过程中，曲线中存在一个区域（此时水的密度约为 $0.8 \times 10^3 \mathrm{kg/m^3}$ ），在此区域里，水的黏度不随温度的改变而发生很大的变化。

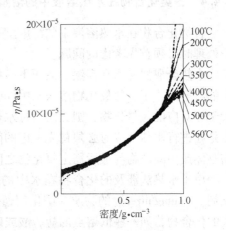

图 7 – 4　水的黏度与水的密度和温度的关系曲线图

在通常所选用的水热反应温度 300 ~ 500℃ 时，水热溶液的黏度约为 $(9 ~ 14) \times 10^{-5} \mathrm{Pa \cdot s}$。室温和 100℃ 常压下水的黏度分别为 $1 \times 10^{-3} \mathrm{Pa \cdot s}$ 和 $3 \times 10^{-4} \mathrm{Pa \cdot s}$。可预计水热溶液的黏度较常温常压下溶液的黏度约低两个数量级。由于扩散与溶液的黏度成正比，因此在水热溶液中存在十分有效的扩散，分子和离子的活动性大大增加，从而使得水热晶体生长较其他水溶液晶体生长具有更高的生长速率，生长界面附近有更窄的扩散区，以及减少出现组分过冷和枝晶生长的可能性等优点，扩散快，浓度梯度小，扩散区窄。扩散快，晶核的生成速率小于晶体生长速率，枝晶生长的可能性小，易于生长得到大的完美晶体。

在所研究的范围内，水的离子积随 p 和 T 的增加迅速增大。例如，1000℃，1GPa 条件下 $-\lg k_w = 7.85 \pm 0.3$。在此范围内水的离子积急剧增高，这有利于水解反应。例如，在 500℃，0.2GPa 条件下，其平衡常数大约比标准状态下大 9 个数量级。水热反应加剧的

主要原因是水的电离常数随水热反应温度的上升而增加。

7.4.3 高温高压水的作用

水热条件下水的作用有：（1）有时作为化学组分起化学反应；（2）反应和重排的促进剂；（3）起压力传递介质的作用；（4）起溶剂的作用；（5）起降低熔点物质的作用；（6）提高物质的溶解度；（7）无毒，水热条件能加速离子反应和促进水解反应。

高温高压下水热反应具有三个特征：（1）使得重要离子间的反应加速；（2）使得水解反应加剧；（3）使得其氧化还原电势发生明显变化。

一般化学反应可区分为离子反应和自由基反应两大类。从无机化合物复分解反应那样的在常温下即能瞬间完成的离子反应，到有机化合物爆炸反应那样的典型自由基反应为两个极端，其他任何反应均可具有其间的某一性质。在有机反应中，正如电子理论说明的，具有极性键的有机化合物，其反应往往也具有某种程度的离子性。水是离子反应的主要介质。以水为介质，在密闭加压条件下加热到沸点以上时，离子反应的速率自然会增大，即按 Arrhenius 方程式，$\mathrm{d}\ln k/\mathrm{d}T = E/RT^2$，反应速率常数 k 随温度的增加呈指数函数。因此，在加压高温水热反应条件下，即使是在常温下不溶于水的矿物或其他有机物的反应，也能诱发离子反应或促进反应。

7.4.4 各类化合物在水热溶液中的溶解度

各类化合物在水热溶液中的溶解度是采用水热法进行单晶生长、合成或废弃物质无污染处理时必须首先考虑的问题。

水热合成法是指在高温、高压下一些氢氧化物在水中的溶解度大于对应的氧化物在水中的溶解度，于是氢氧化物溶入水中同时析出氧化物。如果氧化物在高温高压下的溶解度大于相对应的氢氧化物，则无法通过水热法来合成。所以各类化合物在水热溶液中的溶解度是在进行水热合成时必须首先考虑的问题。因为水热法反应过程的驱动力被认为是可溶前驱体或中间产物与最后稳定氧化物之间的溶解度差别造成的。

由于水热法涉及的化合物在水中的溶解度很小，因而常常在体系中引入称之为"矿化剂"（mineralizer）的物质。矿化剂通常是一类在水中的溶解度随温度的升高而持续增大的化合物，如一些低熔点的盐、酸或碱。加入矿化剂不仅可以提高溶质在水热溶液里的溶解度，而且可以改变其溶解度温度系数。例如，$CaMoO_4$ 在纯水中的溶解度在 100 ~ 400℃温度范围内随温度的升高而减小。如果在体系中加入高溶解度的盐（如 NaCl、KCl 等），其溶解度不仅提高了一个数量级，而且温度系数由负值变为正值。另一方面，某些物质溶解度温度系数符号的改变除了与所加入的矿化剂种类有关外，还与溶液里矿化剂的浓度有关。例如在浓度低于 20%（质量分数）的 NaOH 水溶液里，Na_2ZnGeO_4 的溶解度具有负的温度系数，但在高于上述浓度值的 NaOH 溶液里，却具有正的温度系数。

7.5 水热合成法中材料的形成机理

根据经典的晶体生长理论，水热条件下晶体生长包括以下步骤：（1）营养料在水热介质里溶解，以离子、分子团的形式进入溶液（溶解阶段）；（2）由于体系中存在十分有效的热对流以及溶解区和生长区之间的浓度差，这些离子、分子或离子团被输运到生长区（输运阶段）；（3）离子、分子或离子团在生长界面上的吸附、分解与脱附；（4）吸附物质在界面上的运动；（5）结晶（（3）～（5）统称为结晶阶段）。

对于水热合成粉体（微晶或纳米晶），粉体晶粒的形成经历了"溶解－结晶"两个阶段。水热法制备粉体常采用固体粉末或新配制的凝胶作为前驱物。所谓"溶解"是指在水热反应初期，前驱物微粒之间的团聚和联结遭到破坏，以使微粒自身在水热介质中溶解，以离子或离子团的形式进入溶液，进而成核、结晶而形成晶粒。这一观点已得到了实验的验证。以 TiO_2 和 $Ba(OH)_2 \cdot 8H_2O$ 为前驱物，在加直流电场水热法制备钛酸钡粉体系统里，测定了在反应过程中通过体系的外加直流电流强度的变化。当两电极间加上一直流电压，在电场力的作用下，水热溶液里的正、负离子分别向两极迁移，从而形成了电流。电流强度与溶液里的离子数、电极反应过程、反应条件（温度、压力等）有关。溶液中发生了 $BaTiO_3$ 晶粒的生成反应，这必然导致体系中离子数的变化，从而使得通过体系的电流发生变化。如果把电极反应对电流强度的贡献降到最小，则电流变化直接与此反应有关。另一方面，虽然反应温度的变化对溶液中的离子电导有相当的影响，但更重要的是反应温度、时间决定了晶粒生成反应的完全程度以及产物的相组成和晶粒形貌。图7－5是 $BaTiO_3$ 晶粒生成反应过程中通过体系的电流强度变化曲线。在反应初期，随着反应温度的升高，前驱物 TiO_2 粒子在水热介质里逐渐溶解，$Ba(OH)_2 \cdot 8H_2O$ 的溶解度也迅速增大，使得体系中带电离子数不断增多，通过体系的电流也就不断增大。在一定的温度下，$BaTiO_3$ 晶粒生成反应随即发生。溶液里的 OH^- 使溶解进入溶液的离子或离子团羟基化，并最终在生长界面以脱水的方式参加反应，反应温度越高，反应时间越长，TiO_2 粒子溶解越充分；同时 $BaTiO_3$ 晶粒生成反应进行得越完全，参加反应的 OH^- 越多。因此，随着反应的进行，体系中的带电离子大量减少，通过体系的电流也就迅速减小了。

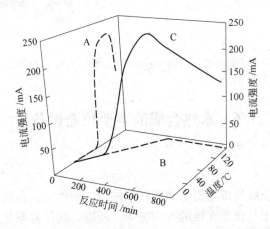

图7－5 水热法制备 $BaTiO_3$ 晶粒反应温度、反应时间和通过体系的电流强度的关系

水热条件下生长的晶体晶面发育完整，晶体的结晶形貌与生长条件密切相关，同种晶体在不同的水热生长条件下可能有不同的结晶形貌，简单套用经典晶体生长理论不能很好地解释许多实验现象，因此在大量实验的基础上产生了"生长基元"理论模型。"生长基元"理论模型认为在上述输运阶段，溶解进入溶液的离子、分子或离子团之间发生反应，

形成具有一定几何构型的聚合体——生长基元。生长基元的大小和结构与水热反应条件有关，反应压力、温度和时间决定了晶粒生成反应的完全程度以及产物的相组成和晶粒形貌。

在一个水热反应体系里，同时存在多种形式的生长基元，它们之间建立起动态平衡。某种生长基元越稳定（可从能量和几何构型两方面加以考察），其在体系里出现的概率就越大。在界面上叠合的生长基元必须满足晶面结晶取向的要求，而生长基元在界面上叠合的难易程度决定了该面的生长速率。从结晶学观点来看，生长基元中的正离子与满足一定配位要求的负离子相联结，因此又进一步被称为"负离子配位多面体生长基元"。生长基元模型将晶体的结晶形貌、晶体的结构和生长条件有机地统一起来，很好地解释了许多实验现象。例如某水热法制备 $NaFe_4P_{12}$ 纳米线机理：氢氧化铁被 PH_3 还原，形成铁成核中心，然后 P_4 蒸气和钠原子进入铁核，形成方钴矿结构，其沿着 [011] 晶面生长得到纳米线，如图 7-6 所示。

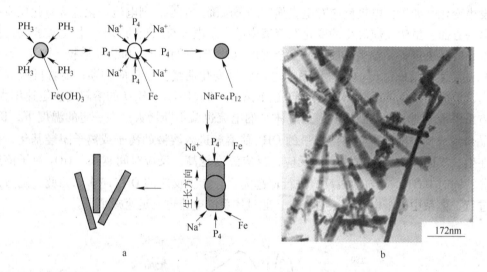

图 7-6 水热法制备纳米线的示意图（a）及纳米线的 TEM 照片（b）

7.6 水热合成的主要仪器设备

7.6.1 反应釜

因为水热与溶剂热合成反应在高温和高压下进行，所以对其合成化学反应体系有特殊技术要求，如耐高温高压与化学腐蚀的反应釜等。所以，高压容器是进行高温高压水热实验的基本设备。研究的内容和水平在很大程度上取决于高压设备的性能和效果。在高压容器材料的选择上，要求机械强度大、耐高温、耐腐蚀和易加工。在高压容器的设计上，要求结构简单、便于开装和清洗、密封严密、安全可靠。

普通水热法的设备较简单（图 7-7），主体为不锈钢密闭反应室，采用外加热基座或置于烘箱中加热。特殊水热法的设备较复杂（图 7-8），除高压釜体外，还需外加电极和作用场，常采用外加热基座加热。

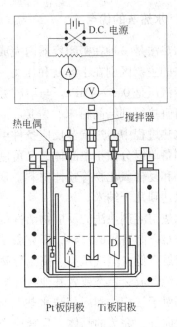

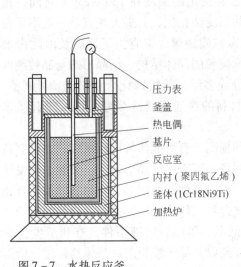

图7-7　水热反应釜

图7-8　水热-电化学高压釜

7.6.2　反应控制系统

水热或溶剂热反应控制系统对实验安全特别重要，因而应引起高度重视。通常有三个方面的控制系统，即温度控制，压力控制和封闭系统控制。因此，水热或溶剂热合成又是一类特殊的合成技术，只有掌握这项技术，才能获得满意的实验结果。

装满度（FC）是指反应混合物占密闭反应釜空间的体积分数。它之所以在水热和溶剂热合成实验中极为重要，是由于直接涉及实验安全以及合成实验的成败。实验中既要保持反应物处于液相传质的反应状态，又要防止由过大的装满度而导致的过高压力。实验上，为安全起见，装满度一般控制在60%～80%之间，80%以上的装满度，在240℃下压力有突变。

压力的作用是通过增加分子间碰撞的机会而加快反应的。正如气、固相高压反应一样，高压在热力学状态关系中起改变反应平衡方向的作用。如高压对原子外层电子具有解离作用，因此固相高压合成促进体系的氧化。

7.7　水热法的优缺点

中温中压（100～240℃，1～20MPa）水热合成化学中最为成功的实例是沸石分子筛以及相关微孔和中孔晶体的合成。早期对高温高压（>240℃，>20MPa）水热合成的研究主要集中在模拟地质条件下的矿物合成，石英晶体生长和湿法冶金。近年来，水热合成已扩展到功能氧化物或复合氧化物陶瓷、电子和离子导体材料以及特殊无机配合物和原子簇化合物等无机合成领域。

7.7.1　水热法的优点

水热法是一种在密闭容器内完成的湿化学方法，与溶胶凝胶法、共沉淀法等其他湿化学方法的主要区别在于温度和压力。水热法通常使用的温度在 $130 \sim 250℃$ 之间，相应的水的蒸汽压是 $0.3 \sim 4MPa$。与溶胶凝胶法和共沉淀法相比，其最大优点是一般不需高温烧结即可直接得到结晶粉末，避免了可能形成微粒硬团聚，也省去了研磨及由此带来的杂质。水热过程中通过调节反应条件可控制纳米微粒的晶体结构、结晶形态与晶粒纯度。既可以制备单组分微小单晶体，又可制备双组分或多组分的特殊化合物粉末。可制备金属、氧化物和复合氧化物等粉体材料。所得粉体材料的粒度范围通常为 $0.1\mu m$ 至几微米，有些可以达到几十纳米。

水热与溶剂热法的反应物活性得到改变和提高，有可能代替固相反应，并可制备出固相反应难以制备出的材料，即克服某些高温制备不可克服的晶形转变、分解、挥发等。能够合成熔点低、蒸气压高、高温分解的物质。水热条件下中间态、介稳态以及特殊相易于生成，能合成介稳态或者其他特殊凝聚态的化合物、新化合物，并能进行均匀掺杂。

相对于气相法和固相法水热与溶剂热的低温、等压、溶液条件，有利于生长缺陷极少、取向好、完美的晶体，且合成产物结晶度高以及易于控制产物晶体的粒度。所得到的粉末纯度高、分散性好、均匀、分布窄、无团聚、晶型好、形状可控、利于环境净化等。在纳米材料的各种制备方法中，水热法被认为是环境污染少、成本较低、易于商业化的一种方法。

7.7.2　水热法的不足

水热法一般只能制备氧化物粉体，关于晶核形成过程和晶体生长过程影响因素的控制等很多方面缺乏深入研究，目前还没有得到令人满意的结论。

水热法需要高温高压步骤，使其对生产设备的依赖性比较强，这也影响和阻碍了水热法的发展。因此，目前水热法有向低温低压发展的趋势，即温度低于 $100℃$，压力接近 1 个标准大气压的水热条件。

7.8　水热合成技术的扩展——溶剂热法

由于水热合成也受到一定的限制，在水热条件下，有些反应物易分解或有些反应不能发生，像碳化物、氮化物、磷化物、硅化物等。因此用非水溶剂如乙醇、甲醇、苯等代替水作为溶剂，通过溶剂热反应已经制备了大量前驱体对水敏感的纳米晶化合物。

钱逸泰院士及其研究团队在非水合成研究方面获得了重要的研究成果。他们成功地在非水介质中合成出氮化镓、金刚石以及系列硫属化物纳米晶。这类特殊结构、凝聚态与聚集态的水热与溶剂热制备工作是目前的前沿研究领域，大量的基础和技术研究已经开展起来。中国科学技术大学纳米化学和纳米材料实验室发展了溶剂热合成技术，设计和选择了多种新的化学反应，在较低的温度下实现了多种磷化物、砷化物、硒化物、碲化物和碳化物等纳米非氧化物材料的制备。其基本原理与水热合成类似，只是以有机溶剂代替水作为媒介，在密封体系中实现化学反应。

7.8.1 溶剂热法分类

已报道的溶剂热反应方法可分为以下几种：

（1）溶剂热结晶。这是一种以氢氧化物为前驱体的常规脱水过程，首先反应物固体溶解于溶剂中，然后生成物再从溶剂中结晶出来。这种方法可以制备很多单一的或复合氧化物。

（2）溶剂热还原。反应体系中发生氧化还原反应。例如金刚石的人工合成，人们首先会想到已有几十年历史的利用石墨高温高压相变合成金刚石的方法。自 20 世纪 80 年代以来，如何在各种化学气相沉积（CVD）条件下低压生长出人造金刚石成为世界范围的热点之一。1988 年，美国和苏联报道了一种新的用炸药爆炸制备金刚石粉的方法。该法将炸药产生的游离碳转变为金刚石粉，但粉的质量有待提高。李亚栋院士等以廉价的四氯化碳和金属钠为原料，用溶剂热法在 700℃ 下制得了金刚石，X 射线和 Raman 光谱验证了金刚石的存在。该工作发表在《Science》上，立即被美国《化学与工程新闻》评价为"稻草变黄金"，并被评为国家教育部 1998 年度十大科技新闻。

1）金刚石粉末的合成。四氯化碳和钠在 700℃ 反应，使用 Ni-Co 作为催化剂，生成金刚石和 NaCl，因此称为还原 – 热解 – 催化方法。5mL CCl_4 和过量的 20g 金属钠被放到 50mL 的高压釜中，质量比为 Ni：Mn：Co = 70：25：5 的 Ni-Co 合金作为催化剂，在 700℃ 下反应 48h，然后在釜中冷却。在还原反应开始时，高压釜中存在着高压，随着 CCl_4 被 Na 还原，压强减少，制得灰黑色粉末。所得产品的表征如图 7 – 9 和图 7 – 10 所示。

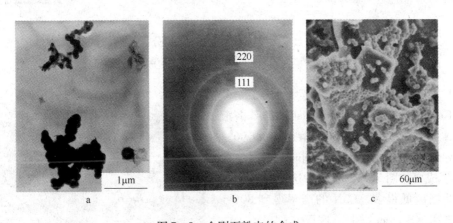

图 7 – 9 金刚石粉末的合成

a—样品的透射电子显微镜图；b—电子衍射模式；c—电镜图

$$CCl_4 + 4Na \xrightarrow[\text{Ni-Co}]{700℃} C（金刚石）+ 4NaCl \tag{7-6}$$

2）溶剂热法合成多壁碳纳米管。15mL 苯放入 30mL 不锈钢反应釜中，然后加入 2g 六氯苯和 3g 钾。之后，加入 2mL 苯使高压釜的 80% 被充满。最后加入 100mg 催化剂在 350℃ 反应 8h。反应完成后，使反应体系在室温下自然冷却。得到的产物依次用无水乙醇、稀酸和二次水洗涤，以除去不纯的残留物，如氯化物、催化剂等。最后，在 70℃ 真

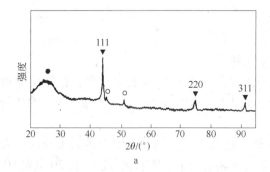
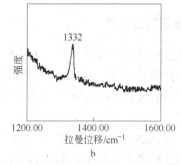

图7-10 合成的金刚石粉末的表征
a—样品的X射线衍射谱图（从左向右依次是金刚石峰、不定形碳峰、Ni-Co合金峰）；b—样品的拉曼谱图

空干燥6h，得到多壁碳纳米管，图7-11给出了多壁碳纳米管的TEM照片。

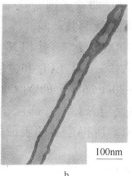
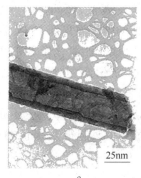
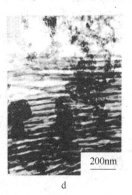

图7-11 多壁碳纳米管透射电镜分析图
a，c—直线型碳纳米管具有开放端点；b—竹子型结构；d—直线型

（3）溶剂热液-固反应。典型的例子是苯体系中GaN的合成。1996年，$GaCl_3$的苯溶液中，Li_3N粉体与$GaCl_3$在280℃溶剂热反应6~16h生成30nm的立方相GaN，同时有少量岩盐相GaN生成，如图7-12所示。这个温度比传统方法的温度低得多，GaN的产率得到80%。文章发表在《Science》上，这篇文章报道了两个激动人心的研究成果："在非常低的温度下苯热制备了结晶GaN；观察到了以前只在超高压下才出现的亚稳的立方岩盐相。从此溶液热合成技术将可能因此发展成为重要的固体合成技术，而发展产生亚稳态固体结构的方法是当今极其重要的研究领域"。

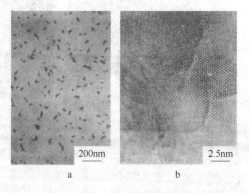

图7-12 纳米GaN晶体的形貌谱图信息
a—GaN的透射电镜图（30nm）；
b—GaN的高分辨透射电镜图

其他物质如InP、InAs、CoS_2也可以用这种方法成功地合成出来。

（4）溶剂热元素反应。两种或多种元素在有机溶剂中直接发生反应。如在乙二胺溶剂中，Cd 粉和 S 粉，120～190℃溶剂热反应 3～6h 得到 CdS 纳米棒。许多硫属元素化合物可以通过这种方法直接合成。

（5）溶剂热分解。如以甲醇为溶剂，$SbCl_3$ 和硫脲通过溶剂热反应生成辉锑矿（Sb_2S_3）纳米棒。

（6）溶剂热氧化。金属和高温高压的有机溶剂反应得到配合物、金属有机化合物。超临界有机物种的全氧化反应为：

$$Me + nL \longrightarrow MeL_n（Me = 金属离子，L = 有机配体）\tag{7-7}$$

7.8.2　溶剂热法的特点

溶剂热反应是近年来材料领域的一大研究热点。溶剂热反应是水热反应的发展，它与水热反应的不同之处在于所使用的溶剂为有机溶剂而不是水。与其他制备路线相比，溶剂热反应的显著特点在于反应条件非常温和（如金刚石的制备），可以得到亚稳相材料，制备新物质、发展新的制备路线等。如苯热 GaN 的合成，产物除了大部分六方相纳米晶 GaN 外，还含有少量岩盐相 GaN。可见溶剂热合成技术可以在相对低的温度和压力下制备出通常在极端条件才能制得的、在超高压力下才能存在的亚稳相。

在溶剂热反应中，一种或几种前驱体溶解在非水溶剂中，在液相或超临界条件下，反应物分散在溶液中并且变得比较活泼，反应发生，产物缓慢生成。与水热法中水的作用类似，在溶剂热反应过程中溶剂作为一种化学组分参与反应，既是溶剂，又是矿化的促进剂，同时还是压力的传递媒介。

溶剂热法的特点有：（1）相对简单而且易于控制；（2）在密闭体系中可以有效地防止有毒物质的挥发和制备对空气敏感的前驱体；（3）物相的形成、粒径的大小、形态也能够控制；（4）产物的分散性较好。

7.8.3　溶剂热法常用溶剂

溶剂热反应中常用的溶剂有乙二胺、甲醇、乙醇、二乙胺、三乙胺、吡啶、苯、甲苯、二甲苯、1，2-二甲氧基乙烷、苯酚、氨水、四氯化碳、甲酸等。其中应用最多的溶剂是乙二胺，在乙二胺体系中，乙二胺除了作溶剂外，还可作为配位剂或螯合剂。乙二胺为二齿配体，由于 N 的强螯合作用，能与离子首先生成稳定的配离子，配离子再缓慢与反应物反应生成产物。而具有还原性质的甲醇、乙醇等除作溶剂外还可作为还原剂。

在溶剂热条件下，溶剂的性质（密度、黏度、分散作用）相互影响，变化很大，且其性质与通常条件下相差很大，相应的反应物（通常是固体）的溶解、分散过程以及化学反应活性大大地提高或增强，这就使得反应能够在较低的温度下发生。该方法已广泛地应用于许多无机材料的晶体生长，如沸石、石英、金属碳酸盐、磷酸盐、氧化物和卤化物以及Ⅲ-Ⅴ族和Ⅱ-Ⅵ族半导体的研制。另外，应用溶剂热方法也已成功地合成出许多配合物及硫属元素化合物和磷属元素化合物。通过溶剂热合成出的纳米粉体，能够有效地避免表面羟基的存在，这是其他湿化学方法无法比拟的。因此，溶剂热合成纳米功能材料是一种高效经济的制备材料新途径。

众所周知，溶剂能影响反应路线。对于同一个反应，若选用不同的溶剂，可能得到不同的目标产物，或得到的产物颗粒大小、形貌不同，同时也能影响颗粒的分散性。因此，选用合适的溶剂和添加剂，一直是溶剂热反应的一个研究方向。反应条件（温度、时间、添加剂等）会影响产物的颗粒大小、形貌及分散性，通过调节反应条件，可以得到具有一定形貌、颗粒大小均匀、分散性好的纳米材料。总之，溶剂热反应大大扩展了纳米功能材料合成的领域，该方法简单、方便，只要寻找到合适的溶剂，溶剂热反应的开发和应用将有广阔的前景。

思 考 题

7-1　水热法的基本原理和概念是什么？

7-2　水热法的分类和特点有哪些？

7-3　水热条件下水的性质和作用是什么？

7-4　简述水热法的两种生长机制。

7-5　适合水热法的反应类型有哪些？

7-6　水热法的优点有哪些？

7-7　溶剂热法的基本概念是什么？

7-8　溶剂热法的特点是什么？

7-9　溶剂热法的反应类型有哪些？

7-10　试用溶剂热方法举例说明如何合成纳米材料。

8 溶胶－凝胶法制备纳米材料

8.1 胶体、溶胶的基本概念

8.1.1 胶体的基本概念

为了回答什么是胶体这一问题，我们做如下实验：将一把泥土放入水中，大粒的泥沙很快下沉，浑浊的细小土粒因受重力影响最后也沉降于容器底部，而土中的盐类则溶解成真溶液。但是，混杂在真溶液中还有一些极为微小的土壤粒子，它们既不下沉，也不溶解，人们把这些即使在光学显微镜下也观察不到的微小颗粒称为胶体颗粒，含有胶体颗粒的体系称为胶体体系。胶体化学，狭义地说，就是研究这些微小颗粒分散体系的科学。

通常规定胶体颗粒的大小为 $1 \sim 100nm$（按胶体颗粒的直径计）。小于 $1nm$ 的为分子或离子分散体系，大于 $100nm$ 的为粗分散体系。表 $8-1$ 列出了分散体系的类型和特性。

表 8－1　不同类型的分散体系

类　型	粒子大小/nm	特　性
粗分散（悬液，乳液）	>100	不能穿过滤纸，无扩散能力，不能穿过渗析膜，在光学显微镜下可见
胶体分散（溶胶，微乳液）	1~100	能穿过滤纸，稍有扩散能力，不能穿过渗析膜，在光学显微镜下不可见，超显微镜下可分辨
分子分散	<1	能穿过滤纸，扩散能力强，能穿过渗析膜，在显微镜及超显微镜下均不可见

既然胶体体系的重要特征之一是以分散相粒子的大小为依据的，显然，只要不同聚集状态分散相的颗粒大小在 $1 \sim 100nm$ 之间，则在不同状态的分散介质中均可形成胶体体系。例如，除了分散相与分散介质都是气体而不能形成胶体体系外，其余的 8 种分散体系均可形成胶体体系（表 $8-2$）。

表 8－2　胶体体系举例

分散介质 ＼ 气散相	气　态	液　态	固　态
气　体		气溶胶、云雾	气溶胶、青烟、高空灰尘
液　体	泡沫、气乳液、灭火泡沫	乳状液、微乳液、牛乳、雪花膏	溶胶、悬浮液、凝胶、墨汁、泥浆
固　体	固体泡沫、泡沫塑料、浮石	凝胶、固体乳状液、某些宝石	合金、有色玻璃

由此可见，胶体体系是多种多样的。胶体是物质存在的一种特殊状态，而不是一种特殊的物质，不是物质的本性。任何一种物质在一定条件下可以以晶体的形态存在，而在另一种条件下却可以以胶体的形态存在。例如，氯化钠是典型的晶体，它在水中溶解成为真溶液，若用适当方法使其分散于苯或醚中，则形成胶体溶液。

由于胶体体系首先是以分散相颗粒具有一定的大小为其特征的，故胶粒本身与分散介质之间必有一明显的物理分界面。这意味着胶体体系必然是两相或多相的不均匀分散体系。

8.1.2　溶胶的概念

提起溶胶，人们首先会将它与溶液联系起来，那么溶胶溶液与真溶液之间的差别是什么呢？其差别在于分散相颗粒大小的不同。通常的真溶液，分散相都是分子或离子状态，其质点的大小只有几个埃。另外，粗分散体系的颗粒度都在几千埃以上。例如，泥浆、牛奶等，在普通显微镜下即可清楚地分辨出来。颗粒度介于两者之间的（一般在 $1 \sim 100nm$ 范围内）便称为胶体分散体系，即称溶胶溶液或胶体溶液。因此，胶体是一种分散相的颗粒尺寸在 $1 \sim 100nm$ 的分散体系。

可以把溶胶看成是胶体的一种。习惯上，把分散介质为液体的胶体体系称为液溶胶或溶胶（sol），如介质为水则称为水溶胶；介质为固体时，称为固溶胶。

8.1.3　溶胶的制备

原则上，任何难溶物质都能制成溶胶，只要选择合适的分散介质，并采取有效的办法，将分散相颗粒度限制在胶体的范围内即可。

8.1.3.1　溶胶制备的一般条件

首先要求分散相在介质中的溶解度必须极小。硫在乙醇中的溶解度较大，能形成真溶液。但硫在水中的溶解度极小，故将硫黄的乙醇溶液逐滴加入水中，便可获得硫黄水溶胶。又如三氯化铁在水中溶解为真溶液，但水解成氢氧化铁后则不溶于水，故在适当条件下使三氯化铁水解则可以制得氢氧化铁水溶胶。因此，分散相在介质中有极小的溶解度，是形成溶胶的必要条件之一。在这一前提下，还要具备反应物浓度很稀、生成的难溶物晶粒很小而又无长大条件时才能得到胶体。如果反应物浓度很大，细小的难溶物颗粒突然生成很多，则可能生成凝胶。另外，必须有稳定剂存在。用适当的办法将大块物体分散成胶体时，由于分散过程中颗粒的比表面积增大，故体系的表面能增大，这意味着此体系是热力学不稳定的。如欲制得稳定的溶胶，必须加入第三种物质，即所谓的稳定剂（stabilizing agent）。例如制造白色油漆，是将白色颜料（TiO_2）等在油料（分散介质）中研磨，同时加入金属皂类作稳定剂来完成的。用凝聚法制备胶体，同样需要有稳定剂存在，只是在这种情况下稳定剂不一定是外加的，往往是反应物本身或生成的某种产物。这是因为在实际制备时，总会使某种反应物过量，它们能起到稳定剂的作用。

8.1.3.2　溶胶的制备方法

既然胶体颗粒的大小在 $1 \sim 100nm$ 之间，故原则上可由分子或离子凝聚成为胶体，当然也可由大块物质分散成胶体，方法虽不一样，但最终均可形成胶体体系（图 8－1）。因此胶体制备方法大致有两种，即分散法和凝聚法。分散法是使固体粒子变小，它包括研磨法、胶溶法、超声波分散法等。凝聚法是让分散的分子或离子聚结成胶粒，它包括化学反应法、变更溶剂法、电弧法等。化学反应法又分为复分解反应、水解反应、氧化还原反应、沉淀反应等。总之，凡是能生成难溶物的方法均可用来制备溶胶。

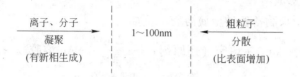

图 8-1 制备溶胶的两种方法

A 分散法

分散法有研磨、电分散、超声波分散和胶溶等各种方法。

（1）研磨法，就是用粉碎设备将粗粒子研磨细。根据制备对象和对分散程度的不同要求，可选用不同类型的机械设备。工业上常用的粉碎设备有气流磨、各种类型高速机械冲击式粉碎机、各种类型搅拌磨、振动磨、转筒式球磨、胶体磨、行星球磨、离心磨、高压辊磨等。粉碎方式可干、可湿，可连续也可间歇。在粉碎过程中，随着粉碎时间的延长，颗粒比表面积增大，颗粒团聚的趋势增强，这时，除了在物料中添加助磨剂（或称分散剂）外，最重要的是要及时地分离出合格粒级产品，避免合格粒级物料在磨机中"过磨"，同时也提高粉碎效率。为此，必须在粉碎工艺中设置高效率的精细分级设备。

（2）电分散法（图 8-2），主要用于制备金属（如 Au，Ag，Hg 等）水溶胶。以金属为电极，通以直流电（电流 5~10A、电压 40~60V），使其产生电弧。在电弧的作用下，电极表面的金属气化，遇水冷却而成为胶粒。水中加入少量碱即可形成稳定的溶胶。

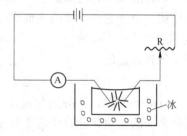

（3）超声波分散法，即用高频率超声波传入介质，对分散相产生很大撕碎力，从而达到分散效果，超声波分散主要用来制备乳状液。

图 8-2 电分散法图示

（4）胶溶法是在某些新生成的沉淀中，加入适量的电解质，或置于某一温度下，使沉淀重新分散成溶胶。先将部分或全部组分用适当沉淀剂沉淀出来，经解凝，使原来团聚的沉淀颗粒分散成原始胶体颗粒。这种使沉淀物或凝胶重新分散成胶体颗粒，再转变成溶胶的过程称为胶溶作用。能引起胶溶作用的物质称为胶溶剂，它们通常为电解质。如在新生成的 $Fe(OH)_3$ 沉淀中，加入适量的 $FeCl_3$，可制成 $Fe(OH)_3$ 溶胶。一般来说，沉淀老化后就不容易发生胶溶作用。

B 凝聚法

制备胶体实质上是沉淀过程的早期阶段。在凝聚法中，从盐溶液出发，对沉淀过程的仔细控制使首先形成的颗粒不致团聚为大颗粒而沉淀，从而直接得到胶体或溶胶。用物理方法或化学方法使分子或离子聚集成胶体粒子的方法叫凝聚法。

（1）改换介质法，利用同一种物质在不同溶剂中溶解度相差悬殊的特性，使溶解于良性溶剂中的物质在加入不良溶剂后，因其溶解度下降而以胶体粒子的大小析出形成溶

152

胶。将硫黄－乙醇溶液逐滴加入水中制得硫黄水溶胶，是物理凝聚法制备胶体的一个例子。

（2）化学反应法，利用复分解反应、水解反应及氧化还原反应生成不溶物时，控制好离子的浓度就可以形成溶胶。

1）还原法主要用来制备各种金属溶胶。例如：

$$Au^{3+} + 单宁（还原剂）\xrightarrow[\text{加热}]{\text{少量 K}_2\text{CO}_3} Au\ 溶胶$$

$$Ag^+ + 单宁（还原剂）\xrightarrow[\text{加热}]{\text{少量 K}_2\text{CO}_3} Ag\ 溶胶 \qquad (8-1)$$

2）氧化法用硝酸等氧化剂氧化硫化氢水溶液，可制得硫溶胶，也可制备氧化物胶体，例如：

$$2H_2S + O_2 \longrightarrow 2S\downarrow + 2H_2O$$

$$Fe_2SiO_4 + 1/2O_2 + 5H_2O = 2Fe(OH)_3\downarrow + Si(OH)_4\downarrow \qquad (8-2)$$

3）水解法多用来制备氧化物溶胶。例如：

$$FeCl_3 + 3H_2O \xrightarrow{\text{加热}} Fe(OH)_3\downarrow + 3HCl$$

$$Si(OC_2H_5)_4 + 4H_2O \xrightarrow{\text{NH}_3} Si(OH)_4\downarrow + 4C_2H_5OH \qquad (8-3)$$

4）复分解法常用来制备盐类的溶胶。例如：

$$AgNO_3（稍过量）+ KI \longrightarrow AgI（溶胶）+ KNO_3 \qquad (8-4)$$

制备溶胶时先构成胶粒物质的分子或原子聚集体（核心），称为胶核。它具有类似晶体结构，由于它有很大的表面和过剩的表面能，易于在界面上选择性地吸附某种离子，被吸附的离子吸引溶液中过剩的一部分反离子，形成紧密层（吸附层）。另一部分过剩反离子扩散到较远的介质中，称为分散层。这种带有双电层的胶核叫胶团。而胶团是电中性的，胶核与紧密层结合在一起也称胶粒。

硅酸的溶胶，它的电荷是本身表面层电离而产生的，胶核表面的二氧化硅分子与水分子作用先生成硅酸，这个弱电解质能起电离作用。这种胶团的组成如图8-3所示，其中，m 表示胶核中物质的分子数，一般是很大的数目；n 表示胶核所吸附的离子数，n 的数字要小得多；$n-x$ 是包含在紧密层中的过剩异电离子数。当加入少量氢氧化钠时，硅酸钠电离作用较强，使胶核带电多，且反离子 Na^+ 扩散能力较 H^+ 强，故使硅酸溶胶更加稳定。

$$\underbrace{\{\underbrace{[SiO_2]_m \cdot nSiO_3^{3-}},2(n-x)H^+\}^{2x-}}_{胶粒}_{胶核}\ 2xH^+}_{胶团}$$

图 8-3　溶胶中分散相的组成

8.2　凝胶的基本概念

将一定量的明胶置于水中加热使其溶解，则形成明胶溶液—— 一种大分子化合物真溶液。如果溶液浓度足够大，在放置过程中就会自动地"冻"起来，像鱼汤放在那里变成鱼冻一样。同样，将水玻璃溶液加入酸中所形成的硅酸溶胶放置一定时间后也会"冻"起来，失去流动性，通常人们把这类"冻"称为冻胶（jelly），或更笼统地称为凝胶（gel）。

8.2.1 凝胶的基本概念

凝胶是一种孔洞尺寸小于微米、并且连接网状的聚合物链的平均长度大于 $1\mu m$ 的相互连接的刚性网络结构。

凝胶是胶体的一种特殊存在形式。在适当条件下，如改变温度、受力状态，加入电解质或引发化学反应，高分子溶液或溶胶中的分散相颗粒在某些部位上相互联结，搭起架子形成空间网架结构，而分散介质充满网架结构空隙，体系失去流动性从而转变为一种半固体状态的胶"冻"，失去流动性，这种"冻"被称为凝胶，即处于这种状态的物质称为凝胶。

8.2.2 凝胶的通性和特点

所有新形成的凝胶，都含有大量液体（液体含量通常在95%以上）。所含液体为水的凝胶称为水凝胶（hydrogel）。所有水凝胶的外表很相似，呈半固体状，无流动性。凝胶是一种介于固体和液体间的形态。随着凝胶的形成，溶胶或溶液失去流动性，显示出固体的性质，如具有一定的几何外形、弹性、强度、屈服值等。但从内部结构看，它和通常的固体根本不一样，存在固-液（或气）两相，属于胶体分散体系，具有液体的某些性质，如离子在水凝胶中的扩散速率与在水溶液中的扩散速率十分接近。这个事实说明，在新形成的水凝胶中，不仅分散相（搭成网结）是连续相，分散介质（水）也是连续相，这是凝胶的主要特征。凝胶的内部是由固液或固气两相构成的分散体系。

凝胶不同于通常的沉淀，沉淀是分散相粒子从分散介质中沉降出来，很明显地分为固-液两相。而凝胶中却带有大量或全部的分散介质，它们被机械地包藏于具有多孔结构的凝胶的孔洞中。凝胶与通常的糊糊也不一样，糊糊是高浓度、失去了流动性的悬浮体，这样的体系有时称为假凝胶。

一定浓度的溶胶或大分子化合物的真溶液在放置过程中自动形成凝胶的过程称为胶凝（gelatination）。水凝胶脱水（如经过干燥）后即成干胶（xerogel），通常的硅胶以及市售的明胶、阿拉伯胶等均为干胶。

凝胶的存在极其普遍，例如工业中的橡胶、硅-铝催化剂和离子交换剂、日常生活中的棉花纤维、豆腐、木材、水泥，甚至动物体的肌肉、毛发、细胞膜等都是凝胶。因此了解凝胶的形成条件、结构和性能，在生产和科学研究中具有重要意义。

8.2.3 凝胶的分类

根据分散质点的性质（是柔性的还是刚性的）以及形成凝胶结构时质点间联结的特点（主要指结构强度），凝胶可以分为弹性凝胶和非弹性凝胶（刚性凝胶）两类。

（1）弹性凝胶。由柔性的线型大分子物质，如明胶（是一种蛋白质）、洋菜（学名琼脂，主要成分是多糖类）、橡胶等形成的凝胶属于弹性凝胶（elastic gel）。此类凝胶具有弹性，变形后能恢复原状。弹性凝胶中介质含量减少时体积明显缩小，甚至成为干凝胶；当把干凝胶放在亲和性液体中时，吸收液体介质而发生膨胀。但它对液体的吸收有明显的选择性，如明胶可吸水胀大，却不能吸收苯；橡胶则恰恰相反。亲水性凝胶的干胶在水中加热溶解后，在冷却过程中胶凝成凝胶。此凝胶经脱水干燥又成为干胶，并可如此重复下去，说明这一过程完全是可逆的，故又称为可逆凝胶（reversible gel）。

（2）非弹性凝胶。由刚性质点溶胶所形成的凝胶属于非弹性凝胶（non-elastic gel），亦称刚性凝胶（rigid gel）。大多数的无机凝胶，如 SiO_2、TiO_2、V_2O_5、Fe_2O_3 等属于此类。刚性凝胶的刚性来源于刚性粒子构成的网状结构，吸收或释出液体时，体积无明显变化，且吸收作用无选择性，液体只要能润湿，均能被吸收。这类凝胶脱水干燥后再置于水中加热一般不会形成原来的凝胶，更不能形成产生此凝胶的溶胶，因此这类凝胶也称为不可逆凝胶（irreversible gel）。

8.2.4　凝胶的结构

凝胶内部呈现三维网状结构。视质点形状和性质不同形成如图 8-4 所示的 4 种结构类型。

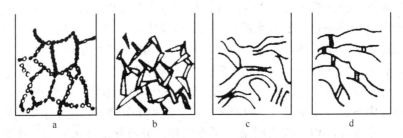

a　　　　　　　b　　　　　　　c　　　　　　　d

图 8-4　凝胶的不同结构

（1）球形质点相互联结成串珠状网架，如 TiO_2、SiO_2，如图 8-4a 所示。

（2）板状或棒状质点搭成网架，如 V_2O_5 凝胶、白土凝胶等，如图 8-4b 所示。

（3）线性大分子构成的凝胶，骨架中部分分子链排列成束，构成局部有序的微晶区，主要包括蛋白质类，如明胶等，如图 8-4c、d 所示。

（4）线性大分子以化学键相连而形成体型结构，硫化橡胶属于此类。含有微量二乙烯苯的聚苯乙烯属于此种情形，其交联结构如图 8-5 所示。

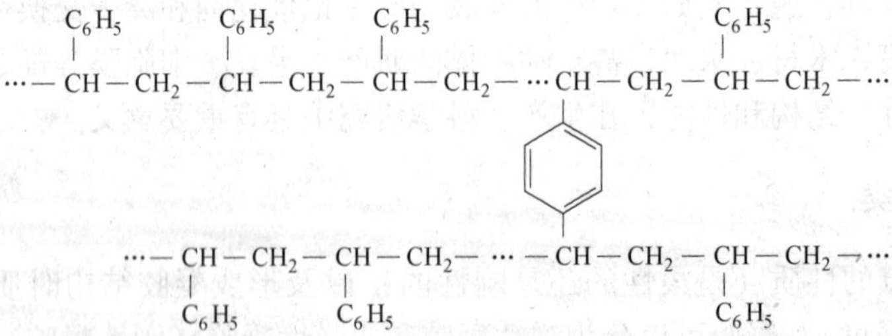

$$\begin{array}{cccc}
C_6H_5 & C_6H_5 & C_6H_5 & C_6H_5 \\
| & | & | & | \\
\cdots-CH-CH_2-CH-CH_2-CH-CH_2-\cdots CH-CH_2-CH-CH_2-\cdots
\end{array}$$

$$\begin{array}{ccc}
\cdots-CH-CH_2-CH-CH_2-\cdots CH-CH_2-CH-CH_2\rightarrow\cdots \\
| & | & | \\
C_6H_5 & C_6H_5 & C_6H_5
\end{array}$$

图 8-5　含有微量二乙烯苯的聚苯乙烯的体型结构

8.2.5　溶胶转化为凝胶

由于胶体是一个不均匀的多相体系，其分散相与分散介质之间具有物理分界面，表面自由能很高。从热力学的观点来看，这样的体系是极不稳定的。胶体粒子有自发聚结成大颗粒的趋势，所以一般溶胶很容易受到外界干扰（如加热或投入电解质）或者由于搁置时间太长而发生聚沉形成沉淀或凝结成凝胶。胶体粒子变大的过程称为凝结。

8.2.6 凝胶形成的条件

从固体（干胶）或溶液出发都可能制得凝胶。形成凝胶有两种途径，一种是干凝胶，如干琼脂、干明胶等，吸收亲和性液体膨胀成凝胶，但此法仅限于高分子物质。例如明胶在水中、硫化橡胶在苯中皆因吸收溶剂膨胀而形成凝胶。一般大分子物质由于分子链长而又柔顺，易于搭成网架，故比通常的溶胶更易于形成凝胶。

另一种是溶胶或溶液在适当条件下转变成凝胶，此过程称为胶凝。从溶液制备凝胶时不受上述条件限制，无论是大分子还是小分子的溶液或溶胶，只要条件合适都能形成凝胶，但应满足两个基本条件：（1）降低溶解度，使被分散的物质从溶液中以"胶体分散状态"析出；（2）析出的质点既不沉降，也不能自由行动，而是构成骨架，在整个溶液中形成连续的网状结构。后一点很重要，否则即使溶解度降低而产生过饱和，如果条件控制不当，还有可能产生沉淀。

8.2.7 凝胶的制备

形成凝胶的方法有以下几种：

（1）溶胶的互相凝结、聚沉。两种电性不同的溶胶混合，可以发生相互聚沉作用。如生产溶胶型裂化催化剂时，硅溶胶（或铝溶胶）与白土胶体混合时，会发生凝结，使胶凝时间缩短。

（2）控制溶胶浓度。溶胶浓度越高，相互碰撞概率越大，因而胶凝的可能性越大。

（3）控制 pH 值。对于氢氧化物溶胶，提高 pH 值，即可加大它们的水解聚合速率，从而提高溶胶的浓度，同时 OH^- 又是胶团的反离子，所以增大 pH 值能降低 ξ 电位，也能促进氢氧化物溶胶凝结。因此，控制 pH 值是制备氢氧化物凝胶的重要因素。

（4）加入高分子化合物。在催化剂或载体生产中，在一些难以聚沉的氢氧化物溶胶内加入少量高分子化合物（称为絮凝剂），如水解聚丙烯酰胺等，由于它们能在胶粒表面上强烈地吸附，并使许多胶粒通过高聚物的链节"桥联"在一起，联成质量较大的聚集体而发生聚沉。但加入量较多时，它们被吸附在胶粒表面，包围住胶粒，使胶粒对分散介质的亲和力增加，从而增加了溶胶的稳定性，所以使用絮凝剂时一定要注意适宜的添加量。

（5）改变温度。利用物质在同一种溶液中不同温度时的溶解度不同，通过升、降温度来实现胶凝，从而形成凝胶。如明胶和琼脂的形成；明胶等物质的水溶液遇冷后溶解度降低，质点间碰撞后相互联结而形成凝胶。许多物质（如洋菜、明胶、肥皂）在热水中能溶解，冷却时溶解度降低，质点因碰撞相互联结而形成凝胶，例如 0.5% 洋菜水溶胶被冷至 35℃ 即成为凝胶。也有因升温而转变成凝胶的，例如 2% 的甲基纤维素水溶液加热至 50～60℃ 亦成为凝胶。

（6）加入非溶剂转换溶剂。用分散相溶解度较小的溶剂替换溶胶中原有的溶剂可以使体系胶凝，从而得到凝胶。这种方法是利用了同一物质在不同溶剂中溶解度相差悬殊这一性质。如在果胶（是植物体中的多糖类物质）水溶液中加入酒精，可形成凝胶；在

Ca(Ac)$_2$的饱和水溶液中加入酒精，亦可形成凝胶。固体酒精就是用这种方法将高级脂肪酸钠盐与乙醇混合制得的。在这些实验中，应注意沉淀剂（酒精）的用量要合适，并注意快速混合，使体系均匀。

（7）加入盐类（电解质）。在溶胶中加入适量电解质可形成凝胶。当溶胶中加入电解质时，电解质中与分散层反离子电荷符号相同的那些离子将把反离子压入（排斥）到紧密层，从而减小胶粒的带电量，使 ξ 电位降低。当电解质浓度达到一定数值时，分散层中反离子被全部压入紧密层，胶粒处于等电状态，ξ 电位为零，因而胶粒能互相吸引碰撞而凝结。当凝结的颗粒足够大时，受重力的影响，就会从介质中沉降下来，称为聚沉。只有与胶粒电荷相反的离子，才能起凝结作用，它不仅与其浓度有关，还与离子价数有关，在相同浓度时，离子价数越高，凝结作用越强。溶液中加入含有相反电荷的大量电解质也可以引起胶凝而得到凝胶，如在 Fe(OH)$_3$ 溶胶中加入电解质 KCl 可使其胶凝；在粒子形状不对称和具有一定亲水性的溶胶中，适量电解质的加入能促使其转化成凝胶，如 V$_2$O$_5$、白土、Al(OH)$_3$、Fe(OH)$_3$ 等溶胶。

电解质引起溶胶胶凝的过程，可以看做是溶胶整个聚沉过程中的一个特殊阶段。现以电解质对 Fe(OH)$_3$ 溶胶的作用为例，来说明胶凝和聚沉之间的关系。

如图 8-6 所示，3.2% 的 Fe(OH)$_3$ 溶胶是牛顿液体，在其中加入电解质 KCl 后（约为 8mmol/L）则胶粒相连，部分地形成结构，因而出现反常黏度。当电解质浓度增至 22mmol/L 时，由于体系内部结构进一步发展，将整个分散介质包住，体系固化变成凝胶。进一步发展的内部结构网住分散介质，而使体系"固化"成凝胶。此水凝胶静置一段时间，由于凝胶老化，质点间进一步靠近，一部分分散介质从水凝胶中析出，此即所谓的脱水收缩作用（synersis）。当 KCl 浓度增至 46mmol/L 时，溶胶发生聚沉，分散相以沉淀的形式析出。其他溶胶像白土等在电解质作用下也发生胶凝作用。

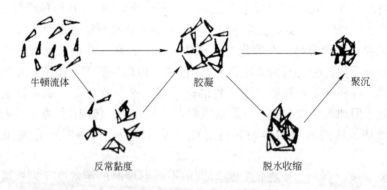

图 8-6　溶胶的聚沉与胶凝

对于大分子溶液（如明胶溶液），加入盐类的浓度必须很高才能引起胶凝作用，这显然与盐析作用有关。典型的大分子电解质溶液的胶凝作用除与盐类浓度有关外，还与盐的性质、介质的 pH 值等因素有关。对蛋白质水溶液而言，等电点附近最有利于胶凝。

（8）化学反应。进行化学反应，使高分子溶液或溶胶发生交联反应产生胶凝而形成凝胶，如硅酸凝胶、硅－铝凝胶的形成。利用化学反应生成不溶物时，控制条件也可以形成凝胶。不溶物形成凝胶的条件是：1）在产生不溶物的同时生成大量小晶粒；2）晶粒的形状以不对称的为好，这样有利于搭成骨架。以 $Ba(SCN)_2$ 与 $MgSO_4$ 作用为例，当两者浓度很稀时（浓度为 $10^{-4} \sim 10^{-3} mol/dm^3$），相混可得粒度小至几十纳米的 $BaSO_4$ 溶胶；当浓度约为 $2 \sim 3 mol/dm^3$ 时，由于生成的 $BaSO_4$ 浓度很大，相混可得到 $BaSO_4$ 凝胶，此法制得的凝胶不太稳定。

在煮沸的 $FeCl_3$ 浓溶液中加入 NH_4OH 溶液，亦可制得 $Fe(OH)_3$ 凝胶。其他像硅酸凝胶、硅－铝凝胶等都是借化学反应生成凝胶的。

一些大分子溶液（主要是蛋白质等）也可以在反应过程中形成凝胶。例如在加热时，鸡蛋清蛋白质分子发生变性，从球形分子变成纤维状分子，这当然有利于形成凝胶，这就是鸡蛋清加热凝固的原因。血液凝结是血纤维蛋白质在酶作用下发生的胶凝过程。凝胶渗透色谱（GPC）中常用的有机聚苯乙烯凝胶也是通过苯乙烯与交联剂二乙烯苯在适当条件下经聚合反应而制得的。

8.3　溶胶－凝胶法的基本原理

溶胶－凝胶方法的历史可追溯到 1864 年法国化学家 J. Ebelman 等发现正硅酸乙酯水解形成的 SiO_2 呈玻璃状，随后 Graham 研究发现 SiO_2 凝胶中的水可以被有机溶剂置换，此现象引起化学家的注意，之后逐渐发展形成胶体化学学科。在 20 世纪 30～70 年代，陶瓷学家、玻璃学家等又分别通过溶胶－凝胶方法于低温下制备出透明锆钛酸铅镧 PLZT 陶瓷和 Pyrex 耐热玻璃。这阶段把胶体化学原理应用到制备无机材料获得初步成功，引起人们的重视。人们认识到该法与传统烧结、熔融等物理方法不同，提出"通过化学途径制备优良陶瓷"的概念，并称该法为化学合成法或 SSG 法（solution-sol-gel）。该法在制备材料初期就对产品的结构进行控制，使其均匀性可达到亚微米级、纳米级甚至分子级水平，也就是说在材料制造早期就着手控制材料的微观结构，引出"超微结构工艺过程"的概念，进而认识到利用此法可对材料性能进行剪裁。溶胶－凝胶法不仅可用于制备微粉，还可用于制备薄膜、纤维和有机－无机杂化材料。

8.3.1　溶胶－凝胶法的基本原理

溶胶凝胶技术是指金属有机或无机化合物经过溶液水解直接形成溶胶或经解凝形成溶胶、凝胶而固化，再经热处理（干燥、焙烧）而形成氧化物或其他化合物固体的方法，是应用胶体化学原理制备无机材料的一种湿（溶液）化学方法。

8.3.2　溶胶－凝胶法的化学原理

溶胶－凝胶化学是以金属烷氧基化合物的水解和聚合反应为基础的，其反应过程通常用下列方程式表示：

$$—M—OR— + H_2O \xrightarrow{\text{水解}} —M—OH + ROH \tag{8-5}$$

$$—M—OR— + RO—M \xrightarrow{\text{聚合}} —M—O—M + ROH \tag{8-6}$$

$$—M—OH— + HO—M \xrightarrow{\text{缩聚}} —M—O—M + H_2O \tag{8-7}$$

随着反应的进行，含氧高聚物将会形成，如果体系中水的含量过剩，则会有水合氧化

物 $MO_n \cdot xH_2O$ 生成。实际上，多数溶胶－凝胶化学反应都涉及含有羟基的物质。其化学反应机理可用方程式（8－8）表示。

$$M(OR)_n + mXOH \longrightarrow M(OR)_{n-m}(OX)_m + mROH \qquad (8-8)$$

其中 X 为 H 时表示水解反应，为 M 时表示聚合反应，为 L 时表示配合反应（L 为有机或无机配位体）。

上述反应可以用 SN2 亲核取代反应机理解释。首先，带部分负电荷的 $HO^{\delta-}$ 基团亲核攻击带有部分正电荷的金属原子 $M^{\delta+}$，这一步导致了金属原子在过渡态时配位数的增加。

$$\begin{matrix} H \\ X \end{matrix} > O^{\delta-} + M^{\delta+} - OR \longrightarrow \begin{matrix} H^{\delta+} \\ X \end{matrix} > O - M - OR^{\delta-} \qquad (8-9)$$

其次是带正电荷的质子转移到带负电荷的 $OR^{\delta-}$ 的烷氧基上。

$$\begin{matrix} H^{\delta+} \\ X \end{matrix} > O - M - OR^{\delta-} \longrightarrow XO - M - O < \begin{matrix} H^{\delta+} \\ R \end{matrix} \qquad (8-10)$$

最后，带正电的质子化的烷氧基配体脱离金属原子 M。其反应结果是烷氧基 OR 被 OX 基所取代。

$$XO - M - O < \begin{matrix} H^{\delta+} \\ R \end{matrix} \longrightarrow XO - M + ROH \qquad (8-11)$$

因此，金属烷氧基化合物的水解和聚合反应能力取决于金属原子的部分正电荷的多少（δ^+），以及该金属原子增加配位数 N 的能力。一般来讲，元素周期表中，从上到下，原子半径增大，电负性降低，部分正电荷数增加，配位数增加，所以烷氧基化合物的水解能力是从上到下依次升高（见表8－3）。硅原子是四配位（$N=4$），硅的烷氧基化合物 $Si(OR)_4$ 都是四面体型。硅原子的电负性很高 $E_N = 1.74$，部分正电荷很小 $\delta = +0.32$，因此硅的烷氧基化合物不易水解。加入水后，要经数日才能凝聚，必须借助酸或碱的催化才能加速水解和聚合反应的速度。$Ti(OEt)_4$ 的水解速度约是 $Si(OEt)_4$ 的水解速度的五倍。铈的烷氧基化合物对潮湿非常敏感，必须在干燥条件下保存，否则一遇水分，就会有沉淀生成。电负性很大的元素的烷氧基化合物在正常的大气条件下很难水解，例如 $PO(OEt)_3$，P 的电负性 $E_N = 2.11$，部分电荷 $\delta(P) = +0.13$。

表8－3　某些四价金属原子的电负性 E_N、部分电荷 δ_N、离子半径 r、最高配位数 N

烷氧基化合物	E_N	δ_N	r/nm	N
$Si(OP_r^i)_4$	1.74	+0.32	0.040	4
$Ti(OP_r^i)_4$	1.32	+0.60	0.064	6
$Zr(OP_r^i)_4$	1.29	+0.64	0.087	7
$Ce(OP_r^i)_4$	1.17	+0.75	0.102	8

另外，当烷氧基 OR 基团的体积增大时，反应能力下降，这主要是由于在硅的超高价中间体的形成过程中，空间位阻起着很重要的作用，所以硅的烷氧基化合物的反应能力依下列顺序递减：

$$Si(OCH_3)_4 > Si(OC_2H_5)_4 > Si(OC_3H_7)_4$$

由于硅的烷氧基化合物反应能力较弱，其水解和聚合反应通常要用酸或碱催化，无机酸使带部分负电荷的烷氧基化合物质子化，使其容易脱离硅原子。碱催化为水解反应提供

亲核羟基 OH^-，并使 Si—OH 失去质子而形成 Si—O$^-$，从而加速聚合反应，在过量水存在的情况下，由于酸催化有利于水解反应，这时可生成 $Si(OH)_4$。碱催化条件下聚合反应速度大于水解反应的速度。

8.3.3 溶胶－凝胶法制备二氧化硅

溶胶－凝胶法利用的是水解反应，即元素周期表中Ⅳ族、Ⅲ族和Ⅴ族中某些元素的烷氧基化合物的水解。下面以二氧化硅为例从胶粒的生成到凝胶的干燥过程加以介绍。sol-gel 法制备纳米材料一般包括以下几个步骤：

（1）溶胶的制备。这是一个水解过程和缩聚过程，通过控制沉淀过程，直接获得溶胶（凝聚法）。在实际反应中，水解过程和缩聚过程往往是同时进行的，经过水解、缩聚后得到的是低黏度的溶胶。即前驱体经水解、缩合生成溶胶粒子（初生粒子，粒径为 2nm 左右），溶胶粒子再进一步聚集生长（次生粒子，粒径为 6nm 左右），或者也可以先沉淀后解凝（胶溶法）。

（2）溶胶－凝胶转化。通过控制电解质浓度，迫使胶粒间相互靠近。溶胶中含有大量的水，凝胶化过程中，使体系失去流动性，形成一种开放的骨架结构。随着时间的延长，溶胶中长大的粒子（次生粒子）逐渐交联而形成三维网络结构，形成凝胶。在该过程中，溶胶的黏度明显增大，最后形成坚硬的玻璃状固体。溶胶的颗粒大小及交联程度可通过 pH 值以及水的加入量来控制。

（3）陈化过程。凝胶形成后，由于凝胶颗粒之间的连接还较弱，因而在干燥时很容易开裂。为了克服开裂，需要将凝胶在溶剂的存在下陈化一段时间，以使凝胶颗粒与颗粒之间形成较厚的界面，随着陈化时间的延长，凝胶的强度逐渐增大，最终足以抗拒由溶剂挥发和颗粒收缩而造成的开裂。

（4）凝胶干燥。在一定条件下（如加热）使溶剂蒸发，得到粉料。干燥过程中凝胶结构变化很大。在干燥过程中，溶剂以及生成的水和醇从体系中挥发，产生应力，而且分布不均，这种分布不均的应力很容易使凝胶收缩甚至开裂。控制溶剂、水和醇的挥发速度可以降低凝胶的收缩和开裂程度。

8.3.3.1 胶粒的生长

二氧化硅溶胶可以通过硅的烷氧基化合物的水解反应制备，反应如下：

$$Si(OR)_4 + 4H_2O \longrightarrow Si(OH)_4 + 4ROH \qquad (8-12)$$

当形成的硅酸单体在溶液中的浓度超过 100×10^{-6} 时，则发生下列反应：

$$Si—OH + HO—Si \longrightarrow Si—O—Si + H_2O \qquad (8-13)$$

首先形成的是双聚体或多聚体，随着反应的进行，生成越来越多的 Si—O—Si 键，剩下的 Si—OH 键越来越少，结果形成环状结构，这些环状结构的聚合物进一步连接为更大的三维结构的聚合物。Si—OH 位于该三维聚合物的表面，这些不规则的球状聚合物就是胶核，类似于析晶过程的晶核形成一样，然后就是胶粒在胶核上的生长。反应生成的硅酸单体，与胶核碰撞，并与其表面的 Si—OH 发生聚合，反应见式（8-13）。

在 pH 值低的时候，一旦胶粒生长到 2~4nm 时便停止生长。pH 值大于 7 时，室温下胶粒长到直径大约为 5~10nm，然后速度减慢，在高温下，胶粒会持续生长。当 pH 值在 6~10.5 范围内时，二氧化硅胶粒带负电，胶粒间相互排斥，这时只有胶粒的生长而没有胶粒间的聚集。因此，可以得到稳定的溶胶。但如果有盐存在的话，会发生胶粒的聚集和胶凝。胶粒生长过程中，由于粒度之间的差别，会诱发奥斯特沃尔德熟化作用（Ostwald ripening）。

在 pH 值低的时候，胶粒几乎不带电，胶粒间可以通过碰撞发生聚集，直至胶凝。溶胶或溶液出发都能得到凝胶，主要取决于胶粒间的相互作用力是否能够克服胶粒－溶剂之间的相互作用力。凝聚作用是可以控制的，当胶粒生长到一定大小时，甚至可以阻止这种凝聚作用。加入起稳定化作用的离子可以防止进一步凝聚。

8.3.3.2　溶胶向凝胶的转化

影响溶胶向凝胶转化的因素主要是体系的组成、温度和 pH 值。它们的影响主要表现在转化速度或反应速度、胶凝时间上，其中 pH 值不仅影响速度，还影响着凝胶的结构。

化学反应速度随金属烷氧基化合物的不同而不同，即各种金属烷氧基化合物经过水解与聚合反应，达到胶凝所需的时间是不同的。反应速度快的，到达胶凝的时间短，有的速度过快，则产生沉淀。

对于组成一定的体系，如 TEOS、乙醇和水的混合溶液，胶凝时间随三种物质之间的比例不同而不同，如图 8－7 所示。

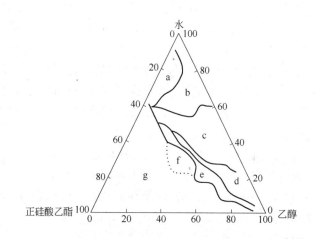

图 8－7　胶凝时间的三元相图

a—$t_g \leqslant 5h$（t_g 为胶凝时间）；b—$5h \leqslant t_g \leqslant 10h$；c—$10h \leqslant t_g \leqslant 20h$；d—$20h \leqslant t_g \leqslant 100h$；

e—$100h \leqslant t_g \leqslant 400h$；f—无限区（>400h）；g—不胶凝区，具有沉淀的浑浊溶液

一般采用升高温度或加入电解质的办法，促使溶胶向凝胶转化。升高温度，由于蒸发作用，胶粒间液体的量降低，同时也会使热运动加剧，胶粒间碰撞机会增多，胶粒表面的Si—OH 发生聚合反应，使胶粒连在一起。

图 8－8 给出了不同温度下黏度随时间的变化曲线。由图 8－8 可知，温度由 22.5℃升至 38℃，到达最大黏度值所需的时间由 71.5min 缩短到 21min。黏度值随温度升高则增大，曲线变陡。

由于烷氧基化合物的水解与聚合反应多采用酸催化或碱催化，所以溶液的 pH 值直接影响着胶凝时间（t_g），通过调整胶体溶液的 pH 值，减小胶粒间的电斥力，诱发胶粒间的碰撞，促使胶粒聚集形成凝胶，如图 8－9 所示。一般来讲，有下列顺序：

$$t_g(\text{酸性}) > t_g(\text{中性}) > t_g(\text{碱性})$$

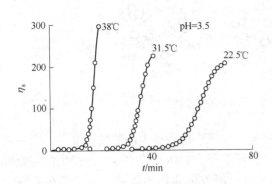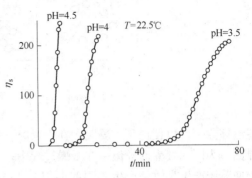

图 8－8　不同温度下的黏度－时间曲线　　　图 8－9　不同 pH 值条件下的黏度－时间变化曲线

　　pH 值除影响胶凝时间外，还对凝胶的结构有影响。在酸性条件下，水解速度大于聚合速度，带 Si—OH 的单体迅速增加，这些单体慢慢聚合，并通过胶束间的结合，成为支链不多的聚合物。这些聚合物互相缠绕在一起，形成交联结构的凝胶。通常称这种凝胶为"聚凝胶"（polymeric gel）。在碱性条件下，聚合反应较水解反应大得多，水解反应产生的单体立即与胶束聚合，产生多支链结构的胶束，这种多支链结构的胶束进一步聚合为大的立体网络。通常称这种凝胶为"胶态凝胶"（colloidal）。

　　这种胶粒的不断聚集（微凝胶）漫延到整个溶胶体系，然而，二氧化硅和溶剂的局部浓度保持不变，溶胶和凝胶之间具有相同的密度和折射率。当大约一半的二氧化硅转入凝胶相时，体系的黏度迅速增大。由于 Si—O—Si 键的形成，相邻两胶粒连在一起，这就是导致凝胶的胶粒间相互结合的机理。在结合部可溶性二氧化硅或硅酸单体的存在，有利于胶粒间的联结。

　　紧接着就是胶粒聚集成的网络的固化。相邻两胶粒间的结合部为细颈状，在该颈部，二氧化硅的溶解度小于胶粒表面的二氧化硅的溶解度，因此，胶粒表面的二氧化硅向颈部转移，并沉积在颈部，使颈部变粗，如图 8－10 所示。

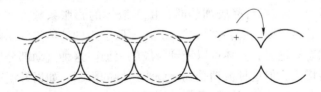

图 8－10　二氧化硅在细颈部沉积，使胶粒键强化

　　通过重排，胶粒键近乎变成纤维状结构，向溶胶中加入粒度小于 2nm 的二氧化硅，它们在有较大的胶粒存在的情况下，会重新溶解后沉积到较大的胶粒上，增大溶胶溶液中胶粒的粒度。溶胶向凝胶的转化不同于沉淀或絮凝，它是形成三维连续的胶粒网络，如图 8－11 所示。

8.3.3.3　凝胶的干燥

　　新制备的凝胶，孔隙内含有液体，也就是在胶凝过程中被封闭起来的溶剂，需要将这

溶胶　　　　　　　　　凝胶　　　　　　　　　沉淀

图 8 – 11　溶胶、凝胶和沉淀的区别

些液体除去，以便得到干凝胶。在干燥时，暴露于空气中的表面上的溶剂被蒸发，固－液界面变为固－气界面。但是在干燥过程中往往伴随着很大的体积收缩，因而产生的应力可能使凝胶产生裂纹。产生碎裂的原因为干燥过程中凝胶的非均匀收缩，由于存在毛细管力，孔隙内液体的膨胀导致凝胶网络的膨胀，以及凝胶的脱水收缩所产生的应力导致了凝胶干裂。因此，防止凝胶干裂要控制以下几个因素：

（1）毛细管力。在干燥的初始阶段，凝胶收缩的体积等于液体蒸发的体积，这时有足够的液体充满孔隙，没有液－气界面，所以没有毛细管力。当液体蒸发掉的体积大于凝胶的收缩总体积时，在孔隙内会出现弯月面，由于存在毛细现象，孔隙周围的胶粒受到向内的引力，见图 8 – 12。这种力首先会引起结构的弹性形变，当干燥至一定程度后，凝胶的框架结构已变为刚性，这时如果框架结构承受不住毛细管力的压缩，就会导致框架破坏，使凝胶碎裂。一般采用超临界干燥法，在高压釜内进行干燥，使被除去的液体处在超临界状态，这就避免了溶剂中的气液两相处于共存状态，从而消除了表面张力和毛细管作用力。在高压釜中凝胶中的流体可缓慢脱出，不影响凝胶骨架结构，防止了凝胶骨架塌陷和凝聚，得到具有大孔、高表面积的超细氧化物。超临界干燥不但可以大大缩短干燥时间，而且所制得的干凝胶（气凝胶）

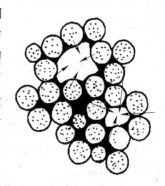

图 8 – 12　凝胶干燥
期间的毛细管力

的网络和孔隙结构与湿凝胶基本相同，在制备大块凝胶制品方面显示出极大的优越性。

（2）膨胀产生应力。当对凝胶加热时，由于液体的膨胀系数大于固体的膨胀系数，孔隙内液体的膨胀超过了凝胶固相网络的膨胀。膨胀起来的液体将固相网络撑大，孔隙内的液体处于受压状态。这时，液体可以流到凝胶的表面。这种流动部分地降低了由温度的升高而造成的压力增大，但这种流动受到凝胶渗透性的限制。如果升温速度很快，饱和凝胶的膨胀系数等于孔隙内液体的膨胀系数，这时液体不能流到凝胶外部。如果升温速度非常慢，膨胀起来的液体能够逃出凝胶，网络的膨胀就很小。由此可见，升温速度快，产生的应力就大，升温速度慢，产生的应力就小。所以一般采取减慢升温速度的办法，来减小热膨胀应力。

（3）脱水收缩应力。在加热过程中，凝胶的脱水会产生收缩应力。这种脱水收缩应力与凝胶的结构有关。酸催化条件下制备的凝胶其收缩应力大，容易破碎。一般采取碱催化，以减小脱水收缩应力。

另外，还可以加入化学添加剂来控制其干燥行为。化学添加剂能够控制凝胶形成尺寸分布均匀的颗粒，从而在溶剂挥发后凝胶内部应力均匀而不致开裂。不同的化学添加剂，其作用机理不尽相同，但它们都具有低的挥发性，能减少不同孔径中纯溶剂的不均匀蒸发，抑制开裂的同时缩短干燥时间，可以在较短的时间内制备出大块凝胶。总之，在凝胶的干燥过程中，如果没有碎裂的话，其干凝胶的结构应该如图 8－13 所示。

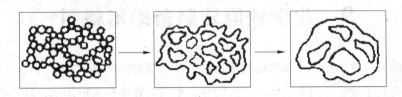

图 8－13　凝胶的干燥过程

8.3.4　溶胶－凝胶法的特点

　　溶胶－凝胶方法的特点是用液体化学试剂（或将粉状试剂溶于溶剂中）或溶胶为原料，而不是用传统的粉状物体，反应物在液相下均匀混合并进行反应，反应生成物是稳定的溶胶体系，放置一定时间后转变为凝胶，其中含有大量液相，需借助蒸发除去液体介质，而不是机械脱水。在溶胶或凝胶状态下即可成型为所需制品，在低于传统烧成温度下烧结。溶胶－凝胶法与其他制备方法相比有以下无法比拟的优点：（1）此法的反应条件温和，操作温度低，使得制备过程更易于控制，而且可以得到传统方法得不到的材料；（2）反应从溶液开始，很容易获得需要的均相多组分体系，使得制备的材料能在分子水平上达到高度均匀；（3）溶胶－凝胶的流变性有利于制备出块状、棒状、管状、粒状、纤维、膜等各种形状的材料；（4）制备出的气凝胶是一种可控的新型轻质纳米多孔非晶固态材料，具有许多特殊性质；（5）由于溶胶的前驱体可以提纯，而且溶胶－凝胶过程能在低温下可控进行，在制备过程中引进的杂质少，因而可以制备高纯或超纯物质，避免高温处理带来的污染；（6）工艺简单，不需要昂贵的设备。因此溶胶－凝胶技术从发展之日起就受到人们的重视，特别是近年来，溶胶－凝胶技术越来越引人注目，发展也日益加快，已经成为材料科学和工艺研究的重要领域之一，它能广泛地应用于电子陶瓷、光学、热学、化学、生物、复合材料等各个领域。

　　但它也有一些缺点，如所用原料多为有机化合物，成本较高，有些对健康有害，如前驱物大都是正硅酸烷基酯，价格昂贵而且有毒；干燥过程中由于溶剂、小分子的挥发，材料内部产生收缩应力，致使材料脆裂。

思 考 题

8－1　阐述胶体、溶胶、凝胶的概念。

8－2　溶胶、凝胶是如何制备的？各有哪些方法？

8－3　溶胶－凝胶法的基本概念是什么？

8－4　溶胶－凝胶法的化学原理、过程和特点是怎样的？

9 化学还原法制备纳米材料

金属胶体可以溯源到 140 多年前的法拉第时代。当时法拉第用黄磷的 CS_2 溶液还原金盐水溶液，得到了玫瑰色的金胶体。他还发现了明胶对胶体有保护作用，以及金胶体对织物和有机组织的染色作用，所有这些直到今天还被广泛地应用着，如保护胶体的概念及金胶体生物组织染色技术应用于电子显微镜观察研究等。

近年来，从世界范围内人们对金属胶体及金属（团）簇的兴趣与日俱增，一方面，这是由于它们可以满足诸如催化剂、吸附剂、传感器、铁流体、生物体染色、装饰剂等高表面积材料的制备以及特种光学和纳米器件等的需要；另一方面，由于金属胶体是处于原子或分子配合物与大块金属之间的过渡结构单元，是一种既不同于微观，也不同于宏观的介观体系。粒径小的金属胶体表现出类似金属配合物那样的结构变化多样性；粒径大的金属胶体物理研究则表明它们开始具有大块金属那样的集合行为（如磁性、导电性等）。因此，它们具有许多新奇的物理和化学性质。对于贵金属胶体，人们的兴趣主要集中在催化应用方面。总体上讲，胶体粒子所拥有的优势，胶体分散型贵金属也同样具有。例如：它们具有巨大的表面、特异的活性以及由尺寸量子化效应引起的光谱特征等。对于为特定磁学性质所设计的胶体，其粒子的尺寸和形状决定着材料拥有磁性的类型。例如，改变和控制粒子尺寸，可以实现由超顺磁性向铁磁性的转变。

到目前为止，人们对金属胶体的形成机理还远未掌握。在金属胶体的合成中存在两个主要问题：其一，在粒子生长方面，希望实现更好的控制，诸如粒子尺寸、粒子尺寸分布和粒子结构的控制；其二，胶体的稳定性也远未达到理想状态，像催化反应中的使用寿命等这样一些参数直接与粒子稳定性相关。因此，出现了各种各样的金属胶体制备及其稳定化方法。本章主要介绍贵金属胶体以及一些过渡金属胶体的制备。

金属胶体具有不同于金属原子和体相金属的特殊的物理和化学性质，因而在金属催化领域中成为一项重要的研究课题。近年来，采用不同方法制备高分散、窄分布的金属胶体已成为许多催化工作者努力的目标。迄今报道的方法有：金属蒸气冷凝法，有机溶剂中热解金属化合物法，以小分子配体、表面活性剂或天然及合成高分子作为保护剂的化学还原法。化学还原法制备金属胶体时，采用不同的还原剂和保护剂，得到的金属胶体颗粒大小及粒径分布极不相同。用这种方法现在已经制备了各种金属甚至合金的纳米杆、立方体、棱锥、水滴状物、四足动物形状、板以及盘等各种形状的纳米材料。

9.1 化学还原法的定义

化学还原法通常是选择合适的还原剂，在溶剂中将金属离子还原为零价的金属，并且在合适的保护剂下生成 1~100nm 的金属纳米粒子。

9.2 影响粒子形貌的关键因素

在化学还原法中，影响粒子的大小和形貌的关键因素是如何选择合适的还原剂、保护剂和溶剂，以及它们的相对和绝对浓度，反应温度等。水溶液中的纳米颗粒胶体称为水溶胶（hydrosol），有机溶剂中的称为有机溶胶（organosol）。值得指出的是，这些实验条件的细微改变，会得到十分不同的结果。当前金属纳米粒子制备的一个明显趋向在于追求金属纳米粒子的小尺寸、窄分布，并对金属纳米粒子的结构、状态作更深入、细致的表征。

9.2.1 还原剂

使用的还原剂有醇、醛、H_2、CO、CS_2、柠檬酸及其钠盐、硼氢化物、硅氢化物、肼、盐酸羟胺等。

以氢气为还原剂：

$$M^{n+} + n/2H_2 \longrightarrow M^0 + nH^+ \tag{9-1}$$

以硼氢化物为还原剂：

$$M^{n+} + n/8BH_4^- + 3n/8H_2O \longrightarrow M^0 + n/8B(OH)_3 + 7n/8H^+ \tag{9-2}$$

以肼或盐酸羟胺为还原剂：

$$M^{n+} + n/4N_2H_4 + nOH^- \longrightarrow M^0 + n/4N_2 \uparrow + nH_2O \tag{9-3}$$

以醇为还原剂：

$$M^{n+} + n/2RCH_2OH \longrightarrow M^0 + n/2RCHO + nH^+ \tag{9-4}$$

9.2.2 溶剂

9.2.2.1 以水为溶剂合成金属纳米粒子

从 20 世纪 50 年代初到 70 年代，Princeton 大学的 Turkevich 广泛深入地研究了以柠檬酸钠为还原剂制备出 Au、Pd、Pt 胶体及 Pt-Au、Pt-Pd 双金属胶体。Au 胶体的粒径大小为（20.0 ± 1.5）nm，Pd 胶体的为 7.5nm，并且以 7.5nm 的 Pd 胶体为"种子"，生长出了 15nm 和 30nm 的 Pd 水溶胶。这里的柠檬酸负离子兼具还原剂和胶体保护剂的作用。值得指出的是，Turkevich 是第一个用透射电镜（TEM）来测定胶体粒子的尺寸及其分布的研究者。图 9-1 为配位体稳定的 Au 纳米胶体的 TEM 照片。

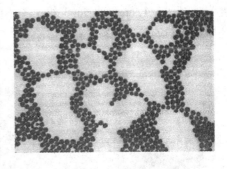

图 9-1 配位体稳定的 Au 纳米
胶体的 TEM 照片

Yonezawa 研究了以巯基丙酸为稳定剂制备的金纳米粒子。图 9-2 给出了巯基丙酸与金属前体相对量与金纳米粒子粒径的关系。从图 9-2 中可知，随着保护剂用量的增加，金纳米粒子的粒径逐渐减小。

Vukovie 等用 $NaBH_4$ 做还原剂来制备 Ag 纳米粒子，所得的 Ag 纳米粒子的粒度分布

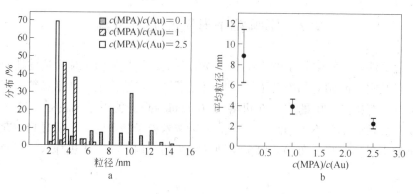

图 9-2　保护剂用量对粒径的影响

a—不同 $c(MPA)/c(Au)$ 条件下，巯基丙酸稳定的 Au 纳米粒子的粒径分布；

b—平均粒径和 $c(MPA)/c(Au)$ 的关系图（误差条形图表示粒径的标准偏差）

窄，平均粒径为 4nm。Emory 等则用柠檬酸还原技术来制备 Ag 纳米粒子，所得粒子粒径为 35～50nm。Pastoriza-Santos 等也用还原法制备了 Ag 纳米粒子，他们将 $AgNO_3$ 或 $AgClO_4$ 的水溶液加入到 DMF 溶液中，使溶液中的 Ag 离子逐渐被还原成金属 Ag，实验中还加入些 3-氨基丙基甲基氧硅烷（3-(aminopropyl) trimethoxysilane，APS）作稳定剂。这种方法所得到的 Ag 纳米粒子的粒径随温度的升高而增加，比如 Ag/APS 的浓度比为 1 时，粒径从 20℃时的 13nm 增大到 150℃时的 19.5nm。

　　Chen 等用还原法制备了 Ag 纳米盘。制备方法主要分两步。第一步，将 $NaBH_4$ 快速地倒入 $AgNO_3$ 和柠檬酸钠混合溶液中，得到粒子大小为（15±6）nm。第二步，将上述溶液与十六烷基三甲基溴化铵，$AgNO_3$ 和抗坏血酸溶液混合后，快速加入 NaOH 溶液中，轻轻地摇动，溶液的颜色在 5min 之内就会从微黄转为褐色，红色，最后变为绿色。图 9-3a 是刚制备好的 Ag 纳米盘平躺在衬底上时的 TEM 像，绝大多数成圆形，平均直径为（59±10）nm。如果将角度变为 +60° 和 -60°，那么粒子的形状就不是球形而是片状，厚度为（26±3.4）nm。表 9-1 给出了不同研究者在水溶液中利用不同还原剂和不同保护剂还原金属盐的条件和粒径范围。

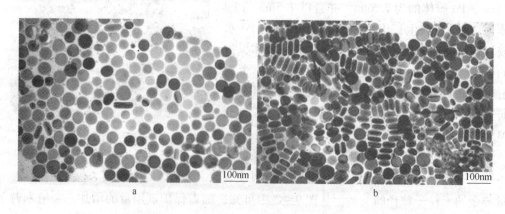

图 9-3　刚制备好的 Ag 纳米盘的 TEM 像

a—平躺时；b—堆积在一起时

表 9 - 1   水溶液中制备金属纳米粒子的典型事例

金属	金属前体	还原剂	稳定剂	平均粒径/nm
Co	$Co(OAc)_2$	$N_2H_4 \cdot H_2O$	无	约 20
Ni	$NiCl_2$	$N_2H_4 \cdot H_2O + NaOH$	CTAB	10 ~ 36
Ni	$Ni(OAc)_2$	$N_2H_4 \cdot H_2O + NaOH$	无	$(10 \sim 20) \times (200 \sim 300)$ 杆
Cu	$CuSO_4$	$N_2H_4 \cdot H_2O$	SDS	约 35
Ag	$AgNO_3$	抗坏血酸	Daxad 19	15 ~ 26
Ag	$AgNO_3$	$NaBH_4$	TADDD	3 ~ 5
Pt	H_2PtCl_6	酒石酸钾	TDPC	< 1.5
Au	$HAuCl_4$	柠檬酸钠	S3MP	

注：CTAB—十六烷基三甲基溴化铵；SDS—十二烷基硫酸钠；Daxad 19—高分子量的萘磺酸钠盐甲醛缩合物；
TADDD—二 (11 - 三甲基葵酰基氨基乙基铵)；TDPC—3, 3′ - 巯代二丙酸；S3MP—3 - 巯基丙酸钠。

9.2.2.2 在有机溶剂中合成金属纳米粒子

德国 Bonnemann 等在有机溶胶方面进行了一系列研究工作，他们发表了如下式所示的方法，用以制备周期表中 I_B、IV_B-Ⅷ族金属的胶体：

$$nMX_v + nvNR_4(BEt_3H) \longrightarrow nM + nvNR_4X + nvBEt_3 + nv/2H_2 \qquad (9-5)$$

式中，X 为卤素；M 为 I_B、IV_B-Ⅷ族金属；$v = 1, 2, 3$；R 为 $C_6 \sim C_{20}$ 烷基。

这里化合物 $NR_4(BEt_3H)$ 中的有机胺正离子为阳离子表面活性剂，发挥保护胶体的作用；有机硼负离子则起还原剂的作用。与过去常用的 $NaBH_4$ 试剂不同，用 $NaBH_4$ 还原而得的金属胶体中常含有大于 5% 的硼，这就意味着其中混有相当量的金属硼化合物，采用有机硼作还原剂时则可免除上述缺点。若用金属盐的混合物，共还原时能得到双金属合金胶体，如 Ru-Pt、Pd-Pt、Pt-Cu、Pt-Co、Ni-Co、Fe-Co 等。

王远等在没有使用传统保护剂的条件下，通过在 NaOH 的乙二醇溶液中还原相应前躯体，合成了由溶剂稳定的 Pt、Ru、Rh 纳米颗粒。所得纳米颗粒小，分布窄，浓度高，稳定性好，易于储存或者后期处理。透射电镜表明颗粒的粒径分布范围为 2nm，其平均粒径为 1 ~ 2nm。溶剂稳定的 Pt 胶体颗粒可以通过改变溶液的 pH 值沉淀出来。沉淀的 Pt 纳米粒子可以重新溶解在有机溶剂中，得到较高金属浓度的透明 Pt 胶体。这在理论和实际应用上有很大意义。

$$H_2PtCl_6 \xrightarrow[\text{(2) 160℃，流动的 } N_2]{\text{(1) NaOH, pH > 12, 乙二醇溶液}} \text{"无保护"的 Pt 纳米簇} \qquad (9-6)$$

何武强等采用三缩四乙二醇为溶剂，制备了溶剂稳定的 Pd 金属纳米颗粒，得到了分布比较均匀且粒径在 2 ~ 3nm 范围内的钯金属纳米颗粒。同时考察了溶剂和碱的用量对颗粒粒径的影响。三缩四乙二醇兼具溶剂、还原剂和稳定剂的作用。所得的颗粒无需另加保护剂即可在低温下贮存几天时间。

用 $K(BEt_3H)$ 还原 $TiCl_4$ 制得由溶剂 THF 直接稳定的 Ti 胶体，其化学式为 $[Ti^0 \cdot 0.5THF]$，可以以粉末形式存在，并可重新溶于 THF 和醚中形成黑色胶体。由于 Ti 具有很强的亲氧能力，能与醚中的氧配合形成溶剂合物，其结构如图 9 - 4 所示。

与前述学者的研究出发点不同，Lewis 等在仔细研究低价铂配合物催化烯烃硅氢加成反应时发现，反应存在诱导期，溶液有明显的颜色变化（由原来的无色变成棕黑色），反应的 TOF 达到 100000。这在传统的均相催化剂中是不可想象的。他们用 Et₃SiH 和 Me₂(EtO)SiH 作还原剂，合成了在空气中稳定的铂胶体。对制得的胶体进行 GC、NMR、IR、TEM、ESCA 分析，证实了这是铂金属胶体。因此他们提出了另外一种不同于 Harrod-Chalk 均相催化机理的多相催化机理，并建立了一种用硅氢化合物为还原剂的金属胶体制备技术。用此方法制备得到了 Rh、Pt、Ru、Ir 和 Os 等胶体。需要指出的一点是作者利用了硅氢化合物本身及其氧化产物能发生聚合的这一性能，从而制成带有金属胶体的特种有机硅材料。

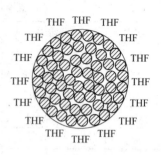

图 9-4　THF 直接稳定的 Ti 胶体的示意图

贵金属元素因为对氧的相对惰性和高还原电位，现在已可在有机相和水相中方便地制成稳定胶体。关于轻过渡金属胶体的制备则困难得多，报道也较少。Thomas 用热解金属盐的方法合成了 Co 胶体，Bonnemann 等用无机和有机硼氢化合物还原制备了 Co、Fe 及 Ti 胶体，Duteil 等制备了可溶于吡啶的 Ni 胶体。王茜等用蒽镁作还原剂来合成多种金属纳米胶体，尤其是轻过渡金属纳米胶体（如 Co）及贵金属胶体（如 Pd）等。

$$Mg + \text{（蒽）} \underset{20\sim60℃}{\overset{THF}{\rightleftharpoons}} \text{（蒽镁）Mg(THF)}_3 \tag{9-7}$$

式（9-7）为蒽镁合成的反应式。所生成的蒽镁为特征的橘黄色物质，在 THF 中溶解度不大，部分转入沉淀。蒽镁是非常活泼的有机镁试剂，有强还原性，在常温下能将 CoCl₂ 及 PdAc₂ 等金属盐类迅速还原为相应的金属而析出，如式（9-8）所示。若在溶液中加入适量的高分子保护剂聚乙烯基吡咯烷酮-苯乙烯（NVP-ST）共聚物，用过量的蒽镁还原 CoCl₂ 时，金属 Co 不再以沉淀的形式析出，而是形成均匀的棕黑色的胶体溶液，如式（9-9）所示。钴的胶体因为金属粒子很小，具有很高活性，当暴露于空气中时，立即被氧化，溶液的黑色很快褪去。所以有关 Co 胶体的操作必须在严格无氧无水的条件下进行。

$$n\text{CoCl}_2 + n\text{Mg}^* \xrightarrow[20℃]{THF} n\text{Co}\downarrow + n\text{MgCl}_2 \tag{9-8}$$

$$n\text{CoCl}_2 + n\text{Mg}^* \xrightarrow[\text{THF},20℃]{\text{NVP-ST 共聚物}} \text{Co}_n(\text{胶体}) + \text{MgCl}_2 \tag{9-9}$$

所制得的 Co 胶体有很小的粒径（$d = 1.48\text{nm}$）和较窄的分布（$\sigma = 0.51\text{nm}$）。对 Co 胶体进行电子衍射分析，仅得到非晶态的弥散衍射环，得不到相应衍射图，说明胶体颗粒内部 Co 的晶粒尺寸过小或为非晶态。对 Co 胶体进行 XRD 分析，未得到金属钴或氧化钴的衍射线，说明 Co 胶体为 X 射线无定形相。这与 Bonnemann 等报道的结果类似。

图 9-5 给出了以 N，N-二甲基甲酰胺为溶剂制备的 Ag 纳米粒子（反应方程式如式（9-10）所示）的电镜照片。从图 9-5 中可知，反应温度不同也会影响所得到的纳米粒子的大小。

$$\text{HCONMe}_2 + 2\text{Ag}^+ + \text{H}_2\text{O} \longrightarrow 2\text{Ag}^0 + \text{Me}_2\text{NCOOH} + 2\text{H}^+ \tag{9-10}$$

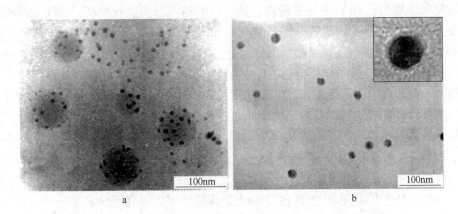

图 9 - 5 N，N - 二甲基甲酰胺为溶剂制备的 Ag 纳米粒子的 TEM 照片
a—室温；b—回流

表 9 - 2 给出了不同研究者在不同有机溶剂中使用不同还原剂和不同保护剂还原金属盐的条件和粒径范围。

表 9 - 2 有机溶剂中制备金属或合金纳米粒子的典型事例

金属	金属前体	溶剂	还原剂	稳定剂	条 件	产物粒径/nm
Fe	$Fe(OEt)_2$	THF	$NaBEt_3H$	THF	67℃,16h	10 ~ 100
Fe	$Fe(acac)_3$	THF	Mg	THF		约8
$Fe_{20}Ni_{80}$	$Fe(OAc)_2$ $Ni(OAc)_2$	EG	EG	EG	回流(150 ~ 160℃)	6(A)
Co	$Co(OH)_2$	THF	$NaBEt_3H$	THF	23℃,2h	10 ~ 100
Co	$CoCl_2$	THF	Mg	THF		约12
$Co_{20}Ni_{80}$	$Co(OAc)_2$ $Ni(OAc)_2$	EG	EG	EG	回流(150 ~ 160℃)	18 ~ 22(A)
Ni	$Ni(acac)_2$	HDA	$NaBH_4$	HDA	160℃	3.7(C)
Ni	$NiCl_2$	THF	Mg	THF		约94
Ni	$Ni(OAc)_2$	EG	EG	EG	回流(150 ~ 160℃)	25(A)
Ru	$RuCl_3$	1,2 - PD	1,2 - PD	Na(OAc)和DT	170℃	1 ~ 6(C)
Ag	$AgNO_3$	甲醇	$NaBH_4$	MSA	室温	1 ~ 6(C)
Ag	$AgClO_4$	DMF	DMF	3 - APTMS	20 ~ 156℃	70 ~ 20(C)
Au	$AuCl_3$	THF	$K^+(15C5)_2K^-$	THF	-50℃	6 ~ 11(C)
Au	$HAuCl_4$	甲酰胺	甲酰胺	PVP	30℃	30(C)

注：EG—乙二醇；DMF—二甲基甲酰胺；HDA—十六烷基胺；THF—四氢呋喃；1，2 - PD—丙二醇；MSA—巯基琥珀酸；3 - APTMS—氨丙基三甲氧基硅烷；PVP—聚乙烯吡咯烷酮；DT—正十二硫醇。
（A）—团聚的；（C）—胶体的/单分散的。

9.2.3 保护剂

制备金属胶体的保护剂有四种：（1）溶剂：如乙二醇、四氢呋喃；（2）表面活性剂：

如十二烷基苯磺酸钠；（3）小分子配体：如三磺酸钠三苯磷、柠檬酸；（4）高分子：高分子又分为天然高分子（如明胶、藻酸钠等）和合成高分子（如聚丙烯酸、聚乙烯醇、聚－N－乙烯基吡咯烷酮等）。保护剂的作用是：（1）使金属纳米粒子的粒径在 1~100nm 范围内；（2）使颗粒分散于介质中且能稳定存在。

用溶剂、配位体及表面活性剂作为稳定剂不易得到稳定的金属纳米胶体。这些稳定剂稳定的金属胶体即使在温和的反应条件下也是不稳定的，会产生金属沉淀。相反，聚合物稳定的纳米胶体是很稳定的，可以适应较苛刻的反应条件，如丙烯氢甲酰化（4.0MPa 和 363K）、甲醇羰基化（3.0MPa 和 413K）、α，β－不饱和醛的选择性氢化等。因此很多研究者就把注意力集中到高分子稳定的金属胶体上。

从 20 世纪 30 年代末到 50 年代初，Nord 及其同事率先研究了合成高分子（主要是聚乙烯醇（PVA））稳定的铂系金属胶体及其催化氢化反应，其催化活性优于传统的贵金属商用催化剂。由于他在此领域卓越的贡献，此类催化剂被称为 Nord 型催化剂。但是实际上 Nord 催化剂的制备方法是含糊而不确定的。另外，由于早期工作缺乏电镜的表征，胶体形成的许多细节难于确定，有待于进一步阐明。

从 20 世纪 70 年代中期开始，日本东京大学的 Hirai 等开展了以醇为还原剂、合成高分子为保护剂的贵金属胶体的系统研究。从一定意义上讲，这是对 Nord 法制备胶体的规范化。他们通过一系列细致的条件研究，阐明了醇还原及金属胶体形成的过程。特别是借助于电镜分析及烯烃催化氢化反应的活性比较，确定了由醇还原所制得的聚乙烯吡咯烷酮（PVP）稳定的金属胶体（M-PVP，M＝Rh、Pt、Pd…）优于其他方法所制得的胶体。图 9－6 给出了 PVP 稳定的金属胶体的电镜照片。其优点主要表现在：（1）金属颗粒尺寸小，分布窄；（2）可通过改变制备条件（改变醇的种类、PVP 与金属离子的比例以及醇－水比来制备粒径不同的金属纳米粒子）来控制金属颗粒度；（3）所得的金属胶体有很高的活性；（4）方法简单，重复性好，可以直接得到高分子稳定的金属胶体催化剂。因此此方法被许多研究者广泛应用。

胶体的生成过程以铑为例，醇的还原作用为：首先与金属离子配位形成鎓配合物，然后失去一个质子转变为烷氧基配合物；进一步转化为氢配合物，醇被氧化为醛；氢配合物进一步失去质子，形成零价金属。在这些中间配合物中，鎓配合物可能是最稳定的，因此从其中消除一个质子可能是速率决定步骤。可能的反应途径如图 9－7 所示。

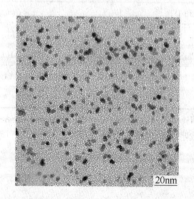

图 9－6　高分子稳定的铂胶体的电镜照片　　图 9－7　醇还原法制备金属胶体的反应途径

胶体的形成总体上通过三个阶段：首先是金属离子与高分子形成配合物；配合物在甲醇的作用下还原为零价金属的 0.8nm 小颗粒；这种小颗粒不稳定，逐步长大为 4nm 的大颗粒：

$$RhCl_3 \xrightarrow{PVA} Rh(\text{III})\text{-PVA} \xrightarrow{MeOH} 小颗粒(0.8nm) \xrightarrow{长大} 大颗粒(4nm) \tag{9-11}$$

Ayyappan 等使用乙醇和 PVP 还原 Cu、Ag、Au 和 Pd 的金属盐，来制取这些金属的纳米粒子。以 PVP 为保护剂可以制备出 Ag 和 Pd 纳米粒子。但是还不能制备出 Au 和 Cu 的纳米粒子。还需要再加入 Mg 金属粉才行，这里 Mg 起了还原剂的作用。反应中乙醇会氧化成乙醛，并有其他副产品产生。制备得到的 Ag、Au 和 Pd 的粒度在 5～35nm 范围内，但是 Cu 即使是有 PVP 时，也有明显聚集的现象。

这种以低级醇为还原剂制备贵金属胶体的方法还可以用来制备双金属胶体，如 Pt-Pd、Pt-Rh、Rh-Au、Pd-Au 等。Toshima 等用类似的醇水还原法制备了 Pd-Pt 合金纳米粒子。所用的原料为 PdCl₂、氯铂酸、PVP，经乙醇还原可得到黑褐色的稳定胶状悬浮液。EXAFS（extended X-ray absorption fine structure）分析和 TEM 观察表明，Pd/Pt（1/4 和 1/1）双金属粒子的结构是 13 个 Pt 原子在中心，42 个 Pd 原子在表面上，随着 Pd/Pt 比率的减少，粒子表面上的 Pd 就逐渐为 Pt 所取代，到 Pd/Pt 为 1/1 时，粒子的结构变为 28 个 Pt 既在中心又在表面，而 27 个 Pd 原子则在表面上分开为不相连接的 3 组。其粒径为 1.5～2.5nm 之间。他们还用同样的方法，使 HAuCl₄ 和 PdCl₂ 同时还原，制备了 Au-Pd 双金属纳米粒子。发现 Au/Pd 的浓度比为 1/4 和 1/1 时，得到的双金属都是 Au 原子为核，而 Pd 原子为壳的结构。其平均粒径为 1.6nm，比较均匀。

另外，许多过渡金属用普通的醇是很难还原的，用多元醇为还原剂，在较高的回流温度下制备高分子稳定的轻过渡金属与贵金属之间形成的双金属胶体可以看作是 Hirai 等制备方法的扩展，如 Bradley 等用 2-乙氧基乙醇还原制得了 Pd-Cu 双金属胶体，Toshima 和王远用乙二醇为还原剂制得了 Pt-Cu 双金属胶体，于伟泳等用乙二醇为还原剂制得了 Pt-Co 双金属胶体。

夏幼南等用乙二醇既作为溶剂又作为还原剂，加入 PVP 在 160℃ 还原 AgNO₃ 的方法，来制取不同形状的 Ag 纳米材料。图 9-8 给出了制备得到的 Ag 纳米立方体的电镜照片。研究发现，材料的形貌与 AgNO₃ 的浓度、AgNO₃ 与 PVP 的比率以及温度等反应条件紧密相关。控制纳米粒子的尺度、形状和结构在技术上具有重要意义，因为这些参数与其光学、电学和催化性能紧密相关。

关于高分子的保护作用，一般认为高分子在金属表面形成一个吸附层，由吸附层之间的斥力产生稳定作用，也称为位阻稳定作用。对于这种作用，人们提出了许多理论来解释，主要有熵稳定理论和渗透斥力稳定理论两类。高分子稳定纳米金属粒子系统中存在许多种二级相互作用：范德华力、氢键、配位作用等。

Akashi 等在乙醇/水混合溶液中通过还原氯铂酸制备了一系列不同摩尔质量的聚 N-异丙基丙烯酰胺（PNIPAAm）稳定的铂纳米胶体（PNIPAAm-Pt）。UV 光谱谱图上，PNIPAAm-Pt 溶胶的吸收峰最大值在 215nm 附近。TEM 表征颗粒平均粒径为 1～3nm。保护剂与金属的摩尔比决定了还原速率及颗粒粒径的大小。

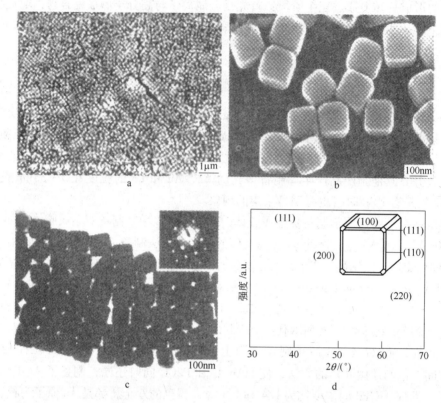

图9-8　还原法制备的 Ag 纳米立方体低倍（a）和高倍（b）SEM 像、TEM 像和
电子衍射图（c）及 XRD 图和 fcc 结构的 Ag 纳米单晶体（d）

9.3　制备方法的分类

在化学还原法中，制备金属胶体有普通加热法和微波加热法。

微波是指波长很短的电磁波，其波长范围通常在 1m ~ 10mm 之间（0.3 ~ 300GHz），该电磁波由交变的电场和磁场组成。电场能驱使带电粒子移动或转动，而微波电磁场产生的相关力以每秒 2.4×10^9 的速度改变方向，在这种高频电磁场中，极性分子会发生转向运动，但由于分子间相互作用和分子的热运动，分子的转向运动受阻而产生摩擦力，对分子自身则表现为热的产生，人们称之为"内摩擦"，产生一种"体"加热现象。而传统加热是一种外加热源，热从外到内通过热传导和对流传递。而对于微波加热，它则是利用其介电热效应（即利用物质将电磁能转化为热能的能力）。对于同种分子，这种能力是相同的，因此，微波加热是一种均匀且快速的加热方式。

刘汉范等用微波作为热源，用醇作为还原剂，成功制得了高分子稳定的金属胶体，与传统加热的醇-水回流还原的方法相比，这种胶体的粒径小且分布更窄。因此，微波加热法具有快速、节能、调控便利及形成的金属胶体颗粒小、分布均匀等优点。

除化学还原法外，还有许多其他制备胶体的方法，如有机金属化合物分解法（热解法）、高能射线辅助还原法（超声波还原、光辐射）、电解还原等方法。

Nikles 等使用乙酰丙酮铂的还原和三羰基亚硝酰基钴的同时热分解，以及乙酰丙酮钯的化学还原和五羰基铁的同时热分解，分别制取了 Co-Pt 和 Fe-Pd 合金纳米粒子。得到的 $Co_{48}Pt_{52}$ 纳米粒子的平均粒径为 7nm，而 $Fe_{50}Pd_{50}$ 的为 11nm。图 9-9 示出了 $Co_{48}Pt_{52}$ 纳米粒子的 TEM 像，是比较均匀的球形粒子。

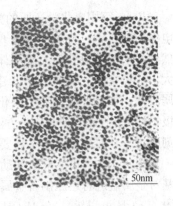

图 9-9 热分解还原制备的 $Co_{48}Pt_{52}$ 纳米粒子的 TEM 像

Jin 等用 $NaBH_4$ 还原金属盐和光诱导的方法制备了 Ag 的纳米棱锥。用通常的 40W 荧光灯照射溶液。初始，溶液变黄，照射 70h 后，溶液变绿，最后变为蓝色。图 9-10 给出了 Ag 纳米粒子形貌转化的 TEM 照片。图 9-10a 显示初始球形粒子的尺度为 (8.0 ± 1.7)nm，随着光照时间的延长，粒子逐渐转变为棱镜结构。从图 9-10b 看出，照射 40h 后，球形与棱镜形共存，棱镜形的边长为 10~60nm。从图 9-10c 看出，照射 55h 后，球形粒子进一步减少，棱镜形的则进一步增加。到照射 70h 时，如图 9-10d 所示，几乎全部（>99%）为棱镜形粒子了，边长为 (100 ± 15)nm。这说明，Ag 的纳米棱锥是从初始的球形粒子演变而来的。进一步的测量分析表明，这些纳米棱锥的顶部和底部都是平的，厚度为 (15.6 ± 1.4)nm，结构为 fcc 相。

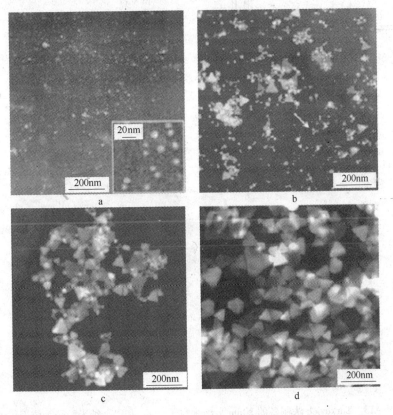

图 9-10 $NaBH_4$ 还原 + 光诱导制备 Ag 纳米粒子形貌转化的 TEM 像

a—光照之前；b—光照 40h；c—光照 55h；d—光照 70h

　　Reetz 等用电化学还原的方法制备了金属胶体，用四烷基季铵盐同时起保护剂和支持电解质的作用，将 Pd、Ni、Cu 和 Au 等金属作为牺牲阳极，外加电源电解生成阳离子，然后在阴极还原并长大成胶体，通过调节电流密度来控制金属胶体的大小，电流密度越大，粒径越小。整个过程如图 9－11 所示。如果用两种金属作为牺牲阳极，可以形成双金属胶体。如果金属是不易氧化的阳极，如铂金属，则两块铂金属片同时可作为阳极和阴极，溶解的 $PtCl_2$ 被电化学方法还原得到铂金属胶体。四烷基季铵盐表面活性剂作为稳定剂防止了金属聚集形成不需要的金属粉末。

　　图 9－12 为高能射线辅助还原法过程原理示意图，利用高能射线与水作用产生的自由基对金属盐进行还原制备金属纳米粒子。高能射线可以使水分解产生大量的 ·OH 活性基团，·OH 可以跟醇（CH_3OH）反应生成具有还原性的 ·CH_2OH，随后将金属离子还原。式（9－12）和式（9－13）给出了利用高能射线辅助还原金属纳米粒子的反应式。图 9－13 为高能射线辅助还原法制备 Au-Ag 核壳纳米粒子的电镜照片。

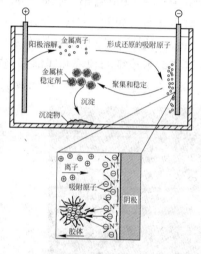

图 9－11　电化学法制备四烷基季铵盐
稳定的金属胶体示意图

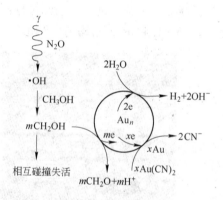

图 9－12　高能射线辅助还原法
过程原理示意图

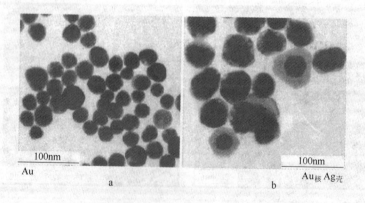

图 9－13　Turkevich 法制备的 20nm 金纳米粒子（a）和以金纳米粒子为核用射线
辅助法制备的 Au-Ag 核壳纳米粒子（b）

$$\cdot OH + CH_3OH \longrightarrow \cdot CH_2OH + H_2O \tag{9-12}$$

$$M^{n+} + n \cdot CH_2OH \longrightarrow M^0 + nCH_2O + nH^+ \tag{9-13}$$

9.4 金属纳米粒子的宏量合成

由于现有金属胶体的所有合成方法只适用于实验室规模而不适用于工业化扩大生产的局限性，1991 年 Matijevic 在 Chem Tech 上著文提出规模生产是解决金属纳米粒子（或金属胶体）工业应用的先决条件，是当前本领域研究中的一项亟待解决的难题。刘汉范等通过运用高分子基体效应结合冷冻干燥法，提供了一种可供规模生产的金属胶体的合成路线，从而解决了金属纳米粒子或金属胶体无法宏量合成的难题，为金属纳米粒子的工业应用提供了先决条件。所制得的金属胶体可以在水或有机溶剂中溶解，并且通过控制制备条件，制得了粒径分布很窄的金属胶体，胶体的平均粒径为 1～4nm。其工作原理示意见图 9-14。

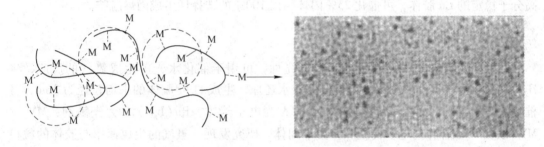

图 9-14　高分子基体效应结合冷冻干燥宏量制备金属纳米粒子原理示意图

9.5 金属纳米粒子的用途——催化性质

催化剂是加快一个化学反应的速率而不改变化学平衡，同时在反应前后其本身不发生化学变化的一类物质。1836 年，Berzelius 第一次引入"催化"这个概念，同时给予了催化剂一些神秘的特性。自从 19 世纪以来，催化现象已经被广泛地研究。现在，世界上绝大部分化工产品都是通过催化反应制得的。在这些催化剂中，过渡金属及其化合物在多相催化剂中是特别活跃的，这可以从许多重要的工业生产过程中看出，如 Fe 作为氨合成的催化剂，Pt 作为石油裂解催化剂，Pt 和 Rh 作为汽车尾气控制的催化剂等。

虽然，金属胶体的概念在 1857 年就由 Faraday 提出，但直到 Nord 成功地制备了 PVA 稳定的金属胶体，并用于催化氢化后，金属胶体在催化中的应用才引起人们的关注。现在，已经证实了许多反应是通过金属胶体进行催化的，下面将介绍金属胶体催化的一些反应。

9.5.1 硅氢加成

硅氢加成反应可由溶于溶剂中的 Pt 盐及化合物进行催化，过去对该反应的机理普遍地认为是 Chalk-Harrod 均相催化机理，反应速率的决定步骤是 Si—H 键在金属中心的氧化加成，形成分子 Pt 配合物中间体。但 Lewis 等在 CODPtCl₂ 催化简单烯烃的加成时发现真正的活性物种是 Pt 胶体。硅氢加成反应一般都有一个引发阶段，即开始时速率很低，高转化率时伴随有反应的放热和溶液转变为明显的黄色的现象，TEM 结果证实了此时胶体生成。在己烯与 Et_3SiH 之间的硅氢加成中，加入 Hg 可使催化剂中毒，这也证实了该反应是由胶体进行催化的。

9.5.2 非电解金属沉积

金属的非电解沉积是在没有外加电源时将金属沉积到某物质上形成金属保护层的过程。胶体 Pd 可催化水溶液中 Cu、Ni、Pd 或 Co 的沉积。对 Pd-Sn 双金属胶体的研究证明了大颗粒的胶体显示出高活性。与非电解电镀相似的过程是 Ag 胶体催化的照相过程，Ag 胶体在达到一定尺寸时，就会催化 AgCl 的还原。

9.5.3 水解反应

高分子稳定的 Cu 胶体可催化丙烯腈水解，用硼氢化钠还原硫酸铜得到黑或红棕色的高分子稳定的 Cu 胶体，可催化 25% 丙烯腈以 100% 的选择性生成丙烯酰胺。

9.5.4 光化学反应

高分子稳定的金属胶体因为具有透光性，可用于催化水光解生成氢气的反应，将 $H_2PtCl_6 \cdot 6H_2O$ 在 PVP 或 PVA 存在下用醇/水还原，生成的 Pt 胶体的平均粒径为 3nm，可催化氢气的生成。如图 9 – 15 所示，EDTA 为电子给体，$Ru(bpy)_3^{2+}$ 为光敏剂，MV^{2+}/MV^+ 以及 Pt 胶体作为电子传送和滞留中间体。研究发现，氢气的生成速率与胶体的粒径大小、浓度和 pH 值有关。Toshima 等还合成了表面活性剂稳定的 Pt/Au 双金属胶体并用于该反应，发现双金属催化剂的活性高于单金属 Pt 胶体，这与双金属催化剂中的协同作用有关。

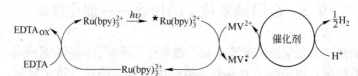

图 9 – 15   应用光敏性高分子稳定的胶体电子转移示意图

9.5.5 氢甲酰化反应

由于胶体的热不稳定性，许多催化反应要在温和条件下进行（常温和常压）。然而，刘汉范等成功地将高分子稳定的胶体用于苛刻条件下的催化反应。丙烯氢甲酰化反应是第一个被研究的，在 90℃ 和 40atm 下反应 7h，PVP-Rh 胶体表现出良好的活性与稳定性，TOF 值每釜可达到 100 ~ 200，重复使用 7 次后，仍保持高的活性，并且没有出现金属的沉积。

9.5.6 羰基化反应

在丙烯氢甲酰化反应之后，刘汉范等进行了另一个于苛刻条件下进行的反应，即甲醇羰基化为乙酸，在实验条件下（140℃和30atm），实验结果显示出 PVP – Rh 胶体在重复使用 6 次，累计反应 56.5h，累计转化数（TOF）达到 19700 后，仍然是稳定的。这两个反应表明了 PVP 稳定的金属胶体在苛刻反应条件下具有很好的稳定性，为金属纳米胶体在催化中的应用开辟了一个新的领域。

9.5.7 氢化

实验证实了高分子稳定的金属胶体在催化氢化单烯和双烯中具有比传统负载型催化剂更高的活性和选择性，一些结果如表 9 – 3 所示。

表 9 – 3　PVP-Pd 胶体选择性催化氢化双烯为单烯

基　　体	催化剂	催化活性/$\mathrm{mol(H_2) \cdot (mol(Pd) \cdot s)^{-1}}$	选择性/%
环戊二烯	PVP-Pd	8.8	97
1,3 – 环辛二烯	PVP-Pd	35.0	100
1,5 – 环辛二烯	PVP-Pd	1.8	99
亚油酸甲酸	PVP-Pd	6.1	95
	Pd/C	1.9	71

注：反应条件为：303K；0.1MPa；$c(\mathrm{Pd}) = 0.01\mathrm{mmol/L}$；$c$(基体) $= 25\mathrm{mmol}$；溶剂为 $\mathrm{MeOH(20mL)}$。

作为研究不对称催化的模型反应，Orito 等于 1978 年发现 Pt/金鸡纳可有效地用于 α – 酮酯的不对称氢化，以丙酮酸甲酯（MP）氢化生成乳酸甲酯（ML）为例，方程式如下：

$$(9-14)$$

人们用手性修饰的多相 Pt 催化剂对 α – 酮酸酯的不对称氢化反应进行了细致的研究，当催化剂的粒径小于 4nm 时，几乎不可能得到高的对映选择性。然而文献报道了当用质子化的二氢辛可尼定（dihydrocinchonidine）生物碱稳定的铂溶胶（粒径为 2~5nm）作为催化剂时，在均相中催化不对称氢化丙酮酸乙酯为（R）– 乳酸乙酯得到了 76% e.e. 值。

在金鸡纳（cinchona）生物碱中，常见的两种衍生物为辛可尼定（cinchonidine，简称 CD）和辛可宁（cinchonine，简称 CN），两者作为修饰剂时产物的主导构型分别为 R 和 S。

刘汉范等发现 PVP-Pt（粒径为 1.4~4.0nm）用辛可尼定作为手性修饰剂，在催化丙酮酸甲酯为（R）– 乳酸甲酯的氢化时得到 97.6% e.e. 值，即产物选择性 R – 乳酸酯/S – 乳酸酯 = 82.3（传统的铂负载催化剂当前报道的最高数据为 R/S = 39.0），已证明传统铂催化剂催化酮酸酯氢化是结构敏感型催化剂，当颗粒直径小于 3.0nm 时，活性与选择性均大大变差。对此合理的解释是，反应物与修饰剂间形成的活性配合物在催化剂表面吸附时，需要覆盖足够大的表面（面接触形式）。而纳米铂胶体被证明为结构非敏感型催化剂，高 R/S 值的胶体催化剂的平均粒径为 1.4nm，$\sigma = 0.3\mathrm{nm}$，催化剂将无法提供足够大的平整表面，而只可能采取活性配合物的远程相邻面的作用等形式。据此两点，纳米胶体催化剂有可能以不同于传统催化剂的催化机理工作，为进一步研究找到了良好的起点。

在将 α，β – 不饱和醛选择性地催化氢化为相应的不饱和醇的反应中，PVP-Pt-Co 双金属胶体催化氢化肉桂醛可以得到 99.8% 的肉桂醇，反应的活性和选择性受反应体系中水和 NaOH 的影响，水使得反应溶剂的极性增加，而 NaOH 则抑制了 C＝C 双键的氢化。在 PVP-Pt 金属胶体催化氢化肉桂醛和巴豆醛到肉桂醇和巴豆醇的反应中，某些金属阳离子对高分子稳定的铂金属胶体的修饰作用使得反应的活性和选择性同时有很大的提高。这种修饰作用是由金属离子与反应物中的羰基相互作用而引起的。吸附在铂颗粒上的金属阳离子活化了羰基，从而加快了反应速度，并提高了对 α，β - 不饱和醇的选择性。立体位阻在反应中也起了重要的作用。加入的金属配合物对 PVP-Pt 催化此反应的性能有显著的调节作用。以铂和钌纳米胶体为催化剂，金属阳离子的引入可以同时提高反应的活性和选择性，在香茅醛的催化氢化反应中，香茅醛被高选择性地氢化为香茅醇（约 100%）。以铂纳米胶体为催化剂选择性催化氢化邻氯硝基苯为邻氯苯胺时，所加入的金属离子和金属配合物能够显著地影响催化体系的活性与选择性。用钯 - 铂双金属胶体（PVP-Pd/Pt）催化氢化邻氯硝基苯为邻氯苯胺的性质依赖于双金属胶体的组成。所有 PVP-Pd/Pt 双金属胶体的催化活性都高于 PVP-Pd 和 PVP-Pt 单金属胶体的活性。所加入的金属离子能够显著地影响 PVP-Pd/Pt 双金属胶体的催化性质，这种修饰作用与双金属胶体的组成和金属离子的特性相关。

9.6　负载金属纳米粒子的方法

传统的制备负载催化剂的方法主要是浸渍法。浸渍法制备传统负载金属催化剂是通过将载体放入有活性组分的溶液中浸泡（浸渍），一段时间后取出载体，经过干燥、焙烧或者后期处理制得负载有纳米颗粒的催化剂。由于负载组分多数情况下分布在载体表面，利用率高，用量少，成本低，较适合制备低含量贵金属负载型催化剂，且该方法具有一定的工业应用。但该法制备的纳米粒子均匀性较差。

液相金属胶体的许多不足限制了胶体的广泛应用，例如，反应产物和催化剂的分离与回收较困难。而将胶体负载在固体载体上，会使催化剂通过简单的过滤就得以回收。许多研究人员已经探索出多种不同的负载方法和载体来负载金属胶体。过渡金属胶体既可以吸附在无机载体上，也可以负载在聚合物载体上。

9.6.1　载体吸附的纳米颗粒催化剂

无机载体广泛应用于吸附胶体颗粒。这些无机载体主要有石墨、二氧化硅、氧化铝或者二氧化钛、氧化镁等氧化物。吸附主要分为以下过程：（1）还原法制备出稳定的金属胶体；（2）纳米颗粒负载在载体上；（3）洗去杂质得到的负载催化剂。与浸渍法制备传统负载催化剂不同的是，将金属纳米粒子吸附在载体上能够保持纳米粒子原有的大小和分布，能够得到在载体上粒径均匀的负载催化剂。

王远等制备了一种 Ru/SnO$_2$ 纳米复合催化剂，他们先制备出由乙二醇稳定无保护的 Ru 胶体，并在 SnCl$_4$ 丙醇溶液中生成 SnO$_2$ 溶胶，将这两种胶体混合搅拌，加入氢氧化钠调整到 pH 值为 7 即可得到沉淀。图 9 - 16 给出了制备过程示意图。所得的催化剂在邻硝基氯苯催化加氢反应过程中，其活性为 PVP-Ru 的 6 倍，而产物邻氯苯胺的选择性相当。他们认为这可能与 SnO$_2$ 中的 Sn^{2+} 或 Sn^{4+} 离子和产物中的氨基形成配合物有关。

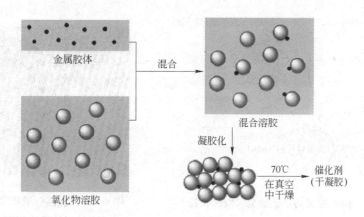

图 9 – 16   吸附法负载金属胶体颗粒

有些研究者利用铁氧化物的磁性，将纳米颗粒负载在磁性的铁氧化物上，只要在一定的磁场条件下，就可以将催化剂与反应体系分离，便于催化剂的回收利用。Zhang 等首先制备了由简单离子和乙二醇稳定的"无保护"Pt 纳米粒子（2.5nm），将胶体与制备好的氢氧化铁的透明溶胶按一定比例混合加热，即可制得 Pt/γ-Fe$_2$O$_3$ 催化剂。在氢化邻氯硝基苯的反应中，该催化剂表现出了较高的活性和稳定性，且有利于回收利用。涂伟霞等将 PVP 保护的 Pd 和 Pd-Pt 胶体成功地负载在磁性 Fe$_3$O$_4$ 载体上，并发现磁性载体有利于提高催化剂的选择性。

Liu 等将 PVP 或者 PVA 稳定的 Pt、Pd 或者 Rh 胶体负载在二氧化硅上。他们认为保护剂/金属能负载在二氧化硅载体上，归因于载体上的羟基功能键与聚合物之间形成的氢键作用。

9.6.2   在载体上嫁接胶体

在固体载体上嫁接胶体，是实现胶体负载的另一种方法（图 9 – 17）。这种负载会形成大量的化学键。Toshima 等将 Pt 和 Rh 胶体嫁接到具有氨基的聚丙烯酰胺凝胶上。这一负载过程中 PVP 上的酯基与凝胶上的氨基反应生成酰胺键。

9.6.3   原位制备负载催化剂

在高分子基体内制备金属胶体的主要难点是防止相的分离和在高分子基体内胶体的聚集。这些可以通过选择高分子基质和金属前体（通常是共价的有机金属化合物）来实现，金属前体与高分子基质化学键联并均匀分散，还原之后金属胶体在高分子基体中形成，图 9 –18 所示是在特定的高分子中形成金纳米胶体。Frechet 及其合作者报道了一种"以单体为溶剂"（monomer as solvent）的方法制备了粒径为 1～3nm 的金属胶体，在金属前体聚集为金属时，单体同时可作为配体和溶剂，即聚合单体作为金属有机化合物前体的溶剂，在单体的快速聚合中，金属前体同时被还原，形成金属胶体，避免了相分离。然而这样制得的金属胶体与固体的交联高分子掺和而不再溶于溶剂，因此它们只是在膜催化反应中得到应用。

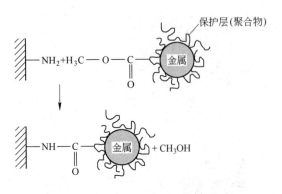

图 9 – 17   酰胺键嫁接负载的金属胶体颗粒

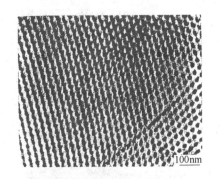

图 9 – 18   在高分子基体中形成的
金纳米粒子的 TEM 照片

Akashi 发现过渡金属胶体通过保护剂与载体形成共价键。实验中的载体为表面嫁接了 PNIPAAm 的聚苯乙烯微球（图 9 – 19）。氯铂酸在微球表面还原，PNIPAAm 的长链稳定保护纳米颗粒，并使 Pt 纳米颗粒在微球表面分散。有的研究直接在乳胶微球等聚合物载体上合成 Pt 或者 Pd 纳米颗粒。乳胶的极性将影响纳米颗粒的吸附和稳定性。

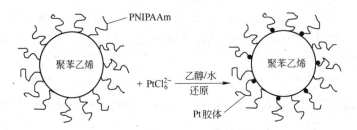

图 9 – 19   原位还原法负载金属颗粒

9.6.4   配位俘获法及改进配位俘获法

刘汉范等提出了配位俘获法（coordination capture）及改进配位俘获法（modified coordination capture）的负载催化技术。配位俘获法利用固体官能团化的巯基将溶液中的金属纳米粒子固载到载体表面，制备得到了第一个带巯基的高活性金属氢化催化剂。图 9 – 20 给出了配位俘获法制备负载金属纳米粒子的示意图。

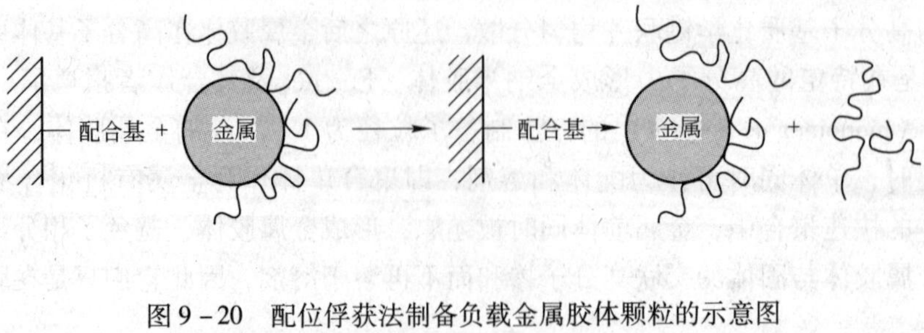

图 9 – 20   配位俘获法制备负载金属胶体颗粒的示意图

改进配位俘获法是在原配位俘获法的基础上利用一种不溶于水的配体（如三苯基膦），将其溶于苯中而涂敷在无机或高分子载体表面，它可以在水溶液中俘获贵金属纳米粒子（图9-21）。随后用苯溶剂洗去涂敷的配体，由于载体表面与贵金属纳米粒子间的物理和化学作用，贵金属纳米粒子仍负载在载体表面而不脱落。这时得到了一类不含（官能团化）配体的负载纳米金属粒子催化剂。通常的负载方法，由于负载化过程使金属纳米粒子的运动自由度丧失，从而导致负载化催化剂要比溶液状态下的纳米金属粒子催化剂的活性和选择性下降。但改进配位俘获法负载的催化剂可以看做是负载的"裸露"纳米金属粒子，它消除了稳定化高分子（如 PVP 等）的影响。所以它们的活性和选择性均优于溶液状态下的金属胶体催化剂。这是一个新奇而有意义的现象。

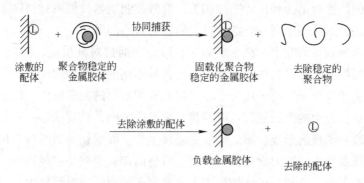

图9-21 改进的配位俘获法负载金属胶体颗粒

思 考 题

9-1 化学还原法的原理是什么？

9-2 化学还原法制备金属胶体的关键因素有哪些？

9-3 还原剂、保护剂和溶剂各有哪些？保护剂的作用是什么？

9-4 高分子类保护剂为什么比其他两类保护剂制备的纳米粒子稳定？

9-5 金属纳米粒子的主要用途有哪些？

10 模板法制备纳米材料

10.1 模板法的概念

纳米材料的性能与结构和尺寸密切相关。有效控制纳米材料或材料体系的尺寸及其分布、组成、缺陷、形状和序列等是纳米材料制备的核心问题。

在纳米材料的制备研究中，科学家们一直致力于通过对其组成、形貌、尺寸、取向、排布、结构等的控制，使得制备出的材料具备各种预期的特殊物理性质。大多数纳米材料的化学合成方法涉及原子、离子或分子自气相或液相析出的凝聚反应，涉及从分散的原子或分子逐渐聚集、长大的生长过程。以液相沉淀反应为例，颗粒的形成一般可以分为两个阶段。第一阶段是晶核的形成；第二阶段是晶核生长。而颗粒的微结构、尺寸及其分布由反应体系的本质及反应的动力学过程所决定。可想而知，要制备粒径均一、结构相同的纳米颗粒的难度有多大。这相当于让烧杯中天文数字多的原子同时形成大小一样的晶核，并同时长大到相同的尺寸。并且还要考虑颗粒间的团聚问题，因为团聚是使纳米颗粒的表面能降低的自发过程。因此，为了得到尺寸可控、无团聚的纳米颗粒，必须找到"窍门"来有效地干预化学反应的进程。

模板合成技术便是化学家们找到的"窍门"。模板合成的原理实际上非常简单。设想存在一个纳米尺寸的笼子（纳米尺寸的反应器），让原子的成核和生长在该"纳米反应器"中进行。在反应充分进行后，"纳米反应器"的大小和形状就决定了作为产物的纳米材料的尺寸和形状。无数多个"纳米反应器"的集合就是模板合成技术中的"模板"。基于此，近年来模板法制备纳米材料引起了人们广泛的重视。

这种方法可预先根据合成材料的大小和形貌设计模板，基于模板的空间限域作用和模板剂的调控作用也可对合成材料的大小、形貌、结构、排布等进行控制。

问题是如何找到、设计和合成各种模板？

10.2 模板的分类

模板根据其自身的特点和限域能力的不同可分为软模板和硬模板两种。硬模板主要是指一些具有相对刚性结构的模板，如多孔氧化铝（阳极氧化铝）膜、多孔硅、介孔沸石（如介孔硅铝酸盐（MCM-41））、分子筛、胶态晶体、纳米管、蛋白、金属模板以及经过特殊处理的多孔高分子薄膜等。软模板则主要包括两亲分子（表面活性剂）形成的各种有序聚合物，如液晶、胶团、反胶团、微乳液、囊泡、LB 膜（Langmuir-Blodgett film）、自组装膜以及高分子的自组织结构和生物大分子等。

10.3 硬模板法

硬模板法合成纳米阵列结构体系，是 20 世纪 90 年代中期发展起来的一种靠自组装构筑纳米结构的新技术，即利用具有纳米级微孔的模板（俗称纳米模具），选择适当的气相或液相沉积技术（电化学沉积、无电沉积、化学聚合反应、溶胶凝胶沉积、化学气相沉积），直接在模板的微孔内合成纳米结构。

利用硬模板法可以制备各种材料，例如金属、合金、半导体、导电高分子、氧化物、碳及其他材料的纳米结构；可合成分散性好的纳米粒子、纳米线、纳米管以及其他复合结构体系；可以通过改变模板结构参数的方法即通过改变模板柱形孔径的大小来调节纳米线、棒或管的长径比，获得用其他方法（如光刻平版印刷技术）难以获得的小尺寸结构（如 3nm 的纳米管和线）。模板的获得是合成纳米结构阵列的前提，下面主要介绍多孔阳极氧化铝模板、二氧化硅模板的特征和合成方法。

10.3.1 以多孔阳极氧化铝膜为模板合成纳米材料

10.3.1.1 制备多孔阳极氧化铝膜的工艺过程

多孔阳极氧化铝（porous anodic alumina，PAA 或称为 anodic aluminum oxide，AAO）是将高纯铝置于酸性电解液中在低温下经阳极氧化而制得的具有自组织的高度有序的纳米孔阵列结构。它由阻挡层和多孔层构成，如图 10－1a 所示，紧靠金属铝表面是一层薄而致密的阻挡层，阻挡层一般是非晶结构氧化铝，多孔层的膜胞为六边紧密堆积排列，每个膜胞中心都有一个纳米级的微孔，孔的大小比较均匀，且与铝基体表面垂直，彼此平行排列，如图 10－1b 所示。

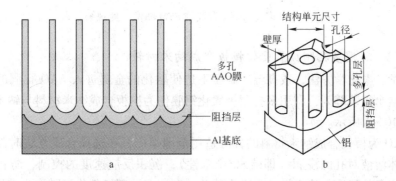

图 10－1 AAO/Al 结构的截面示意图（a）及多孔阳极氧化铝六边形结构示意图（b）

多孔阳极氧化铝膜的制备采用阳极氧化实验装置，如图 10－2 所示，通常来说，制备主要包括三个过程：（1）铝片预处理过程：高温退火处理→机械抛光处理→超声或化学去脂→去除自然氧化层→化学抛光或电抛光处理；（2）阳极氧化；（3）后续处理：化学腐蚀去除剩余铝基→通孔及扩孔。

阳极氧化铝的制备一般采用低浓度的硫酸、磷酸和草酸作电解液，铝片或衬底附铝膜作阳极，铂或者铅作阴极，所加电压、电流强度及电解时间根据实际情况而定。

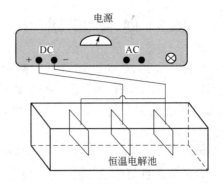

图 10 - 2　阳极氧化实验装置示意图

通过控制阳极氧化条件可以得到不同孔径和厚度的多种氧化铝模板，多孔氧化铝具有丰富的微孔结构，其孔排列均匀，规则有序，而且孔径的尺寸容易控制。多孔阳极氧化铝膜因其特殊的多孔结构（图 10 - 3），可作为制备纳米材料的模板，这种模板材料具有独特的优点。

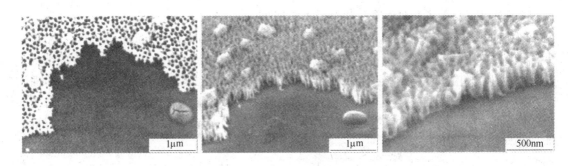

图 10 - 3　多孔 Al_2O_3 薄膜的 SEM 图像（侧视图）

10.3.1.2　利用多孔阳极氧化铝模板合成纳米材料

通过化学、电化学方法，或高温、高压下迫使融化的金属进入 AAO 孔洞的方法获得规则有序的纳米组装阵列，利用多孔阳极氧化铝膜作为模板合成纳米材料与纳米结构的工艺流程如图 10 - 4 所示。

利用 AAO 为模板合成纳米材料的方法适用范围很广，在选择合成方法时需要注意以下几点：前体溶液对孔的浸润（即疏水/亲水性）；沉积反应速度的控制，防止孔洞通道口堵塞；反应条件下膜的稳定性。下面介绍几种利用多孔阳极氧化铝膜作为模板合成纳米结构的具体方法。

A　电化学沉积法

在模板薄膜的一个面上覆盖一层金属薄膜（通常用离子溅射或热蒸发方法），并将这一金属薄膜作为电镀的阴极；这样就可以在孔中进行材料的电沉积。利用这种方法，已在 AAO 模板中制备出了包括 Cu、Pt、Au、Ag 和 Ni 在内的一系列金属纳米丝。

首先，在 AAO 模板薄膜的一个面上溅射 Ag 膜（图 10 - 5a），以提供电沉积所需的导电性薄膜。接下来，将模板带有 Ag 膜的一面朝下放在玻璃上，并用 Ag 电镀溶液覆盖。

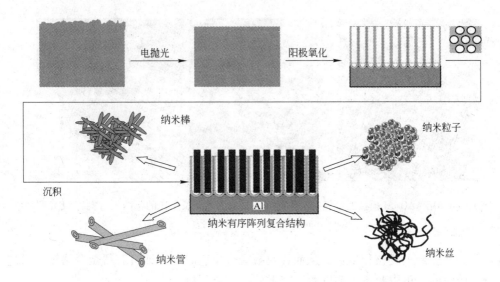

图 10 - 4   AAO 模板法制备纳米材料与纳米结构的工艺流程图

然后，通过电化学方法在薄膜孔内生成短的"接线柱"（图 10 - 5b）。这些 Ag 纳米柱将作为"基体"，在其上用电化学方法生长 Au 纳米粒子（图 10 - 5c）。最后，用硝酸清洗剂除去 Ag "基体"就可以得到嵌入 Al_2O_3 薄膜孔内的 Au 纳米粒子阵列（图 10 -5d）。

　　显而易见，上述电镀 Au 纳米粒子的直径等于 AAO 模板薄膜中的孔径。因此，利用带有不同孔径的多孔 Al_2O_3 薄膜作为模板，可以合成具有不同直径的 Au 纳米粒子。通过改变电沉积到孔内的 Au 量，可以控制粒子的长径比（即长度/直径）。当模板薄膜的孔内电沉积 Au 的量不同时，可以制备出不同形状的 Au 纳米粒子（其形状包括球形、长球形和扁球形）。

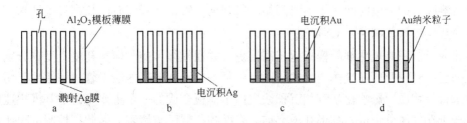

图 10 - 5   Au 纳米粒子/Al_2O_3 复合结构的制备过程

a—在主体 Al_2O_3 薄膜的某一个面上溅射沉积一层 Ag 膜；b—将溅射面朝下放在玻璃板上，并用电化学方法沉积生成 Ag "基体"；c—在 Ag 基体之上电化学沉积生长 Au 粒子；d—用硝酸将 Ag 除去

　　图 10 - 6 是金纳米丝的典型 TEM 图像，这些丝的长度可以通过改变金沉积量的多少进行控制。如果沉积少量的金属，则可得到短丝；反之，若沉积了大量的金属就可以制成针状的长丝。这种对金属纳米丝长度或长径比的控制能力，在光学研究方面具有特别的重要性，因为纳米金属的光学性质取决于长径比。

　　电化学沉积法还可以用于在 AAO 模板薄膜的孔内合成导电聚合物（如聚苯胺）纳米管和纳米丝。首先在 AAO 模板的一面涂上金属作为阳极，通电使模板孔洞内的单体聚合，

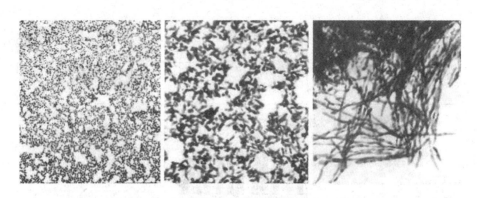

图 10-6 用 AAO/Al 模板通过控制沉积时间，制备出不同长径比的金纳米材料的 TEM 照片

（孔直径 $d = 10nm$，长径比 （l/d） 分别为 1、3、500）

聚合物优先在孔壁上成核和生长，从而在较短聚合反应时间内即可获得聚合物管。通过控制聚合反应时间，可以制备出薄壁管、厚壁管或实心纤维。

B 化学聚合法

这种合成法是通过化学法使 AAO 模板孔洞内的单体聚合成高聚物管或丝的方法。化学法的过程如下：将模板浸入所要求的单体和引发剂的混合溶液中，在一定温度或紫外光照射下，进入模孔内的溶液经聚合反应形成聚合物管或丝的阵列体系。形成管还是丝取决于聚合时间的长短，聚合时间短形成纳米管，随聚合时间的增加，管壁厚度不断增加，最后形成丝。

C 溶胶-凝胶法

利用纳米级粒子的溶胶浸泡 AAO 模板，可以制备出多种纳米管或丝材料，例如 TiO_2、ZnO 和 WO_3 等。用溶胶-凝胶沉积法在 AAO 纳米孔内制得的是纳米管还是纳米线，取决于模板在溶胶中的浸渍时间，浸渍时间短，得到纳米管，而浸渍时间长则得到纳米线。

D 化学气相沉积法 （CVD 法）

将孔壁上沉积有催化剂的模板置于高温炉中并通气体，使气体在孔壁上受热分解并沉积，根据反应时间及所通气体压力的不同可以制备出不同厚度的纳米管。该法主要用于制备碳纳米管等物质。影响化学气相沉积法应用于模板合成的一个主要障碍是其沉积速度太快，以至于在气体分子进入柱形孔道之前，表面的孔就已被堵塞，因此，控制沉积速度是化学气相沉积法的关键。

E 均匀沉淀法

在 AAO 模板中加入金属盐溶液及沉淀剂母体，溶液混合均匀后加热，溶液中发生的化学反应使沉淀剂慢慢地生成，当溶液中的正、负离子的离子积大于该难溶物的溶度积时，这种物质就会沉淀出来。经洗涤、干燥、焙烧后，去掉氧化铝模板，即得纳米线。

10.3.2 以二氧化硅球为模板合成纳米核-壳结构

纳米二氧化硅球简单易得，近年来出现了大量的以二氧化硅球为模板制备纳米核-壳结构的报道。下面以制备二氧化硅/金核-壳结构为例进行说明。如图 10-7a 所示，先将二氧化硅球表面进行氨基化，带有氨基的二氧化硅球很容易跟金种子（2~5nm 金纳米颗粒）结合，使金种子均匀地分散在二氧化硅球表面，成为此后金壳的生长点。随后将带有金种子的二氧化硅球放入到金盐溶液中，加入还原剂，生成的金以金种子为生长点不断长大成颗粒；颗粒和颗粒之间粘连形成镂空状；最终长成完整的金壳。金壳整个生长过程的 TEM 照片如图 10 - 7b 所示。这些核壳结构的材料具有良好的光热、催化等性能。

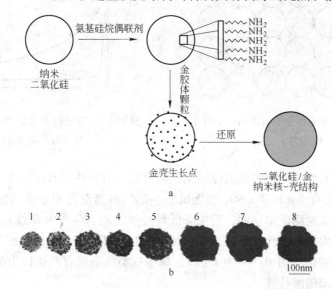

图 10 - 7　二氧化硅/金核 - 壳结构的形成示意图（a）及其生成过程的透射电镜照片（b）

10.4　软 模 板 法

软模板法合成纳米材料主要是利用各种表面活性剂的有序聚集体作为模板进行纳米材料的合成。

10.4.1　表面活性剂的概念

要了解表面活性剂，首先应从表面张力谈起，因为表面张力是表面活性剂科学中最基本，也是最重要的物理量之一。因此，我们从表面张力开始引入表面活性剂的概念。先谈谈什么是表面，物质相与相之间的分界面称为界面，包括气 - 液、气 - 固、液 - 液、固 - 固和固 - 液五种。其中包含气相的界面叫表面，包括液体表面和固体表面两种。下面以液体表面为例，讨论表面张力的意义。

众所周知，液体的表面有自动收缩的倾向，这表现在当重力可以忽略时液体总是趋向于形成球形。液体表面自动收缩的驱动力源于表面上的分子所处的状态与体相内部的分子所处的状态（或分子所受作用力）的差别，如图 10 - 8 所示。

在体相内部，每个分子所受其周围分子的作用力是对称的，而液 - 气界面上液体分子所受液相分子的引力比气相分子对它的引力强，它所受的力是不对称的，结果使得表面分子受到指向液体内部并垂直于界面的引力。因此表面上的分子有向液相内部迁移的趋势，使得液体表面有自动收缩现象。这种引起液体表面自动收缩的力就叫表面张力。

纯液体只有一种分子，故固定温度和压力时，其表面张力是一定的。对于溶液就不同了，其表面张力会随浓度而改变。这种变化大致有三种情况，如图 10 - 9 所示。

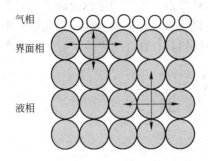

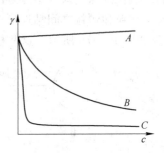

图 10 - 8   界面相分子与体相分子所受　　　图 10 - 9   溶液的表面张力与溶质浓度
　　　　　　作用力示意图　　　　　　　　　　　　　　　　的几种典型关系

第一种情形是表面张力随溶质浓度的增大而升高，且往往大致接近于直线（图 10 - 9 中 A 线），这种溶质有 NaCl、Na_2SO_4 等无机盐。第二种情形是表面张力随溶质浓度的增加而降低。通常开始时降低得快些，后来降低得慢些（图 10 - 9 中 B 线），属于此类的溶质有醇类、酸类等大部分极性有机物。第三种情形是一开始表面张力急剧下降，但到一定浓度后却几乎不再变化（图 10 - 9 中 C 线），属于这类的溶质有八碳以上的有机酸盐、有机胺盐、磺酸盐、苯磺酸盐等。

若是一种物质（甲）能降低另一物质（乙）的表面张力，就说甲对乙有表面活性。而以很低的浓度就能显著降低溶剂的表面张力的物质叫表面活性剂（surfactant）。图 10 - 9 中 A 线类物质无表面活性；B 线类物质具有表面活性，但不是表面活性剂，这类低相对分子质量的醇、酸、胺等也具有双亲性质，也是双亲物质。但由于亲水基的亲水性太弱，它们不能与水完全混溶，因而不能作为主表面活性剂使用。它们（主要是低相对分子质量醇）通常与表面活性剂混合组成表面活性剂体系，因而被称为助表面活性剂（cosurfactant）。只有 C 线类物质才可成为表面活性剂。因此，表面活性剂是这样一种物质，它能吸附在表（界）面上，在加入量很少时即可显著改变表（界）面的物理化学性质，从而产生一系列的应用功能。这种特殊性质使得表面活性剂在工业领域具有广泛的应用，因而有"工业味精"之美誉。表面活性剂的广泛应用是基于其吸附和胶团化两大性质。乳化、润湿、洗涤去污、发泡、浮选、匀染等皆源于其吸附性质；增溶（即把疏水性（亲水性）物质以大大超过它们溶解度的量溶解于水（或油）中）、胶束催化源于其胶团化性质。

10.4.2   表面活性剂的分子结构特点

表面活性剂（图 10 - 10）是一类由非极性的"链尾"和极性的"头基"组成的有机化合物。非极性部分是直链或支链的碳氢链或碳氟链，它们与水的亲和力极弱，而与油（一切不溶于水的有机液体如苯、四氯化碳等统称为"油"）

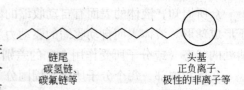

链尾　　　　　　　　　　　　　头基
碳氢链、　　　　　　　　　　　正负离子、
碳氟链等　　　　　　　　　　　极性的非离子等

图 10 - 10   表面活性剂
分子结构示意图

有较强的亲和力，因此被称为憎水基、疏水基或亲油基（hydrophobic 或 lipophilic group）。极性头基为正、负离子或极性的非离子，它们通过离子－偶极或偶极－偶极作用而与水分子产生强烈相互作用，并且水化，因此被称为亲水基（hydrophilic group）或头基（head group）。表面活性剂的亲油基一般是由长链烃基构成的，结构上差别较小，以碳氢基团为主，要有足够大小，一般八个碳原子以上。亲水基（极性基，头基）部分的基团种类繁多，差别较大，一般为带电的离子基团和不带电的极性基团。表面活性剂分子具有既亲水又亲油的双亲性质，因此又被称为双亲分子。

以一种常见的表面活性剂十二烷基硫酸钠 $CH_3(CH_2)_{11}SO_4Na$ 为例，它是由非极性的 $CH_3(CH_2)_{11}$ 与极性的 SO_4Na 组成的，前者为疏水基，后者为亲水基。水溶液中，$CH_3(CH_2)_{11}SO_4Na$ 电离为 $CH_3(CH_2)_{11}SO_4^-$ 与 Na^+，起主要作用的是 $CH_3(CH_2)_{11}SO_4^-$，称为表面活性离子，而 Na^+ 则称为反离子。

表面活性剂根据其分子在水溶液中能否解离及解离后所带电荷类型分为非离子型、阴离子型、阳离子型和两性离子型表面活性剂，分类见表10－1。

表 10－1   表面活性剂的分类

按离子类型分类		按亲水基的种类分类	
离子型表面活性剂	阴离子型表面活性剂	R—COONa R—OSO$_2$Na R—SO$_3$Na R—OPO$_3$Na	羧酸盐 硫酸酯盐 磺酸酯盐 磷酸酯盐
	阳离子型表面活性剂	RNH$_3$Cl R$_2$NH$_2$Cl R$_3$NHCl R$_4$N$^+$·Cl$^-$	伯胺盐 仲胺盐 叔胺盐 季铵盐
	两性表面活性剂	R—NHCH$_2$—CH$_2$COOH R(CH$_3$)$_2$N$^+$—CH$_2$COO$^-$	氨基酸型 甜菜碱型
非离子型表面活性剂		R—O—(CH$_2$CH$_2$O)$_n$H R—COOCH$_2$ $<$ $\begin{matrix}CH_2OH\\CH_2OH\\CH_2OH\end{matrix}$	聚氧乙烯型 多元醇型

10.4.3 软模板——表面活性剂的有序聚集体

10.4.3.1 胶团溶液

表面活性剂溶液的浓度超过一定值，其分子在溶液中会形成不同类型的分子有序组合体。表面活性剂的表面活性源于表面活性剂分子的两亲性结构。依据"相似者相亲"的规则，亲水基团使分子有进入水的趋向，而憎水的碳氢长链则竭力阻止其在水中溶解而从溶剂内部迁移，有逃逸出水相的倾向。这种疏水基逃离水环境的性质称为疏水作用。上述两种倾向平衡的结果是表面活性剂在表面富集，亲水基伸向水中，疏水基伸向空气。表面活性剂这种从水内部迁至表面，在表面富集的过程叫吸附。表面活性剂在水表面吸附的结果是水表面似被一层非极性的碳氢链覆盖，从而导致水的表面张力下降。

与在表（界）面上的情况相似，表面活性剂分子由于疏水作用，在水溶液内部发生自聚（self-assembly），即疏水链向里靠在一起形成内核，远离水环境，而将亲水基朝外与水接触。表面活性剂在溶液中的自聚（或称自组装）形成多种不同结构、形态和大小的聚集体。由于这些聚集体内的分子排列有序，所以常把它们称为分子有序组合体或有序分子组合体（organized molecular assemblies），将这种溶液称为有序溶液（organized solution）。最常见的分子有序组合体是胶团或称胶束（micelle）。除了普通胶团之外，其他的分子有序组合体还有反胶团（reversed micelle）、囊泡（vesicle）等。胶团是分子有序组合体的最基本和最常见的形式。

图 10-11 为表面活性剂随其水溶液的浓度变化在表面吸附形成单分子膜和在溶液中自聚生成胶团的过程。当溶液中表面活性剂浓度极低时，如图 10-11a 所示，空气和水几乎是直接接触着的，水的表面张力下降不多，接近纯水状态。如果稍微增加表面活性剂的浓度，它就会很快聚集到水面，使水和空气的接触减少，表面张力急剧下降。同时，水中的表面活性剂也三三两两地聚集在一起，互相把憎水基靠在一起，开始形成小胶团，如图 10-11b 所示。表面活性剂在界面上的吸附一般为单分子层，当表面吸附达到饱和时形成紧密排列的单分子膜，随表面活性剂浓度进一步增大，表面活性剂分子不能继续在表面富集，而疏水基的疏水作用仍竭力促使其逃离水环境，满足这一条件的方式是表面活性剂分子在溶液内部自聚，即疏水链向里靠在一起形成内核，远离水环境，而将亲水基朝外与水接触，如图 10-11c 所示。表面活性剂的这种自聚体称为分子有序组合体，其最简单的形式是胶团。形成胶团的作用称为胶团化作用。开始形成胶团的表面活性剂浓度称为临界胶团浓度（critical micelle concentration，简写为 cmc）。平均每个胶团包含的表面活性剂分子个数就是胶团聚集数。当表面活性剂的浓度达到临界胶团浓度（cmc）时，溶液中开始形成大量胶团，溶液的表面张力降至最低值。当溶液的浓度达到临界胶团浓度之后，若浓度再继续增加，溶液的表面张力几乎不再下降，只是溶液中的胶团数目和聚集数增加，如图 10-11d 所示。在 cmc 附近，除了表面张力，表面活性剂的其他很多性能也发生了突变，如去污能力、增溶能力、浊度、渗透压、摩尔电导率等。表面活性剂性质突变的原因都可用其在 cmc 处形成胶团加以解释。

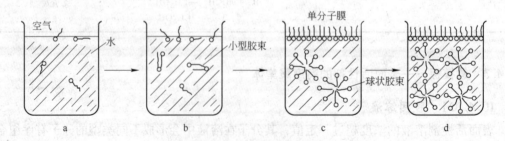

图 10-11　胶束的形成过程

表面活性剂在水溶液中形成的是正常胶团，其极性基朝外与水接触，疏水基向里形成类似于液烃的内核。与水溶液中的情况相反，表面活性剂在有机溶剂中形成极性头向内，非极性尾朝外的含有水分子内核的聚集体，称为反胶团。因此，反胶团是两亲分子在非水溶液中形成的聚集体。其结构与水溶液中的胶团相反。亲油端在内、亲水端在外的"水包油型"胶团（即油/水型，O/W），叫"正相胶团"；亲水端在内、亲油端在外的"油包水型"胶团（即水/油型，W/O），叫"反相胶团"。正相胶团的直径大约为 5～100nm，反相胶团的直径约为 3～6nm，而多层囊泡的直径一般为 100～800nm。胶团溶液是一种热力学稳定的液/液分散体系，其中油或水作为分散相分别增溶于表面活性剂胶团和反胶团中。

图 10－12 为不同胶团的形成过程及几种胶团结构示意图。在表面活性剂浓度不很大，超过 cmc 不多时，而且没有其他添加剂的溶液中胶团大多呈球状，其聚集数 n 为 30～40。此即 Hartley 的球状胶团。Hartley 提出球状胶团的模型中带电的极性基就处在外壳与水直接接触。当表面活性剂在溶液浓度为 10 倍于 cmc 或更高的浓溶液中时，随 n 增大不易形成球形胶团。因为即使极性基全部处于胶团外壳也无法将胶团全部覆盖，而仍有相当一部分碳氢链处于外壳上，从能量角度看是不利的。为此，Debye 曾提出了腊肠状（即棒状）模型，其末端近似于 Hartley 的球体，而中部是分子按辐射状定向排列的圆盘。这种模型使大量的表面活性剂分子的碳氢链与水接触面积缩小，有更高的热力学稳定性。表面活性剂的亲水基构成棒状胶团的外壳，而疏水的碳氢链构成内核。在有些表面活性剂溶液中这种棒状胶团还具有一定程度的柔顺性。水溶液中若有无机盐存在，即使表面活性剂的浓度不大，胶团的形状也总是不对称的非球状，常是棒状的。随着表面活性浓度继续增加，棒状胶团可以聚集成束，形成棒状胶团的六角束。当表面活性剂的浓度更大时就会形成巨大的层状胶团。

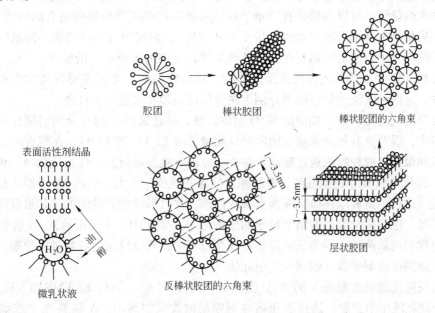

图 10－12 分子有序组合体的变化过程

10.4.3.2 微乳液

众所周知，油和水不相溶是一种自然现象。当油在水中分散成许多小液滴后，体系内两液相间的界面面积增大，界面自由能增高，热力学不稳定，有自发地趋于自由能降低的倾向，即小油滴互相碰撞后聚结成大液滴，直至变为两层液体。为得到稳定的体系必须设法降低其界面自由能，不让液滴互相碰撞后聚结。1943 年，Hoar 和 Schulmant 首次发现了油和水在大量阴离子表面活性剂和醇类助表面活性剂存在时能自发形成透明的均相体系，这种体系后来被称为微乳状液或微乳液。

微乳液是两种不互溶液体的分散体系，但分散相质点非常小（10～100nm），以致布朗运动使其趋向于保持在悬浮状态，因此是热力学稳定体系。微乳液的外观为透明或至少半透明的。微乳液和胶团溶液都是热力学稳定体系。虽然在热力学稳定性方面，它们没有根本的区别，但是从原理上讲，微乳液和胶团溶液仍是有区别的。比如胶团溶液中分散相的含量相对很小，分散相被认为是增溶在胶团中，被胶团完全包围；而微乳液中分散相的含量相对较大，是各向同性的大体积水区和油区被一层各向异性的表面活性剂吸附层所隔开的体系。然而，目前在实践中还没有可操作的方法来区别两者的差异。因此，微乳液也被称为"溶胀的胶团溶液"（swollen micellar solutions）或"增溶的胶团溶液"（solubilized micellar solutions）。总之，在油－水－表面活性剂（包括助表面活性剂）体系中，当表面活性剂浓度较低时，能形成乳状液；当浓度超过临界胶团浓度（cmc）时，表面活性剂分子聚集形成胶团，体系成为胶团溶液；当浓度进一步增大时，可形成微乳液。微乳液是能自发形成的。乳状液、胶团溶液和微乳液都是分散体系。从分散相质点大小看，微乳液是处于乳状液和胶团溶液之间的一种分散体系，因此微乳液与乳状液特别是胶团溶液有着密切的联系，微乳液本质上仍是胶团溶液，而其复杂性又远远超过另外两者。

10.4.3.3　表面活性剂的有序聚集体

表面活性剂分子有序组合体，包括胶团溶液和微乳液，其质点大小或聚集分子层厚度已接近纳米数量级，可以为形成有"量子尺寸效应"的超细微粒提供适合的场所与条件，而且分子聚集体本身也可能有类似"量子尺寸效应"，表现出与大块物质不同的特性，因此表面活性剂分子有序组合体可作为制备纳米材料（如纳米粒子）的模板。

把反相（W/O）微乳液作为微反应器时，反应物的加入方式主要有共混法和直接加入法两种，这两种方法的反应机理分别为融合反应机理和渗透反应机理。

融合反应机理是取两种相同的 W/O 型微乳液，并将试剂 A 和 B 分别溶解在两个微乳液的水相中，混合含有相同水油比的两种反相微乳液 E(A) 和 E(B)，在混合时，由于水滴的碰撞和聚结，两种胶束通过碰撞、融合、分离、重组等过程，使反应物 A、B 在胶束中进行，试剂 A 和 B 穿过微乳液界面膜相互接触并成核、长大，形成 AB 沉淀，最后得到纳米微粒。这种沉淀局限在微乳液滴水核的内部，并且形成的颗粒的大小和形状反映液滴的内部情况，这是用微乳制备纳米粒子的原理之一（如图 10－13a 所示）。反应物的加入可分为连续和间歇两种，因为反应发生在混合过程中，所以反应由混合过程控制。如由硝酸银和氯化钠反应制备氯化银即可采用此法。

渗透反应机理是先制备 A 的 W/O 微乳液，记为 E(A)，再向 E(A) 中加入反应物 B，B 在反相微乳液相中扩散，透过表面活性剂膜层向胶束中渗透，A 和 B 在"水池"中混合，并在胶束中进行反应，此时反应物的渗透扩散为控制过程，即通过以液体或气体的方式加入还原剂或沉淀剂的方法在微乳液中产生纳米粒子。其特点是反应空间及微乳液滴的尺寸处于动态平衡之中，随外界干扰和体系组成不同而发生改变。图 10－13b 表示在含金属盐的微乳液中加入还原剂（肼或氢气）生成金属的纳米粒子。图 10－13c 则表示将 O_2、

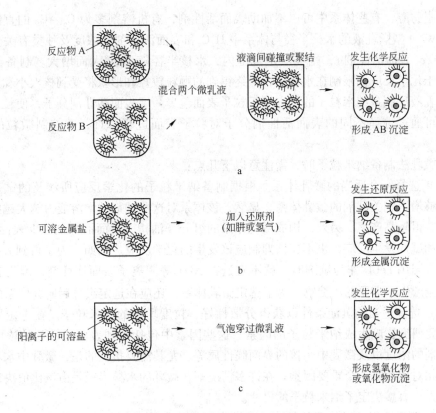

图 10-13　微乳液法制备纳米材料机理
a—混合两个微乳液；b—向微乳液中加入还原剂；c—将气体通入微乳液中

NH_3 或 CO_2 等气体鼓泡加入含有可溶性阳离子盐的微乳液中，生成氧化物、氢氧化物或碳酸盐沉淀的方法。如烷基金属化合物加水分解制备氧化物纳米微粒及镉盐通 H_2S 制备 CdS 纳米微粒即用此法。

　　在 W/O 型微乳中发生反应时，试剂完全限制在分散的水滴中，所以实现反应的一个先决条件是两个水滴通过碰撞、聚结和破裂，使所含溶质发生反应。如果化学反应速率快，总的反应速率很可能为液滴聚结速率所控制。因此，水滴互相靠近时表面活性剂局部的相互吸引作用以及界面的刚性显得非常重要。一个相对刚性的界面能降低聚结速率，导致慢的沉淀速率；而一个很柔性的界面则加快沉淀速率。因此可以通过控制界面结构，使微乳中的反应动力学改变一个数量级。进一步研究还证明，油、醇的结构和水相的离子强度均能显著地影响界面的刚性和反应动力学。

　　在过去的 20 多年中，用这些技术在微乳液中合成纳米粒子的研究方面取得了很大的进展。微乳液法实际上是利用两种互不相溶的溶剂在表面活性剂的作用下形成一种均匀的乳液，剂量小的溶剂被包裹在剂量大的溶剂中形成一个微泡，微泡的表面由表面活性剂组成。在微泡中生成固相可使成核、生长、凝结、团聚等过程局限在一个微小的微泡内。微泡的形状可以控制生成的纳米材料的形状。常用的表面活性剂有 2-乙基己基琥珀酸酯磺酸钠（AOT）和十二烷基硫酸钠（SDS）（阴离子型）、十六烷基三甲基溴化铵（CTAB）（阳离子型）以及聚氧乙烯醚类（Triton X）（非离子型），用作助表面活性剂的仍是中等碳链的脂肪醇，有些体系中可以不加助表面活性剂，有机溶剂多为 $C_6 \sim C_8$ 的直链烃或环烷烃。W/O 型微乳液的水核半径与体系中 H_2O 和表面活性剂的浓度及种类有关。令 $W = c(H_2O)/c(表面活性剂)$，则在一定范围内，水核半径随 W 增大而增大。制备纳米微粒时，由于化学反应被限制在水核内，最终得到的颗粒粒径和形状将受到核大小和形状的控制。微乳液法制备纳米粒子的特点在于粒子表面包裹一层表面活性剂分子，使粒子间不易聚结；可通过选择不同的表面活性剂分子对粒子表面进行修饰，并控制微粒的大小和形状。

用微乳法制备纳米粒子时，需注意以下几点：

（1）选择一个适当的微乳体系。根据制备纳米粒子的化学反应所涉及的试剂，选择一个能够增溶相关试剂的微乳体系，显然，该体系对这些试剂的增溶能力越大越好，这样可期望获得较高产率。另外，构成微乳体系的组分（油相、表面活性剂和助表面活性剂）应该不和试剂发生反应，也不应该抑制应该发生的化学反应。例如，为了得到 $\alpha\text{-}Fe_2O_3$ 纳米粒子，当用 $FeCl_3$ 作为试剂时，就不宜选择 AOT 等阴离子表面活性剂，因为它们能和 Fe^{3+} 反应产生不需要的沉淀物。为了选定微乳体系，还应在选定组分后研究体系的相图。

（2）选择适当的沉淀条件以获得分散性好、粒度均匀的纳米粒子。在选定微乳体系后，就要研究影响生成纳米粒子的因素。这些因素中包括水和表面活性剂的浓度及相对量、试剂的浓度以及微乳中水核的界面膜性质等。尤其需要指出的是，微乳中水和表面活性剂的相对比例是一个重要因素。在许多情况下，微乳的水核半径是由该比值决定的，而水核的大小直接决定了纳米粒子的尺寸。

（3）选择适当的后处理条件以保证纳米粒子聚集体的均匀性。由微乳法制得的粒度均匀的纳米粒子在沉淀、洗涤、干燥后总是以某种聚集态的形式出现。这种聚集体如果进行再分散，仍能得到纳米粒子。但如果需高温灼烧发生化学分解，得到的聚集体一般比原有的纳米粒子要大得多，而且难以再分散。因此，选择适当的后处理条件尤其是灼烧条件以得到粒度均匀的聚集体是非常重要的。

10.4.4 软模板合成纳米材料的实例

10.4.4.1 胶束模板合成金纳米棒

在电解槽采用电解所用的两电极体系，分别以金片和铂片作阳极和阴极，两极平行放置并用聚四氟乙烯支架隔开。将电解槽固定在置于超声波发生器中的恒温水浴套中。加入十六烷基三甲基溴化铵（CTAB）和四辛基溴化铵（TOAB）的混合溶液，超声状态下依次加入丙酮、环己烷，并使其均匀混合。保持超声和恒温在 42℃，在 5mA 电流下电解，离心分离后得到棒状金纳米粒子的溶胶。表面活性剂 CTAB 在溶液中可形成带有疏水空腔的棒状胶团，适量丙酮的存在有助于 TOAB 进入 CTAB 胶束结构，而且改变 TOAB 含量可以调节棒状胶团的长径比。阳极电解使体相的金变成金离子物种进入溶液，在阴极区域及溶液中通过某种途径还原并生长出棒状的金纳米粒子。合成的棒状金纳米粒子的扫描电镜照片如图 10-14 所示。

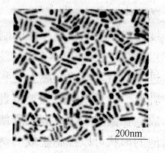

图 10-14　棒状金纳米粒子的 SEM 照片

10.4.4.2 微乳液法制备空心二氧化硅纳米棒

采用 Brij 58 （polyoxyethylene（20）cetyl ether）为表面活性剂，然后将其分散到环己烷中，形成棒状胶束，加入氯化镍，此时氯化镍优先跟表面活性剂的亲水基团相结合，如图 10-15a 所示，随后加入水合肼（$N_2H_4 \cdot H_2O$），此时便会在表面活性剂的亲水基团处形成镍-水合肼的杂化体，最终形成 $Ni-N_2H_4$ 纳米棒（nanorod）。然后加入正硅酸乙酯（TEOS），TEOS 会分散到油相（环己烷）中，利用反渗透原理渗透到水相中，在 $Ni-N_2H_4$ 纳米棒表面形成一层二氧化硅层。此时，将产物分离出来便可得到表面包覆二氧化硅的 $Ni-N_2H_4$ 纳米棒，在 $Ni-N_2H_4/SiO_2$ 中，$Ni-N_2H_4$ 可以被酸溶解，得到空心的 SiO_2 纳米棒，电镜照片如图 10-15b 所示。

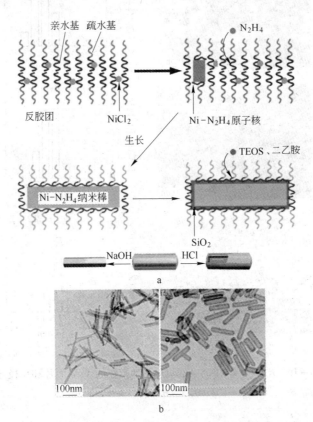

图 10-15　$Ni-N_2H_4/SiO_2$ 纳米棒形成机理反应机理（a）及选择性获得
空心二氧化硅纳米棒的电镜照片（b）

10.4.4.3 反相胶束模板制备核壳结构的 Ag/SiO_2 纳米复合粒子

利用反胶束模板法和溶胶-凝胶法的结合，通过金属醇盐的水解和浓缩，制备得到了 Ag/SiO_2 纳米复合粒子。在微乳液中，通过调控正硅酸乙酯水解和浓缩的反应速率，可以控制粒子大小和壳层厚度，制备得到了 20~35nm 的复合粒子，用吸收光谱可以监控反应和生长过程。讨论了反应参数如水、TEOS 以及碱催化剂的用量对合成的影响。

用阴离子表面活性剂（aerosol OT（AOT），$C_8H_{17}OOCCH_2-CH(COOC_8H_{17})-SO_3Na$，磺化琥珀酸双酯）和非离子型表面活性剂（壬基苯酚聚氧乙烯醇 $R-C_6H_4-$

O($CH_2CH_2O)_nH$)制备得到核壳纳米粒子。首先在反胶束中用还原法制备 Ag 核。TEOS 在反胶束中原位水解，可以形成 Ag 为核，SiO_2 为壳的核-壳纳米复合粒子。SiO_2 壳的厚度和均匀性由几个参数来控制：$R = m(水)/m(表面活性剂)$，$H = m(水)/m(前驱体(金属醇盐，TEOS))$，$X(碱的加入量) = m(碱)/m(TEOS)$。从 TEM 的照片（图 10-16）上可以看出，Ag/SiO_2 纳米复合粒子是单分散的圆形粒子。粒子的大小随着 R 和 H 的增加而减小。R 不变时，Ag 核的大小不变。

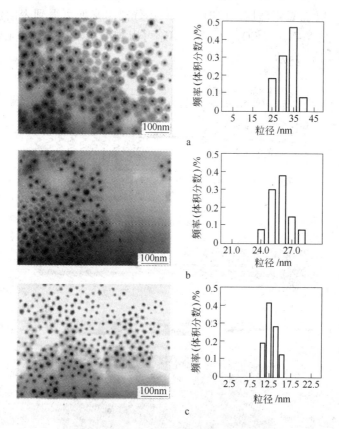

图 10-16 $R=4$，$X=1$ 时 Ag/SiO_2 纳米微粒的 TEM 照片和粒径分布

a—$H=100$；b—$H=200$；c—$H=300$

H 增加时，SiO_2 的厚度增加，当 $R=4$ 时，H 从 100 变到 3000，Ag/SiO_2 的大小从 35.0nm 变到 12.5nm。水含量的增加，水解速率增加。$X=1$ 时，可得稳定的悬浮液。保持 TEOS 的量及 TEOS/X 催化剂的量不变，改变水的量，当含水量低时，大部分水与两亲分子的亲水端相连，因此 TEOS 的水解慢，所以氧化层厚度增加得慢。当 R 增加时，自由水增加，加快 TEOS 水解反应，所以 SiO_2 层增厚，R 增加到 10，粒径及分布都增大。

10.4.5   表面活性剂为模板合成介孔纳米材料

表面活性剂在溶液中的自聚（或称自组装）可以形成多种不同结构、形态和大小的聚集体。分子聚集体从结构上来说具有不同的层次，在各种物理化学因素（如浓度、温度、无机盐等添加剂）作用下，分子有序组合体还可再聚集形成更为高级的复杂聚集结构，称为有序高级结构分子聚集体。即当溶液浓度达到其临界胶束浓度（cmc）以上时，随浓度的继续增大，胶束将进一步缔合形成液晶（liquid crystal），如棒状胶团的六角束（六方相液晶，如图 10 - 17a 所示），球状胶团堆积形成的立方结构（立方液晶，如图 10 - 17b 所示），平行排列且无限延伸的双分子层（层状液晶，如图 10 - 17c 所示），凝胶等。

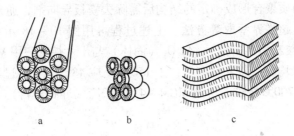

图 10 - 17　表面活性剂溶致液晶的结构

液晶是指处于"中介相"（mesophase）状态或称介晶态的物质，它一方面具有像液体一样的流动性和连续性，另一方面又具有像晶体一样的各向异性。显然，这种"中介相"保留着晶体的某种有序排列，这样才在宏观上表现出物理性质的各向异性。而实际上，液晶是长程有序而短程无序的，即其分子排列存在位置上的无序性和取向上的一维或二维长程有序性，并不存在像晶体那样的空间晶格。根据形成条件和组成可将液晶分为热致（thermotropic）液晶和溶致（lyotropic）液晶。热致液晶的液晶相是由温度变化引起的，只在一定温度范围内存在，一般只有单一组分。而溶致液晶则由化合物和溶剂组成，液晶相是由浓度变化引起的。

除了天然的脂肪酸皂，所有表面活性剂液晶都是溶致液晶。虽然理论上说可能形成18 种不同相结构的液晶，但是，在常见的简单表面活性剂 - 水体系中，实际上只有三种：六方相、立方相和层状相，其中立方相比较少见。这三类液晶的结构示于图 10 - 17。六方相是圆柱形聚集体互相平行排列成六方结构，理论上说，这些柱状组合体的轴向尺寸是无限的，六方液晶是高黏流体相。立方相是由球形或圆柱形聚集体在溶液中作立方堆积，呈现面心或体心立方结构。层状相液晶的特征是表面活性剂形成的双分子层与水作层状排列，分子长轴互相平行且垂直于层平面，疏水基在双分子层内部，且互相溶解，亲水基位于双分子层的表面，与流动的水接触而溶于其中。因此，层状液晶可以看做流动化的或增塑的表面活性剂晶体相。它的基本单元是双层，与双层膜、多层膜很相似。在此类结构中，碳氢链具有显著的混乱度和运动性。这与在晶体相中不同，在晶体中碳氢链通常锁定成反式构象。层状相的无序程度可以突然改变，也可以逐步变化，随体系而异。因此，一种表面活性剂可能形成几种不同的层状相。由于层间可能发生相对滑动，层状相液晶的黏度不大。

下面以表面活性剂液晶为例，介绍表面活性剂的模板功能。从仿生学的概念出发，可以用液晶结构作为模板，来转录、复制由分子自组织形成的确定结构的无机物质。在该法中，表面活性剂充当了模板导向剂。用液晶做模板合成纳米介孔材料。用液晶模板形成有序形态无机材料的过程被认为有转录与协同两种机制。

转录机制为：在转录合成中，稳定的、预组织的、自组合的有机结构被用作形态花样化的材料进行淀积的模板，即无机材料的形态花样密切对应于已预先形成的有机自组合体。这里相对稳定的模板上的化学与形态信息直接"书写"在其表面结构上，而界面上的晶体成核与生长将导致预组织的有机模板形态的直接复制。

在操作时，先使表面活性剂等物质自组合形成预定的液晶结构，以此作为模板再使无机材料在其界面定向与生长，形成形态与结构相当于模板形态的复制品。在表面活性剂组成的模板上，无机物质聚合形成确定的结构后需除去模板导向剂，通常采用溶剂萃取、煅烧、等离子体处理、超临界萃取等方法。上述过程可用图 10 - 18 示意。（1）将无定形 SiO_2（固体）、正硅酸乙酯（溶液）、Al_2O_3（固体）与十六烷基三甲基氯化铵（表面活性剂，固体）搅拌混合均匀，装入反应釜，于 150℃ 反应 48h。（2）过滤得到的固体产物。（3）空气中在 540 ~ 700℃ 烧结，得到 MCM - 41 分子筛（介孔材料）。

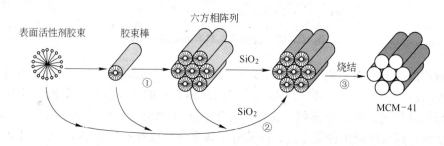

图 10 - 18   液晶模板转录机理模型示意图

协同机制：由无机前体与有机分子聚集体之间的协同作用而形成有机 - 无机共组合体，在此基础上复制出一定形态与结构方式的无机材料，产物的最终形态取决于有机、无机物种间的相互作用。由于模板无须预先形成，表面活性剂浓度可以很低，在没有无机物种时不能形成液晶，以胶团形式存在。加入无机物种后，胶团通过与无机物种的协同效应发生重组，生成由表面活性剂分子和无机物种共同组成的液晶模板。

液晶以其"刚柔并济"的特点具有以下几方面的优势：（1）液晶界面为刚性界面，层与层之间为纳米级空间，在此空间内生成粒子的粒径可控；（2）液晶相较大的黏度使得粒子不易团聚、沉降，有利于合成单分散性的粒子；（3）液晶相随表面活性剂浓度变化易调节为不同的形状；（4）液晶模板在合成过程中相当稳定，在一定温度下灼烧即可除去模板剂。

液晶模板法在无机材料制备上的应用主要集中于合成具有纳米微孔的分子筛类材料。如氧化硅的合成，有关文献报道需要表面活性剂、水、硅源、酸或碱等物质，其中表面活性剂的选用是关键因素。不同的表面活性剂具有不同的结构和荷电性质，随浓度不同，在水溶液中会形成不同的存在形态。1992 年美国 Mobil 石油公司的研究人员在季铵盐阳离子表面活性剂 CTAB 的存在下合成了中孔二氧化硅和硅酸铝材料 M41S（直径 1.5 ~ 10nm），孔的大小可以通过改变表面活性剂的烷基链长短或添加适当溶剂来加以控制。

10.5   硬、软模板法的特点

硬模板法和软模板法两者的共性是都能提供一个有限大小的反应空间，区别在于前者

提供的是静态的孔道，物质只能从开口处进入孔道内部，而后者提供的则是处于动态平衡的空腔，物质可以透过腔壁扩散进出。软模板在制备纳米材料时的主要特点有：（1）由于软模板大多是两亲分子形成的有序聚集体，它们最大的特点是在模拟生物矿化方面有绝对的优势；（2）软模板的形态具有多样性；（3）软模板一般都很容易构筑，不需要复杂的设备。但是软模板结构的稳定性较差，因此通常模板效率不够高。与软模板相比，硬模板具有较高的稳定性和良好的空间限域作用，能严格地控制纳米材料的大小和形貌。但硬模板结构比较单一，因此用硬模板制备的纳米材料的形貌通常变化也较小。

思 考 题

10-1　模板法合成的基本原理是什么？模板的分类、性质及其制备方法有哪些？

10-2　反相胶束模板制备纳米材料的原理、机理及实例有哪些？

10-3　用于合成纳米材料的硬模板有哪些？

10-4　为什么表面活性剂容易形成软模板？

10-5　软模板和硬模板在材料合成过程中的差异是什么？各自的优缺点是什么？

参 考 文 献

[1] 张立德，等. 纳米材料与纳米结构 [M]. 北京：科学出版社，2001.

[2] 张志焜，等. 纳米技术与纳米材料 [M]. 北京：国防工业出版社，2000.

[3] 格莱特 H，等. 纳米材料 [M]. 北京：原子能出版社，1994.

[4] 成会明，等. 纳米碳管制备、结构、物性及应用 [M]. 北京：化学工业出版社，2002.

[5] 陈乾旺. 纳米科技基础 [M]. 北京：高等教育出版社，2008.

[6] 张邦维. 纳米材料物理基础 [M]. 北京：化学工业出版社，2009.

[8] 章效峰. 清晰的纳米世界 [M]. 北京：清华大学出版社，2005.

[9] 江雷，冯琳. 仿生智能纳米界面材料 [M]. 北京：化学工业出版社，2007.

[10] 麦亚潘. 碳纳米管——科学与应用 [M]. 刘汉范，等译. 北京：科学出版社，2007.

[11] Autumn K, Liang Y A, Hsieh S T, et al. Adhesive force of a single gecko foot-hair [J]. Nature, 2000, 405 (6787): 681 ~ 685.

[12] Geim A K, Dubonos S V, Grigorieva I V, et al. Microfabricated adhesive mimicking gecko foot-hair [J]. Nature Materials, 2003, 2 (7): 461 ~ 463.

[13] Barthlott W, Neinhuis C. Purity of the sacred lotus, or escape from contamination in biological surfaces [J]. Planta, 1997, 202: 1 ~ 8.

[14] Feng L, Li S, Li Y, et al. Super-hydrophobic surfaces: from natural to artificial [J]. Advanced Materials, 2002, 14 (24): 1857 ~ 1860.

[15] Kim P, Lieber C M. Nanotube nanotweezers [J]. Science, 1999, 286 (5447): 2148 ~ 2150.

[16] Xia Y N, Xiong Y J, Lim B, et al. Shape-controlled synthesis of metal nanocrystals: simple chemistry meets complex physics? [J]. Angew. Chem. Int. Ed. , 2009, 48 (1): 60 ~ 103.

[17] Yang P D, Lieber C M. Nanorod-superconductor composites: a pathway to materials with high critical current densities [J]. Science, 1996, 273 (5283): 1836 ~ 1840.

[18] Wei B Q, Vajtai R, Jung Y, et al. Organized assembly of carbon nanotubes-cunning refinements help to customize the architecture of nanotube structures [J]. Nature, 2002, 416 (6880): 495 ~ 496.

[19] Xie Y, Qian Y T, Wang W Z, et al. A benzene-thermal synthetic route to nanocrystalline GaN [J]. Science, 1996, 272 (5270): 1926 ~ 1927.

[20] Chen S H, Fan Z Y, Carroll D L. Silver nanodisks: synthesis, characterization, and self-assembly [J]. J. Phys. Chem. B, 2002, 106 (42): 10777 ~ 10781.

[21] Zuo B J, Wang Y, Wang Q L, et al. An efficient ruthenium catalyst for selective hydrogenation of ortho-chloronitrobenzene prepared via assembling ruthenium and tin oxide nanoparticles [J]. J. Catal. , 2004, 222 (2): 493 ~ 498.

[22] Roucoux A, Schulz J, Patin H. Reduced transition metal colloids: a novel family of reusable catalysts? [J]. Chem. Rev. , 2002, 102 (10): 3757 ~ 3778.

[23] Cushing B L, Kolesnichenko V L, O'Connor C J. Recent advances in the liquid-phase syntheses of inorganic nanoparticles [J]. Chem. Rev. , 2004, 104 (9): 3893 ~ 3946.

[24] Yu W Y, Liu H F, An X H, et al. Modification of metal cations to the supported metal colloid catalysts [J]. J. Mol. Catal. A, 1999, 138 (2 ~ 3): 273 ~ 286.

[25] Yu W Y, Tu W X, Liu H F. Synthesis of nanoscale platinum colloids by microwave dielectric heating [J]. Langmuir, 1999, 15 (1): 6 ~ 9.

[26] Yu W Y, Liu H F. Quantity synthesis of nanosized metal clusters [J]. Chem. Mater. , 1998, 10 (5): 1205 ~ 1207.

［27］ Jin R C, Cao Y W, Mirkin C A, et al. Photoinduced conversion of silver nanospheres to nanoprisms ［J］. Science, 2001, 294 (5548): 1901~1903.

［28］ Miranda O R, Ahmadi T S. Effects of intensity and energy of CW UV light on the growth of gold nanorods ［J］. J. Phys. Chem. B, 2005, 109 (33): 15724~15734.

［29］ Costi R, Saunders A E, Banin U. Colloidal hybrid nanostructures: a new type of functional materials ［J］. Angew. Chem. Int. Ed., 2010, 49: 2~22.

［30］ Wang X F, Ding B, Yu J Y, Wang MR. Engineering biomimetic superhydrophobic surfaces of electrospun nanomaterials ［J］. Nano Today, 2011, 6: 510~530.

［31］ Patzke G R, Zhou Y, Kontic R, et al. Oxide nanomaterials: synthetic developments, mechanistic studies, and technological innovations ［J］. Angew. Chem. Int. Ed., 2010, 49: 2~36.

［32］ Zhang L, Niu W X, Xu G B. Synthesis and applications of noble metal nanocrystals with high-energy facets ［J］. Nano Today, 2012, 7 (6): 586~605.

［33］ 黄惠忠, 等. 纳米材料分析 ［M］. 北京: 化学工业出版社, 2003.

［34］ 黄德欢. 纳米技术与应用 ［M］. 上海: 中国纺织大学出版社, 2001.

［35］ 朱静, 等. 纳米材料和器件 ［M］. 北京: 清华大学出版社, 2003.

［36］ 曹茂盛, 等. 纳米材料学 ［M］. 哈尔滨: 哈尔滨工程大学出版社, 2002.

［37］ 徐国财, 等. 纳米复合材料 ［M］. 北京: 化学工业出版社, 2002.

［38］ 韩汝琦. 固体物理学 ［M］. 北京: 高等教育出版社, 1993.

［39］ 田莳, 等. 材料物理性能 ［M］. 北京: 北京航空航天大学出版社, 2001.

［40］ 阎守胜. 固体物理基础 ［M］. 北京: 北京大学出版社, 2000.

［41］ 丁秉钧. 纳米材料 ［M］. 北京: 机械工业出版社, 2004.

［42］ 倪星元, 等. 纳米材料的理化特性与应用 ［M］. 北京: 化学工业出版社, 2005.

［43］ 陈敬中, 等. 纳米材料科学导论 ［M］. 北京: 高等教育出版社, 2010.

［44］ 克莱邦德 K J. 纳米材料化学 ［M］. 北京: 化学工业出版社, 2004.

［45］ 汪信, 等. 纳米材料化学 ［M］. 北京: 化学工业出版社, 2005.

［46］ 嵇天浩, 等. 分散型无机纳米粒子——制备、组装和应用 ［M］. 北京: 科学出版社, 2009.

［47］ 王世敏. 纳米材料的制备技术 ［M］. 北京: 化学工业出版社, 2002.

［48］ 曹茂盛. 纳米材料导论 ［M］. 哈尔滨: 哈尔滨工业大学出版社, 2001.

［49］ Wang Z L. Handbook of nanophase and nanostructured materials—synthesis ［M］. Beijing: Tsinghua University Press, Kluwer Academic/Plenum Publishers, 2002.

［50］ 杨邦朝. 薄膜物理与技术 ［M］. 四川: 电子科技大学出版社, 1993.

［51］ 孟广耀. 化学气相沉积与无机新材料 ［M］. 北京: 科学出版社, 1984.

［52］ 徐如人. 无机合成与制备化学 ［M］. 北京: 高等教育出版社, 2001.

［53］ Pierson H O. Handbook of chemical vapor deposition (CVD), principles, technology, and applications ［M］. New Jersey: Noyes Publications, 1999.

［54］ 侯万国. 应用胶体化学 ［M］. 北京: 科学出版社, 1998.

［55］ 肖进新. 表面活性剂应用原理 ［M］. 北京: 化学工业出版社, 2003.

［56］ 江龙. 胶体化学概论 ［M］. 北京: 科学出版社, 2002.

［57］ Wang Z L, Liu Y, Zhang Z. Handbook of nanophase and nanostructured materials: synthesis/characterization/materials systems and applications Ⅰ/materials systems and applications Ⅱ ［M］. New York: Springer-Verlag, 2002.

［58］ 刘忠范, 等. 纳米化学 ［J］. 大学化学, 2001, 16 (5): 1~10.

［59］ Whitesides G M. Molecular self-assembly and nanochemistry: a chemical strategy for the synthesis of nanostructures ［J］. Science, 1991, 254 (5036): 1312~1319.

［60］ Ozin A G. Nanochemistry: synthesis in diminishing dimensions ［J］. Advanced Materials, 1992, 4 (1): 612~649.

［61］ Halperin W P. Quantum size effects in metal particles ［J］. Reviews of Modern Physics, 1986, 58 (3): 533~606.

［62］ Wang X F, Ding B, Yu J Y, et al. Engineering biomimetic superhydrophobic surfaces of electrospun nano-materials ［J］. Nano Today, 2011, 6 (5): 510~530.

［63］ Pham T. Preparation and characterization of gold nanoshells coated with self-assembled monolayers ［J］. Langmuir, 2002, 18 (12): 4915~4920.

［64］ Brito-Silva A M. Improved synthesis of gold and silver nanoshells ［J］. Langmuir, 2013, 29(13): 4366~4372.

［65］ Gao C. Gram-scale synthesis of silica nanotubes with controlled aspect ratios by templating of nickel-hydra-zine complex nanorods ［J］. Langmuir, 2011, 27 (19): 12201~12208.

［66］ Kresge C T. Ordered mesoporous molecular sieves synthesized by a liquid-crystal template mechanism ［J］. Nature, 1992, 359 (6397): 710~712.

［67］ 许并社, 等. 纳米材料及应用技术 ［M］. 北京: 化学工业出版社, 2003.

［68］ Toh C S, Kayes B M, Nemanick E J, et al. Fabrication of free-standing nanoscale alumina membranes with controllable pore aspect ratios ［J］. Nano Letters, 2004, 4 (5): 767~770.

［69］ 李艳琴, 部德才, 李学慧. 磁性液体纳米磁性颗粒磁场诱导链状结构研究 ［J］. 无机材料学报, 2013, 28 (7): 745~750.